Design of Servo Control
System for Advanced
Electromechanical
Equipment

高端机电装备
随动控制系统设计

胡 健 姚建勇 著

北京理工大学出版社
BEIJING INSTITUTE OF TECHNOLOGY PRESS

内 容 简 介

本书结合作者团队近年来在高端机电装备随动控制领域的研究成果，以火箭炮这一典型机电装备为对象，就高端机电装备随动控制技术进行了系统的阐述和讨论，主要内容包括：火箭炮随动系统组成、工作原理和发展趋势，火箭炮随动系统结构方案设计，火箭炮随动系统信息源，火箭炮随动系统经典控制策略设计，火箭炮随动系统自抗扰控制策略设计，火箭炮随动系统自适应鲁棒控制策略设计，火箭炮随动系统滑模控制策略设计，火箭炮随动系统智能控制策略设计，火箭炮随动系统通信方式，火箭炮随动控制器软硬件设计以及火箭炮随动控制系统实验等内容。

本书可作为机械电子工程、武器系统与工程相关专业方向的高年级本科生和研究生教材，也可供从事火箭炮随动系统领域技术管理、科研、生产的人员参考。

图书在版编目（CIP）数据

高端机电装备随动控制系统设计／胡健，姚建勇著
. —北京：北京理工大学出版社，2022.3（2024.2重印）
　ISBN 978-7-5763-1138-9

Ⅰ.①高… Ⅱ.①胡… ②姚… Ⅲ.①机电设备–随
动系统–系统设计 Ⅳ.①TH122

中国版本图书馆 CIP 数据核字（2022）第 042417 号

出版发行／北京理工大学出版社有限责任公司
社　　址／北京市海淀区中关村南大街 5 号
邮　　编／100081
电　　话／（010）68914775（总编室）
　　　　　（010）82562903（教材售后服务热线）
　　　　　（010）68944723（其他图书服务热线）
网　　址／http：//www.bitpress.com.cn
经　　销／全国各地新华书店
印　　刷／廊坊市印艺阁数字科技有限公司
开　　本／787 毫米×1092 毫米　1/16
印　　张／17.5　　　　　　　　　　　　　　　责任编辑／陈莉华
字　　数／408 千字　　　　　　　　　　　　　文案编辑／陈莉华
版　　次／2022 年 3 月第 1 版　2024 年 2 月第 2 次印刷　责任校对／刘亚男
定　　价／88.00 元　　　　　　　　　　　　　责任印制／李志强

前言

　　高端机电装备通常由执行器（如伺服电机）、机械传动机构（如联轴器、减速器等）、负载、传感器（如旋转变压器、光电编码器等）和控制器组成，是一个典型的多变量、强耦合的非线性系统，同时具有较高的随动控制精度、可靠性和较强的鲁棒性。电机驱动的火箭炮随动系统是一类典型的高端机电装备，其通常由方位轴传动子系统和俯仰轴传动子系统组成，每个子系统均含有执行器、机械传动机构、负载、传感器和控制器等一套完整的机电元件。火箭炮具有较好的机动性，可以工作于各种地形情况下，如地势低平的平原盆地、波状起伏的丘陵，甚至道路崎岖的山岭等，因此其所处的工况较为复杂。其主要用于瞄准既定目标发射动能载荷，达到打击目标的目的，在军事领域有着广泛的应用，如用于防空反导，打击入侵目标等。如何提高火箭炮瞄准目标的快速性及准确性、降低动能载荷发射初始飞行扰动以及提高发射冲击载荷作用下系统的稳定性，一直是国内外学者研究的热点问题。要提高火箭炮随动系统上述综合性能所面临的挑战主要来自以下几个方面：（1）在发射动能载荷时，会产生强大的燃气流冲击力，对系统造成瞬时的强烈外部扰动，导致系统剧烈振动，从而严重影响系统控制精度及后续载荷的发射精度；（2）动能载荷发射过程中，会产生强大的热场从而导致系统的一些重要参数发生变化（如黏性摩擦系数、电气增益），此外系统转动惯量、不平衡力矩等重要参数也会发生显著改变，从而给系统的高性能控制带来较大的困难；（3）发射平台由方位回转机构和俯仰回转机构组成，当两套机构绕着各自的回转轴转动时，由于陀螺效应会对另外的回转机构产生陀螺力矩即干扰力矩，因此给系统的高精度控制又增添了新的难度；（4）火箭炮机械传动中往往存在着齿隙，齿隙的存在会给系统带来冲击，导致极限环震荡，大大影响系统的伺服性能，甚至造成系统不稳定；（5）火箭炮机械传动中还存在着摩擦非线性，摩擦非线性的存在会大大影响系统的低速伺服性能。因此针对上述问题，以火箭炮随动系统为对象，研究高端机电装备快速高精度响应的控制方法对于提高火箭炮随动系统及这一类的高端机电装备的动态性能与稳定性是具有极其重要的理论意义和实际应用价值的。

　　我们自2007年开始了高端机电装备随动控制技术的研究工作。早期采用经典的 PID 加前馈控制策略，获得了满意的控制性能。但是随着工业及国防领域技术水平的不断进步，传统基于线性理论的三环控制方法由于不具备学习能力、不具备对系统结构变化的适应性，已逐渐不能满足高端机电装备随动系统的高性能需求。2010 年姚建勇教授前往美国普渡大学（Purdue University）进行访问研究，开展了基于模型的先进非线性控制理论与技术的研究工作，并得到国际知名非线性控制学者 Bin Yao 的指导和帮助。2013 年胡健副教授前往美国加州大学欧文分校（University of California-Irvine）进行访问研究，开展了智能控制理论与技术的研究工作，并得到了美国机电及气动伺服控制领域的著名专家 J. E. Bobbrow 教授的指导与帮助。回国后，我们将非线性控制方法和智能控制方法应用到我们的火箭炮随动系统中，较好地提高了火箭炮随动系统的跟踪精度、稳定性和鲁棒性。

本书是作者在承担国家自然科学基金面上项目（No. 51975294）、中南大学高性能复杂制造国家重点实验室开放课题基金项目（No. Kfkt2019-11）、国家自然科学基金青年基金项目（No. 51505224）、江苏省自然科学基金青年基金项目（No. BK20150776）研究成果的基础上撰写的，也是作者近年来潜心学习和研究非线性控制、智能控制及在高端机电装备随动系统中应用技术研究成果的一个总结。

本书结合我们近年来在高端机电装备随动控制领域的研究成果，以火箭炮为对象，对高端机电装备随动控制技术各个方面进行了较系统的阐述和讨论。全书共 11 章，第 1 章主要介绍火箭发射技术的发展、火箭炮随动系统的组成和工作原理，以及火箭炮随动技术的发展与趋势；第 2 章主要介绍针对火箭炮主要战术指标，进行两轴火箭炮随动系统结构方案设计及选择合适的电气设备的方法；第 3 章主要介绍常用的火箭炮随动系统信息源——光电编码器和旋转变压器的工作原理及应用；第 4 章主要介绍火箭炮随动系统经典控制策略设计方法；第 5 章主要介绍火箭炮随动系统自抗扰控制策略设计方法；第 6 章主要介绍火箭炮随动系统自适应鲁棒控制策略设计方法；第 7 章主要介绍火箭炮随动系统滑模控制策略设计方法；第 8 章主要介绍火箭炮随动系统智能控制策略设计方法；第 9 章主要介绍火箭炮随动系统通信方式；第 10 章主要介绍火箭炮随动控制器软硬件设计方法；第 11 章主要介绍基于 DSP 的火箭炮随动控制系统实验。本书适合作为机械电子工程、武器系统与工程专业方向高年级本科生和研究生的学习教材。

本书的第 1~5、8~9 章由胡健副教授撰写和统稿，第 6~7、10~11 章由姚建勇教授撰写和统稿，姚建勇教授对整本书进行了校对。在本书的撰写、编辑、修改和参考文献的整理过程中，作者的研究生陈伟、徐晨晨、赵杰彦、王俊龙、胡良军、曹萌萌、王海建、王泽鸣、宋秋雨、白艳春、沙英哲、杨正银、邢浩晨、王鹏飞、李曦、魏科鹏做了大量而具体的工作，作者对他们的辛勤工作表示衷心的感谢。同时感谢北京理工大学出版社的邓雪飞编辑对本书出版所做的认真而细致的工作。

高端机电装备随动控制技术是一个多学科交叉的研究方向，其理论和应用均有许多问题尚待深入研究。由于作者水平有限，书中难免存在疏漏与不足之处，真诚欢迎读者、同行批评指正。

作者

目 录
CONTENTS

第1章

绪　论

1.1　火箭发射技术的发展

火箭起源于中国，公元969年，北宋的岳义方用黑火药制成了火箭，成为世界上第一支以火药为动力的火箭[1]，如图1-1所示。这种最早出现的火箭简称为火药箭，是在普通的箭杆上绑一个火药筒，发射时用引线点燃火药，火药燃气从火药筒尾部喷出，产生推力推动火箭前进。它以火药燃烧产生的燃气为动力，箭杆为弹体，箭头为战斗部，箭羽为稳定尾翼，虽然结构简单，但功能齐全，堪称现代火箭的雏形。我国明代初期发明了"架火战车"，其在人力独轮车上装有6个长方形箱体的火箭发射箱，像6个大蜂窝排列成上、下两排，共装有160支火箭，如图1-2所示。火箭预先装在发射箱内，所有火箭的引线都连接在一起，形成引火总线[2]。发射时，点燃引火总线，火箭犹如条条火龙，一起从发射箱内喷出，扑向敌阵。"架火战车"虽然简陋粗糙，但体轻灵活，使用和转移都很方便，可谓是现代多管火箭炮的雏形。

图1-1　中国北宋的火药箭

图1-2　中国明代的"架火战车"

1933年，苏联制造出世界上最早的多管自行火箭武器EM-13火箭炮（"喀秋莎"），并在第二次世界大战战场上叱咤风云，成为主要的火力突击力量。在斯大林格勒保卫战中，"喀秋莎"为苏联最终赢得战斗胜利起了举足轻重的作用，引起各国的关注[3]。第二次世界大战结束后的数十年中，东、西方两大阵营的长期对峙，使导弹、核武器等战略武器迅速发展，而火箭武器作为常规武器，其地位一度动摇。然而，进入20世纪90年代以来，随着苏、美对抗结束，世界多极化格局的出现，人们意识到核战争没有打起来，局部战争却此起彼伏，常规武器受到重视。随着战争理论研究的发展并经计算机模拟验证，现代战争中战场上炮兵作战所产生的巨大威力，并不在于精确瞄准后一发一发地进行射击，而是在极短的时间内能向目标发射尽可能多的炮弹，使敌人无时、无处躲避。由于现代战场侦察设备性能不断提高，任何武器射击后都很可能被发现。保证安全的关键是武器自身能否迅速有效地转移，否则都将有被消灭的危险。在这种背景下，火箭武器结构简单、操作方便、成本低廉，能提供连续不断的火力的优点却突显出来。因此，不论是发达国家还是发展中国家，目前都在积极地研制火箭武器。

近年来，随着军事科学技术的发展，常规火箭武器性能也获得了较大提高，不仅由传统的陆基车载火箭武器发射系统发展到了机载、舰载火箭武器系统[4]，而且由单纯的无控火箭武器系统发展到了简易控制的火箭武器系统。由于火箭炮不仅在技术上比火炮更容易实现发射末段制导子弹，而且火箭炮发射的火箭弹携带的子弹多、射程远，其散布更接近于末段制导子弹要求的母弹散布值的最佳值，因此有控火箭武器得到了快速的发展。同时由于多管火箭武器是一种能够提供大面积瞬时密集火力的有效武器，具有很高的火力密集度及机动性，可实现压制与精确打击的目的，符合在高新技术条件下局部战争的需要，且与导弹武器相比价格低廉、使用方便、维护简单，因此国内有专家提出将火箭武器用于防空反导的新设想，组成新的弹箭结合、箭炮结合或者弹箭炮结合等综合立体化防空武器系统[5-8]。而要将火箭武器用于防空反导，就需要大大提高火箭武器的随动跟踪性能，包括响应的快速性、鲁棒性和跟踪精度，这样才能有效发挥火箭武器的威力，提高火箭武器防空反导的命中概率。

1.2 火箭炮随动系统简介

目前，世界各强国都有自己的火箭炮武器系列，比如美国 M270A1 火箭炮系统（见图 1-3），是美国在 20 世纪 80 年代研发的，除了能发射火箭弹还能发射 ATACMS 导弹；俄罗斯"龙卷风"系列火箭炮（见图 1-4），射程远，精度高；中国"卫士"系列火箭炮（见图 1-5），作战反应快、齐射威力猛、使用维护简单。随着火箭炮武器系统射程和精度的提高以及灵活性和机动性的进一步增强，火箭炮武器系统将是未来局部战场上精确压制武器的重要组成部分。

图 1-3 美国 M270A1 火箭炮

图 1-4 俄罗斯 S 模块化火箭炮

图 1-5　中国"卫士-2D"火箭炮

1.2.1　火箭炮随动系统的组成

火箭炮随动系统对火箭武器的命中概率有着重要的影响，是火箭炮的重要组成部分。通常火箭炮随动系统由俯仰和方位位置伺服系统两个子系统组成，每个子系统又通常由执行器、机械传动机构（如联轴器、减速器等）、负载（如转塔、挂架等）、传感器（如旋转变压器、光电编码器等）和控制器组成；具有接收指挥系统的目标指令，进行俯仰和方位自动调炮和目标跟踪的功能，同时具有接收指挥系统的发射指令进行发射的功能。

早期，火箭武器系统俯仰和方位位置伺服系统常采用液压执行器，但是由于其长期存在一些问题不易解决，包括漏油造成环境污染、噪声大、维护不方便、体积大等，目前随着电机技术的快速发展，正逐渐被电机执行器所取代。电机位置伺服系统可分为直流伺服系统和交流伺服系统两大类。随着电子技术的发展，直流伺服系统在 20 世纪 60 年代开始得到广泛应用，随后出现的大功率电力电子器件，使直流伺服系统在市场上占据了主导地位[9]。但是直流伺服系统不能高速大转矩运行，需经常维护，而且存在退磁问题，到了 20 世纪 80 年代末交流伺服系统登上舞台，其执行器包括感应电机、永磁同步电机等交流电机，交流电机体积更小，效率更高，转矩也较直流电机大大增加，经过多年的发展，已经十分成熟并成为伺服领域的主流。

一个采用交流电机作为执行器的火箭炮随动系统组成原理框图如图 1-6 所示。其以交流伺服电机为执行元件，以工业控制机为伺服系统数字控制器，采用半闭环位置反馈控制结构，位置反馈采用旋转编码器作为角度传感器采集位置信息。

1.2.2　火箭炮随动系统工作原理

火箭炮随动系统用于控制火箭炮的俯仰角、方位角运动。火箭炮随动系统控制器接收到火控计算机或操纵手柄发送的俯仰角及方位角指令后，采集俯仰及方位位置传感器的信息，经过一定的控制算法，解算出相应的控制量发送给驱动器，驱动器带动执行电机驱动火箭炮机械本体进行运动，以使火箭炮发射架的俯仰角和方位角跟上火控计算机或操纵手柄的指令信息。火箭炮随动系统通常具有自动、半自动两种工作模式。在自动工作模式下，自动接收火控系统的指令，对目标进行自动跟踪，正确赋予射向；在半自动工作模式下，接收射手通

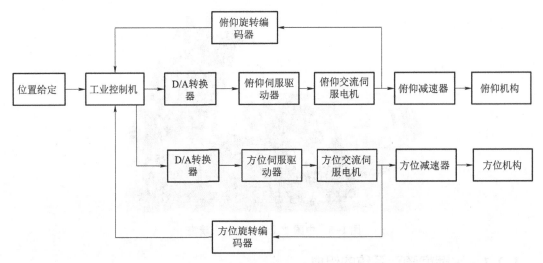

图1-6　火箭炮随动系统原理图

过操纵手柄和操控台发出的调转指令，使火箭炮发射架按照操纵指令进行调转运动。

　　火箭炮随动系统是一个复杂的非线性系统，具有存在强耦合、强干扰、参数时变等显著特点。例如车载火箭炮，其本身和车悬架以及轮胎与地面共同组成了一个耦合系统，车辆行驶在颠簸的路面上时，火箭炮转塔会随着车体振动，对行进间射击的火箭炮发射造成一定的干扰；火箭弹发射时火箭弹发动机会产生高温高速燃气射流，沿弹飞出方向向后射出，作用在火箭炮发射转塔上，也会对火箭炮的发射造成较强的干扰；火箭炮在发射过程中，由于弹量的减小，整体质量会减少，质心会降低，因此会引起惯性力矩这一系统参数的变化。这些特点的存在都会给火箭炮随动系统的高精度运动控制带来不小的挑战。

1.3　火箭炮随动技术的发展与趋势

1.3.1　火箭炮随动控制技术的发展

　　火箭炮随动系统最初采用液压执行器，但是其长期存在一些问题不易解决，包括漏油造成环境污染、噪声大、维护不方便、体积大等。而近年来机电伺服控制技术发展迅速，由于机电伺服系统具有响应快、维护方便、传动效率高、污染小及能源获取方便等突出优点，在众多重要领域得到了广泛应用，并往往处于控制和动力传输的核心地位。正因如此，其也逐渐获得了火箭炮随动系统的青睐。目前基于经典三环控制的方法仍是采用电机作为执行器的火箭炮随动系统的主要控制方法，其以线性控制理论为基础，由内向外逐层设计电流环（力矩环）、速度环及位置环，各环路的控制策略大都采用PID校正及其变型。但是随着工业及国防领域技术水平的不断进步，传统基于线性理论的三环控制方法由于不具备学习能力，不具备对系统结构变化的适应性，已逐渐不能满足火箭炮随动系统的高性能需求，成为限制火箭炮随动系统发展的瓶颈因素之一，迫切需要研究更加先进的控制方法。

　　近年来，随着信号处理技术、高速采集与计算和控制理论等基础学科的迅速发展，基于模型的先进非线性控制技术在国内外得到了广泛重视并取得了重要进展[10]，是目前开展先进随动控制的主要方法流派。采用电机作为执行器的火箭炮随动系统通常存在诸多模型不确定性，这些模型不确定性又可分为两类，即参数不确定性和不确定性非线性[11]。参数不确定性包括负载质量的变化、随温度及磨损而变化的黏性摩擦系数、电气增益等。其他的不确定性，如外干扰等不能精确建模，这些不确定性称为不确定性非线性。不确定性的存在，可能会使以系统名义模型设计的控制器不稳定或者性能降阶。目前，对于面向模型不确定性的随动系统高性能非线性控制器设计仍有大量问题亟待解决，如合理有效的系统模型的获取及确认，强参数不确定性与强外干扰共同作用下的随动系统高性能一体化控制器设计、其低速工况下的非线性摩擦补偿等。随着人工智能技术的发展，智能控制迅速发展起来，如神经网络控制、模糊控制等，它们的设计不需要被控对象的数学模型，且能很好地适应新数据或新信息，具有很强的自学习、自适应能力，从而带来较好的控制效果。但是目前智能控制还不太成熟，还有很多问题亟待解决，如算法复杂，收敛速度慢且收敛性没有保证，也没有验证的依据等；当环境改变时，还存在一个重新（或继续）学习与进化的问题，即重新适应的问题；适应性函数、性能评价指标等还都是采用试凑的办法。因此智能控制的实用化还有一段很长的路要走。

在过去的二十年中，美国普渡大学的 Bin Yao 教授团队针对非线性系统的所有不确定性，提出了一种数学论证严格的非线性自适应鲁棒控制理论框架[12]。2001 年，该团队利用提出的自适应鲁棒控制理论，针对一个具有普遍意义的电机位置控制系统，设计了基于模型的非线性自适应鲁棒控制器[11-12]，是目前机电伺服系统非线性控制领域被引用频次最高的科技文献之一。基于模型的机电伺服系统非线性自适应鲁棒控制策略框图如图 1-7 所示。

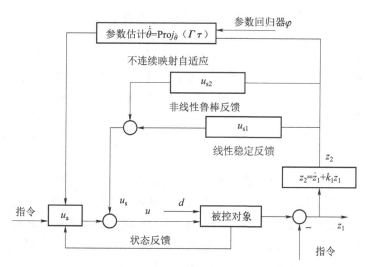

图 1-7　基于模型的非线性自适应鲁棒控制策略

（图中 u_a 为模型补偿项，d 为系统干扰，z_1 为控制误差，z_2 为变换误差，
τ 为自适应函数，Γ 为自适应增益，φ 为参数自适应的回归器）

分析相关文献可知，Bin Yao 教授及其团队的研究成果指出机电伺服系统的固有非线性（如摩擦）、随环境及工况等变化的参数不确定性及不确定性非线性（如未建模干扰等）是导致基于模型的非线性控制器难以设计及工程实践的原因。因此其团队主要基于系统非线性

数学模型设计非线性控制器，针对参数不确定性，设计恰当的在线参数估计策略，以提高系统的跟踪性能；对可能发生的外干扰等不确定性非线性，通过强增益非线性反馈控制予以抑制。由于强增益非线性反馈控制往往导致较强的保守性（即高增益反馈），在工程使用中有一定困难，因此在实际操作时往往以线性反馈取代非线性反馈，此时所设计的自适应鲁棒控制器实质是一个基于模型的自适应控制器。尽管经过替代后系统的全局稳定性不再能被保证，但至少在跟踪指令的局部范围内仍可以保证系统的跟踪性能[11-12]，这也从另一方面解释了该团队几乎全部以试验手段完成控制器有效性验证的原因。然而，当外干扰等不确定性非线性逐渐增大时，所设计的自适应鲁棒控制器的保守性就逐级暴露出来，甚至出现不稳定现象。较强的外干扰意味着较差的跟踪性能，这是非线性自适应鲁棒控制器在实际使用时暴露出来的保守性问题。

另外，针对强外干扰的非线性控制策略也得到了快速发展。美国 Cleveland State 大学的 Z. Gao 教授做了大量而细致的工作，在韩京清[13-14]等人工作的基础上，指出一类具有积分特性的非线性控制系统的大量固有非线性及模型不确定性均可经由适当转化变为某种具有固定结构的标准型，进而利用韩京清学者提出的自抗扰控制技术设计非线性控制器，增强被控对象对强外干扰的鲁棒性。自抗扰控制的核心思想是通过将系统的各类模型不确定性，包括参数不确定性和不确定性非线性统一为系统匹配的集中干扰，并将其扩张为系统的冗余状态，设计扩张状态观测器，估计系统的集中干扰并在控制器中予以补偿。2003 年，该团队创造性地提出了一种基于高增益观测器的线性扩张状态观测器设计方法[15]，充分考虑了广泛存在于实际系统中的参数不确定性和不确定性非线性，通过设计基于线性增益的扩张状态观测器降低了传统非线性扩张状态观测器参数整定烦琐及稳定性证明困难等难题，并给出了基于线性扩张状态观测器设计的自抗扰控制器的稳定性证明[16]，分析了该策略在实践使用上的优越性，并将其应用于各类实际系统[17-18]。该方法很好地解决了未知非线性干扰的补偿问题，对系统各类建模不确定性（参数不确定性和/或不确定性非线性、内干扰和/或外干扰）均具有良好的补偿效果，大大增强了被控对象对各类干扰的鲁棒性。尤其难能可贵的是该策略具备良好的可实现性，参数整定容易。尽管如此，基于线性自抗扰控制器的设计仍有大量理论问题尚待研究，随动系统的参数可能存在较大的变化，不但增加系统的未建模干扰，还可能导致基于固定参数设计的扩张状态观测器过于保守，甚至引起不能接受的跟踪误差。

与此同时，针对非线性系统不确定性的智能控制策略也得到了快速发展。美国乔治亚理工学院的 A. J. Calise 教授团队在这方面做了大量而细致的工作，提出了一套基于模型逆的神经网络非线性直接自适应控制方案[19-21]，其控制策略如图 1-8 所示。其核心思想是引入一个虚拟控制量，利用反馈线性化技术设计虚拟控制量使系统跟踪误差有界，再利用神经网络根据虚拟控制量求逆得到实际控制量控制被控对象，同时设计另一种在线高斯径向基函数（RBF）神经网络用于补偿模型逆误差。通过这样的设计可以使系统对未建模特性、参数不确定性等引起的模型逆误差进行自适应，从而提高系统的控制性能。其最大好处在于大大降低了控制器对系统动力学模型高保真度的依赖。

1999 年该团队在小型无人直升机 Yamaha R-50 上进行了飞控试验（见图 1-9），分别进行了柔和变化的轨迹跟踪试验和剧烈变化的轨迹跟踪试验，试验结果表明神经网络在补偿模型逆误差及改善系统跟踪性能方面的效果十分明显[22]。随后该团队对上述方法进行了改

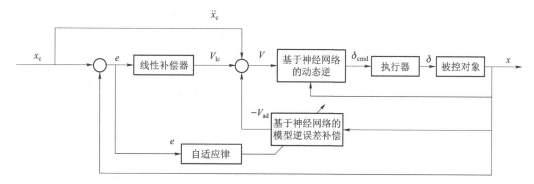

图 1-8 基于模型逆的神经网络非线性直接自适应控制策略

（图中 x_c 为系统给定，e 为控制误差，V_{lc} 为线性稳定反馈，V_{ad} 为基于神经网络的模型
逆误差补偿，V 为总的虚拟控制量，δ_{cmd} 为执行器输出给定值，δ 为执行器输出实际值）

图 1-9 飞控试验组图

进，控制器结构设计采用全状态反馈，并在虚拟控制量处增加鲁棒自适应项以减少外干扰的影响，由于径向基函数神经网络瞬态性能差，自适应慢，响应幅值大，改为采用非线性单隐层神经网络以对系统进行良好的自适应[23-24]。2001 年针对高度不确定性非线性系统，该团队通过将线性参数化神经网络的普遍函数逼近特性扩展到模型未知系统动力学建模中，设计了一种直接自适应输出反馈控制方法，其不依赖于状态估计，可应用于同时存在参数不确定和未建模动力学特性的未知系统[25]。随后，该团队利用非线性单隐层神经网络实现针对高度不确定系统的自适应输出反馈控制[26]，是目前非线性系统智能控制领域被引用频次最高的科技文献之一。同年，为提高控制器针对系统执行器故障或输入饱和等的容错能力设计了一种智能容错控制器，根据给定的和实际的执行器输出之差，利用改进的参考模型来阻止模型逆误差补偿神经网络错把执行器故障当作系统跟踪误差做出自适应调节，从而提高控制器容错性能[27]。2002 年该团队针对严格反馈型系统设计了一种基于多隐藏层非线性参数神经网络的自适应反推控制方法，通过避免构造回归器或基函数从而大大简化了控制器结构，提高了控制效率[28]。随后几年该团队主要针对一类非仿射不确定性非线性系统进行了控制方

法研究，提出了一种既不依赖于定点假设又不依赖于控制效果时间导数有界假设的基于神经网络的自适应控制方法（之前的控制方法均需基于这样的假设），获得了较好的控制效果，拓宽了控制器的应用范围[29-30]。近年，该团队着手将现有的一些成熟控制理论（如 H_∞ 控制理论、小增益理论、Lyapunov 稳定性理论、自适应控制理论等）与神经网络结合起来，针对结构未知的不确定系统开发一种自适应控制器，以使控制器设计者可以将系统不匹配不确定性统一到一个设计框架中来处理，同时简化自适应调节过程，增加系统带宽[31-32]。

分析上述文献可知，A. J. Calise 教授主要是将非线性系统的参数不确定性和未建模动力学特性统一归结为系统模型不确定性，通过基于神经网络的模型逆误差估计器来估计并补偿该模型不确定性，从而提升系统的控制性能。这种处理方法虽然较好地实现了非线性控制器的一体化设计，但无形中人为增加了系统的建模误差，加重了神经网络模型逆误差估计器的负担。当系统仅存在参数不确定性时，这类控制器设计方法明显劣于基于系统模型的参数自适应控制策略。如何降低系统的参数不确定性进而提升智能控制器设计的针对性是智能控制理论的发展方向之一。

在国际上随动系统先进控制方法研究取得大量进展的同时，我国科研院校也在这个领域进行了广泛深入的探索，主要有北京航空航天大学、北京理工大学、哈尔滨工业大学、浙江大学、上海交通大学、东南大学、南京航空航天大学、南京理工大学等。上海交通大学的吴建华研究员团队在国家自然科学基金的支持下，充分吸收自适应鲁棒控制理论，对高精度机电传动系统开展了基于模型的控制策略研究，取得了部分研究成果[33-34]。南京航空航天大学的胡寿松教授团队在国家自然科学基金和航空基金的支持下，较早地开展了针对非线性不确定系统的智能控制研究，取得了许多原创性成果，推动了智能控制理论框架及实际应用的发展。2003 年，该团队首先尝试利用小脑模型神经网络在线重构系统的非线性特性并进行补偿，从而消除非线性特性引起的系统误差[35]。该方法取得了一定的效果，但由于小脑模型神经网络结构复杂，大大影响了该方法的实用性。之后，该团队改用了结构简洁实用的RBF 神经网络，利用带有补偿项的完全自适应 RBF 神经网络估计系统未知不确定性以进行补偿。该神经网络通过在线自适应调整权重、函数中心和宽度，提高其学习能力，可以有效地对消系统未知不确定性的影响。所提出的方案保证了闭环系统的稳定性，有效地提高了系统的鲁棒性和跟踪性能[36]。2008 年该团队考虑到 H_∞ 鲁棒控制器的优点，针对非线性系统，提出一种将 H_∞ 鲁棒跟踪控制器与动态结构自适应神经网络相结合的组合控制方法。针对系统中的外扰设计 H_∞ 鲁棒跟踪控制器，针对系统中仍然存在的高阶非线性和未知不确定性，引入一种动态结构自适应神经网络，以对消非线性和不确定性的影响。这种自适应神经网络的隐藏层神经元可随着跟踪误差的增大而在线增加，使得神经网络能以较少的神经元获得最佳的逼近效果，加快神经网络的运算速度，提高整个系统的动态性能[37]。

南京理工大学的马大为教授团队在国防 973 项目和国防基础科研项目的支持下，对火箭炮随动系统的非线性控制进行了深入研究。该团队针对火箭炮发射时经受的恶劣条件，如强大的燃气流冲击干扰等，展开系列研究。提出利用可获知的系统状态，通过扩张状态观测器，在线实时地估计冲击干扰对控制系统影响的度量，进而通过前向通道的反馈补偿控制技术抑制各干扰对系统随动性能的影响[38]，具体控制策略如图 1-10 所示。此外，该团队也尝试将智能控制引入对火箭炮随动系统的控制中来，提出了一种模糊神经网络自适应位置控制器。用梯度下降法实时修正模糊控制器的输入输出隶属度参数，以使模糊神经网络能根据火箭炮跟踪发射过程中的负载特性实时调整速度给定值，从而减小系统参数变化和外部干扰对火箭炮随动系统控制性能的影响[39]。

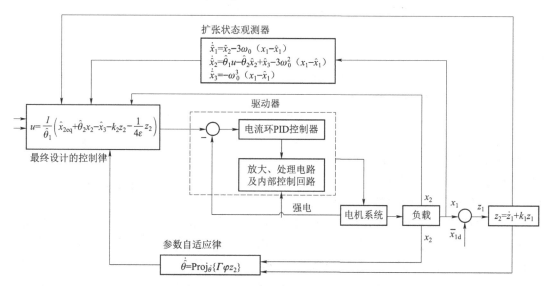

图 1-10　基于扩张状态观测器的干扰补偿控制方法设计框图

除了上述的研究工作之外，还有许多学者在随动控制这一领域做了大量的工作，各种方法及策略层出不穷，随着控制理论与信息技术的快速发展，随动系统智能控制技术正逐渐成为学术研究的热点。

1.3.2　火箭炮随动系统非线性补偿方法的发展

摩擦广泛存在于机电位置随动系统中，同样也存在于火箭炮随动控制系统中，它是机电系统阻尼的主要来源之一，对系统性能有重要影响，尤其是低速伺服性能。无数的实验研究逐渐揭示了摩擦丰富的行为特性[40-42]。对重要的摩擦现象进行精确的数学建模，长久以来一直是摩擦学、机械工程和控制等领域研究的一项重要课题。根据摩擦现象是否由微分方程来描述，大体上可将摩擦模型分为两类：静态摩擦模型和动态摩擦模型。静态摩擦模型将摩擦力描述为相对速度的函数，而动态摩擦模型将摩擦力描述为相对速度和位移的函数。对于高精度的随动系统而言，摩擦的存在引起了黏滑运动、极限环震荡以及跟踪误差等不利因素，随着对随动系统的伺服精度要求不断提高，如何在最大程度上消除摩擦的影响成为一项挑战性的工作，尤其对火箭炮随动系统等高精度的军事装备，低速性能是其核心指标之一，而恰恰在低速阶段，摩擦现象最丰富，对随动系统的影响也最明显，因此对于高性能随动控制来说，摩擦补偿是不可回避、也是非常棘手的问题。

在基于模型的摩擦补偿中，文献［41］提出的 LuGre 动态摩擦模型不仅能够准确描述大部分摩擦行为，而且结构简单，易于控制器设计，因此得到了相关学者的广泛关注并取得了大量成果，是摩擦建模及补偿领域被引用频次最高的科技文献之一。基于 LuGre 模型的摩擦补偿在机电伺服系统中的应用已取得了部分研究成果[43-44]。然而，LuGre 摩擦模型是分段连续的，当系统速度反向时必然会出现非光滑的拐点，不利于控制器的实际执行，因而，光滑的摩擦补偿总是被实际系统所欢迎[45]。由此可见，如何将基于动态模型（如 LuGre 模型）的摩擦补偿恰当地融入随动控制器设计是一个悬而未决且值得研究的理论问题。

另外，齿隙广泛存在于基于齿轮传动的机电传动系统中，火箭炮随动系统就是这样一种机电传动系统，因此齿隙同样也存在于火箭炮随动系统中，它既是机电传动过程得以正常进行所不可缺少的一种非线性，同时也是影响系统动态性能和稳态精度的重要因素。无数的实验研究逐渐揭示了齿隙传动中丰富的动力学特性[46-47]，图 1-11 给出了机电传动齿隙的示意图。对齿隙非线性进行精确的数学建模，一直是机电传动控制等领域研究的一项重要课题。目前主要有以下几种齿隙模型：一种是迟滞模

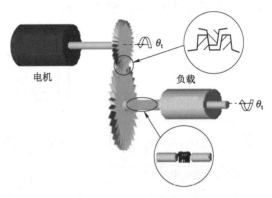

图 1-11　机电传动齿隙示意图

型，它的前提是当系统驱动部分在齿隙期间时，从动部分输出恒定，反映了系统输入与输出的位移关系；另一种是"振-冲"模型，它反映出了齿轮经过齿隙后重新接触瞬间的冲击反弹动态过程，更符合实际情况。而它又分为"刚性冲击"模型和"弹性冲击"模型，前者假定冲击物体是刚性的，且碰撞过程瞬间完成，而后者假设冲击物体是弹性的，其更加贴近实际情况。对于高精度的机电传动系统而言，如果不能消除齿隙的影响，系统性能会因极限环或冲击而大大降低，甚至变得不稳定，同时轮齿的刚性碰撞会产生严重的震荡和噪声。随着对机电传动系统控制性能要求的不断提高，如何进行有效的齿隙非线性补偿，从而在最大程度上消除齿隙的影响已成为一项迫在眉睫又具有挑战性的工作。

在各种齿隙非线性补偿方式中，基于齿隙模型的补偿方式是运用最为广泛的一种方式。例如，基于齿隙迟滞模型的补偿方式是通过在系统控制信号输入端补偿一个齿隙非线性的逆，从而将系统转化为伪线性系统，在此基础上施加各种线性控制策略进行控制的。然而，齿隙迟滞模型仅仅反映出输入、输出位移间的关系，不能反映出齿轮经过齿隙后的冲击过程，而这是齿隙传动中的一个重要特性，对整个系统的性能有着重要的影响，且在实际中齿隙非线性只与输入、输出的相对位移有关，因此该补偿方式的实际效果并不是太好。因而，实际系统更加青睐于针对齿隙冲击过程的齿隙补偿[48]。此外，齿隙模型中还存在未知参数，因此要想获得较好的控制效果还需要针对这些参数不确定性合理地设计控制器。由此可见，如何有机融合齿隙非线性补偿和机电传动系统控制器设计是一个值得深入研究的问题。

1.3.3　火箭炮随动技术的发展趋势

未来，火箭武器系统必然向着信息化、数字化、智能化方向发展，加强火箭武器系统对信息的收集和数字化处理能力是火箭武器发展的必然。不久的将来火箭武器将配备性能更好的计算机系统，安装高精度的定向定位系统、卫星定位接收系统和气象雷达系统，使单门火箭发射装置变成集侦察、测地、指挥、通信、机动和发射于一体的综合体——火箭发射系统，火箭发射系统能自动调平、自动定位定向、自动收发计算诸元、自动装填、自动瞄准、自动发射，操作智能化水平不断提高，使火箭武器真正具有"停下就打，打了就跑"的能力，极大提高武器系统的快速反应能力和火力突击能力。俄罗斯提出发展新一代"智能化"

的火箭武器系统，一个火箭武器系统分为四个子系统，即信息系统、瞄准系统、控制系统和火力系统，从而实现侦察-火力综合化。

随着火箭武器系统向着信息化、数字化、智能化方向发展，火箭炮随动技术也将向着智能随动控制的方向发展。目前，神经网络、模糊控制等智能技术已经在随动系统中得到初步应用研究。以神经网络为例，目前所采用的方式主要有以下几种：一是基于神经网络的 PID 控制方式，如图 1-12 所示。其还是以经典 PID 控制器为主，对被控对象进行控制，而神经网络则根据系统的运行状态，自动调节三个 PID 控制器参数，以期达到某种性能指标的最优。二是神经网络直接控制方式，如图 1-13 所示。这种方法是直接利用神经网络做控制器，即神经网络的输出即为控制量，直接控制被控对象。这两种方式均需对神经网络进行训练，如果采用离线训练，就需要选择合适有效的训练样本，样本空间不能太小，太小不足以反映出系统的变化特性，也不能太大，太大需要大量的实验时间，而这正是神经网络实用化的一个难点所在；如果采用在线训练，就需要设计高效的学习算法，目前所采用的学习算法都较为复杂，如反向传播算法、遗传算法等，严重影响了基于神经网络的控制方法的实时性。另外，当外部环境改变时，还存在一个重新学习与进化的问题，而且系统收敛性没有保证，也没有验证的依据，所以上述问题均妨碍了这两种方式的控制器在实际中的运用。

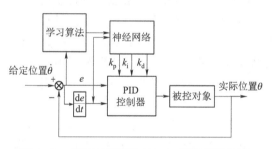

图 1-12　基于神经网络的 PID 控制器结构图

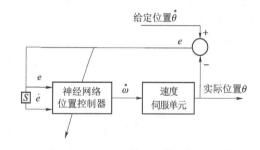

图 1-13　神经网络直接控制结构图

另外一种比较常见的方式就是利用神经网络估计系统模型误差并进行在线补偿，并与各类非线性控制方法相结合进行控制。使用这种方式可以通过设计神经网络权值自适应律来进行系统模型误差在线估计，从而避免了训练样本的选择和学习算法的设计，但是基于 Lyapunov 稳定性理论的自适应律的推导有较大的难度。此外，选择与何种非线性控制器相结合以及如何结合也是难点。另外，如何设计神经网络自身的结构，以保证其既有较高的收敛精度又有合适的收敛速度，也是一个令人头疼的问题。因此，这就要求我们对现有的智能控制方法进行反思，扬长避短，探寻更加合理有效的智能控制方法以提高火箭炮随动系统的综合控制性能。

1.4　本书主要内容

本书共分为 11 章，各章节内容如下。

第 1 章，绪论。本章主要介绍火箭发射技术的发展、火箭炮随动系统的组成和工作原理，以及火箭炮随动技术的发展与趋势。

第 2 章，火箭炮随动控制系统总体设计。本章针对火箭炮主要战术指标，介绍如何进行两轴火箭炮随动系统结构方案的设计，以及如何选择合适的电气设备。

第 3 章，火箭炮随动系统信息源。本章主要介绍常用的火箭炮随动系统信息源——光电编码器和旋转变压器的工作原理及应用。

第 4 章，火箭炮随动系统经典控制策略设计。本章主要介绍如何根据经典控制理论，建立基于传递函数的火箭炮随动系统数学模型，并在此基础上分析系统的响应特性，设计经典 PID 控制器，使火箭炮随动系统的跟踪性能满足系统的需求。

第 5 章，火箭炮随动系统自抗扰控制策略设计。本章主要介绍了自抗扰控制方法的核心思想及其在火箭炮随动控制系统中的应用。该方法针对同时具有内部和外部不确定性的非线性系统控制问题而提出，将系统的内部不确定性和外部扰动一起作为"总扰动"，通过构造"扩张状态观测器"对"总扰动"进行估计并实时补偿，以获得较强的鲁棒性和较好的控制精度。

第 6 章，火箭炮随动系统自适应鲁棒控制策略设计。本章主要介绍了自适应鲁棒控制方法及其在火箭炮随动控制系统中的应用。与自抗扰控制方法不同，该方法将系统的诸多模型不确定性分为两类：参数不确定性和不确定性非线性。针对参数不确定性，设计恰当的在线参数估计策略进行参数估计，并通过前馈方法加以补偿，针对可能发生的外干扰等不确定性非线性，通过强增益非线性反馈控制予以抑制，从而获得较强的鲁棒性和较好的控制精度。

第 7 章，火箭炮随动系统滑模控制策略设计。本章主要介绍了滑模控制方法及其在火箭炮随动控制系统中的应用。这种控制方式可以使得系统在一定的条件下沿着预定的轨迹运动，也就是所说的"滑动模态"运动。滑动模态的存在，使得系统在滑动模态下不仅保持对结构不确定性、参数不确定性以及外界干扰不确定性等因素的鲁棒性，而且可以获得较为满意的动态性能。

第 8 章，火箭炮随动系统智能控制策略设计。本章主要介绍了将神经网络与经典控制、非线性控制相结合的智能复合控制方法及其在火箭炮随动控制系统中的应用。考虑到神经网络强大的学习能力、非线性拟合能力和自适应能力，可以利用其在线调节 PID 控制器三个参数，从而提高控制器的鲁棒性；也可以利用其实时估计系统模型不确定性，并通过前馈补偿的方式，提高非线性控制器的跟踪性能。

第 9 章，火箭炮随动系统通信方式。火箭炮随动系统要想实现智能化，首先需要能够自主获取各个方面的信息并能反馈自身的状态给其他系统，包括接收上位机的指令、采集传感器的信息、发送控制指令给执行器、发送系统状态给上位机等。而要实现这些功能就需要具有能和其他设备或装置通信的功能，目前常用的通信方式有串口通信、CAN 总线通信、以太网通信三种。本章详细介绍了这三种通信方式的工作原理。

第 10 章，火箭炮随动控制器软硬件设计。本章主要介绍随动控制器的软、硬件设计方法。硬件设计部分介绍了以 DSP28335 为处理器，如何设计电源模块，最小系统电路，串口通信、CAN 总线通信、以太网通信电路、轴角转换电路以及 D/A 转换电路。软件设计部分介绍了如何设计主程序、定时器中断服务程序以及串口通信、CAN 总线通信、以太网通信程序。

第 11 章，基于 DSP 的火箭炮随动控制系统实验。本章主要介绍了火箭炮随动控制实验系统的组成与工作原理，给出了控制器软件实现代码，在此基础上进行了实验研究，给出了实验结果。

参考文献

［1］于存贵，李志刚. 火箭发射系统分析［M］. 北京：国防工业出版社，2012.

［2］于存贵，王惠方，任杰. 火箭导弹发射技术进展［M］. 北京：北京航空航天大学出版社，2015.

［3］李军. 火箭武器发射过程的燃气射流［M］. 北京：科学出版社，2018.

［4］吴秉贤，严世泽，龚龙兴. 火箭发射装置结构分析［M］. 北京：国防工业出版社，1988.

［5］王锋，潘书山，马大为，等. 弹箭结合武器系统作战效能评估的排队网络方法［J］. 弹箭与制导学报，2005，25（3）：275-277.

［6］张学锋，吴萍，乐贵高，丁铸，潘书山. 火箭武器对巡航导弹的毁伤效能研究［J］. 系统仿真学报，2006，18（3）：535-560.

［7］张学锋. 火箭武器防空反导效能研究与系统仿真［D］. 南京理工大学博士学位论文，2006.

［8］潘书山. 弹箭结合防空武器系统作战有效性分析［D］. 南京理工大学博士学位论文，2005.

［9］杨凯. 数字伺服系统及其网络远程控制研究［D］. 南京理工大学博士学位论文，2009.

［10］M. Iwasaki, K. Seki, and Y. Maeda. High-precision motion control techniques：A promising approach to improve motion performance［J］. IEEE Industrial Electronics Magazine，2012，6（1）：32-40.

［11］L. Xu, and B. Yao. Adaptive robust precision motion control of linear motors with negligible electrical dynamics：theory and experiments［J］. IEEE/ASME Transactions on Mechatronics，2001，6（4）：444-452.

［12］B. Yao, and M. Tomizuka. Adaptive robust control of SISO nonlinear systems in a semi-strict feedback form［J］. Automatica，1997，33（5）：893-900.

［13］J. Han. From PID to active disturbance rejection control［J］. IEEE Transactions on Industrial Electronics，2009，56（3）：900-906.

［14］韩京清. 自抗扰控制技术——估计补偿不确定因素的控制技术［M］. 北京：国防工业出版社，2008.

［15］Z. Gao. Scaling and parameterization based controller tuning［C］. Proc. of the American Control Conference，2003，4989-4996.

［16］Q. Zheng, L. Q. Gao, and Z. Gao. On validation of extended state observer through analysis and experimentation［J］. ASME Journal of Dynamic Systems, Measurement, and Control，2012，134，024505，1-6.

［17］Z. Gao, Y. Huang, and J. Han. An alternative paradigm for control system design［C］. Proc. of IEEE conference on Decision and Control，2001，4578-4585.

［18］Q. Zheng, and Z. Gao. On practical applications of active disturbance rejection control

［C］. Proc. Chinese Control Conference, 2010, 6095-6100.

［19］ A. J. Calise, and R. T. Rysdyk. Nonlinear adaptive flight control using neural networks ［J］. Control Systems, 1998, 18 (6): 14-15.

［20］ E. Lavretsky, N. Hovakimyan, and A. J. Calise. Upper bounds for approximation of continuous-time dynamics using delayed outputs and feedforward neural networks ［J］. IEEE Transactions on Automatic Control, 2003, 48 (9): 1606-1610.

［21］ A. T. Kutay, A. J. Calise, M. Idan, N. Hovakimyan. Experimental results on adaptive output feedback control using a laboratory model helicopter ［J］. IEEE Transactions on Control System Technology, 2005, 13 (2): 196-202.

［22］ J. V. R. Prasad, A. J. Calise, Y. Pei, and J. E. Corban. Adaptive nonlinear controller synthesis and flight test evaluation on an unmanned helicopter ［C］. International Conference on Control Applications, 1999, 1: 137-142.

［23］ R. Rysdyk, F. Nardi, and A. J. Calise. Robust adaptive nonlinear flight control applications using neural networks ［C］. American Control Conference, 1999, 4: 2595-2599.

［24］ F. Nardi, and A. J. Calise. Robust adaptive nonlinear control using single hidden layer neural networks ［C］. The 39th IEEE Conference on Decision and Control, 2000, 4: 3825-3830.

［25］ A. J. Calise, N. Hovakimyan, and M. Idan. An SPR approach for adaptive output feedback control with neural networks ［C］. The 40th IEEE Conference on Decision and Control, 2001, 4: 3134-3139.

［26］ N. Hovakimyan, F. Nardi, A. J. Calise, and K. Nakwan. Adaptive output feedback control of uncertain nonlinear systems using single-hidden-layer neural networks ［J］. IEEE Transaction on Neural Network, 2002, 13 (6): 1420-1431.

［27］ E. N. Johnson, and A. J. Calise. Neural network adaptive control of systems with input saturation ［C］. American Control Conference, 2001, 5: 3527-3532.

［28］ M. Sharma, and A. J. Calise. Adaptive backstepping control for a class of nonlinear systems via multilayered neural networks ［C］. American Control Conference, 2002, 4: 2683-2688.

［29］ B. J. Yang, A. J. Calise. Adaptive control of a class of non-affine systems using neural networks ［C］. The 44th IEEE Conference on Decision and Control, 2005: 2568-2573.

［30］ B. J. Yang, and A. J. Calise. Adaptive control of a class of non-affine systems using neural networks ［J］. IEEE Transactions on Neural Networks, 2007, 18 (4): 1149-1159.

［31］ B. J. Yang, A. J. Calise, J. I. Craig, and K. Kilsoo. Adaptive coordination of decentralized controllers using a centralized neural network ［C］. the 47th IEEE Conference on Decision and Control, 2008: 5010-5015.

［32］ J. Muse, and A. J. Calise. H_∞ neural network adaptive control ［C］. American Control Conference, 2010: 4925-4930.

［33］ J. H. Wu, D. L. Pu, and H. Ding. Adaptive robust motion control of SISO nonlinear systems with implementation on linear motors ［J］. IEEE Transactions on Mechatronics, 2007, 17: 263-270.

［34］ J. H. Wu, Z. Xiong, K. Lee, and H. Ding. High－Acceleration precision point－to－point motion control with look－ahead properties ［J］. IEEE Transactions on Industrial Electronics, 2011, 58 (9): 4343-4352.

［35］ 王源, 胡寿松, 吴庆宪. 一类非线性系统的自组织模糊 CMAC 神经网络自适应重构跟踪控制 ［J］. 控制理论与应用, 2003, 20 (1): 70-77.

［36］ 刘亚, 胡寿松. 不确定性非线性系统的模糊鲁棒跟踪控制 ［J］. 自动化学报, 2004, 30 (6): 949-953.

［37］ 张敏, 胡寿松. 基于动态结构自适应神经网络的非线性鲁棒跟踪控制 ［J］. 南京航空航天大学学报, 2008, 40 (1): 76-79.

［38］ J. Yao, Z. Jiao, and D. Ma. Adaptive robust control of DC motors with extended state observer ［J］. IEEE Transactions on Industrial Electronics, 2014, 61 (7): 3630-3637.

［39］ 胡健, 马大为, 郭亚军, 庄文许, 杨帆. 火箭炮永磁交流伺服系统模型参考模糊神经网络位置自适应控制 ［J］. 火炮发射与控制学报, 2010, 12 (4): 79-83.

［40］ B. Armstrong－Helouvry, P. Dupont, and C. C. Dewit. A survey of models, analysis tools and compensation methods for the control of machines with friction ［J］. Automatica, 1994, 30 (7): 1083-1138.

［41］ C. Canudas de Wit, H. Olsson, K. J. AstrÖm, and P. Lischinsky. A new model for control of systems with friction ［J］. IEEE Transactions on Automatic Control, 1995, 117 (1): 8-14.

［42］ J. Swevers, F. Al－Bencer, C. G. Ganseman, and T. Prajogo. An integrated friction model structure with improved pre－sliding behavior for accurate friction compensation ［J］. IEEE Transactions on Automatic Control, 2000, 45 (4): 675-686.

［43］ L. Freidovich, A. Robertsson, A. Shiriaev, and R. Johansson. LuGre－model－based friction compensation ［J］. IEEE Transactions on Control Systems Technology, 2010, 18 (1): 194-200.

［44］ Y. Tan, J. Chang, and H. Tan. Adaptive backstepping control and friction compensation for AC servo with inertia and load uncertainties ［J］. IEEE Transactions on Industrial Electronics 2003, 50 (5): 944-952.

［45］ J. Yao, G. Yang, Z. Jiao, and D. Ma. Adaptive robust motion control of direct－drive DC motors with continuous friction compensation ［J］. Abstract and Applied Analysis, 2013, Article ID 837548, 1-14.

［46］ H. Moradi, H. Salarieh. Analysis of nonlinear oscillations in spur gear pairs with approximated modeling of backlash nonlinearity ［J］. Mechanism and Machine Theory, 2012, 51: 14-31.

［47］ J. A. Tenreiro Machado. Fractional order modelling of dynamic backlash ［J］. IEEE/ ASME Transactions on Mechatronics, 2013, 23 (7): 741-745.

［48］ L. Dou, L. Dong, J. Chen, and Y. Xia. Predictive control for mechanical system with backlash based on hybrid mode ［J］. Systems Engineering and Electronics, 2009, 20 (6): 1301-1308.

第2章
火箭炮随动控制系统总体设计

火箭炮随动系统的工作性能，包括跟踪精度、响应速度、抗干扰能力等，主要由系统结构、电气装置、控制方案等因素决定。本章首先介绍评价火箭炮随动系统性能的主要技术指标的相关概念。在此基础上，针对火箭炮主要战术指标，介绍如何进行两轴火箭炮随动系统结构方案的设计，以及如何选择合适的执行器和电气设备。

2.1　稳定性与闭环控制系统

一个系统要能正常工作，它首先必须是稳定的。稳定性是指系统在给定输入或外界干扰作用下，能在短暂的调节过程后到达新的或者恢复到原有的平衡状态的性能。一个处于静止或平衡状态的系统，当受到扰动时，可能偏离原平衡状态；当扰动消失后，如果经过一段暂态过程，系统最终能恢复到原平衡状态，这样的系统是稳定的；如果经过一段暂态过程，系统始终不能恢复到原平衡状态，这样的系统就是不稳定的。对一个稳定的系统来说，在动态过程中，可以允许产生振荡现象，但振荡幅度必须是逐渐衰减的。如果一个系统的被控变量围绕其平衡位置做等幅振荡或增幅振荡，则被控变量将永远不能稳定在其平衡位置，这类系统就称为不稳定系统。实际应用中的系统都必须是稳定的，所以控制系统必须首先满足稳定性的要求[1]。

下面举一个例子进行说明。在一个凹槽底部有一个小球（见图2-1），小球处于静止平衡状态。此时给小球施加一个外界扰动，小球就会离开平衡状态并且在重力、阻力等力的综合作用下进行幅值越来越小的左右摆动，经过一段时间的振荡后，最终小球会回到初始位置并保持稳定。这样的系统就是一个稳定的系统。如果将凹槽改为凸台（见图2-2），其他条件不变，当小球受到外界扰动后，就会偏离平衡点，而且随着时间的变化越来越远。在没有外界帮助的情况下，小球永远无法回到初始平衡位置，这样的系统就是一个不稳定系统。

通过上面的描述可知当小球处于凸台顶端时，这是一个不稳定的系统，但是我们可以通过构造闭环控制系统，使其从不稳定系统变成稳定系统。那么什么是闭环控制系统呢？闭环控制系统是指可以将控制的结果反馈回来与希望值比较，并根据它们的误差调整控制作用的系统。闭环控制系统一般由控制器、执行器、传感器、被控对象四部分组成。还是以凸台上的小球系统为例，小球偏离原平衡点的位置就是被控对象，我们的控制目标是使小球始终稳定在原平衡点。为了实现这一目标，需要给系统增加传感器、控制器和执行器。我们可以选择雷达作为传感器测量小球偏离平衡点的位置；选择一台电脑作为控制器采集传感器的信息，

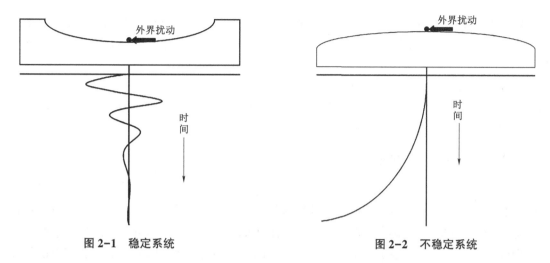

图 2-1　稳定系统　　　　　　　　图 2-2　不稳定系统

并计算控制量给执行器；选择风扇作为执行器，可以将小球吹回平衡点的位置。当小球受到外界扰动离开平衡点位置时，雷达可以测得小球的实时位置信息并传递给控制器，控制器根据系统给定的信息（位置=0）以及雷达反馈的信息进行数据运算，并根据自身的控制算法（如 PID 控制算法）得出控制量，然后输出给风扇，从而依据小球的位置信息控制风扇的风速大小和方向来对小球施加外力，将小球吹回到平衡点。通过以上各个环节的共同作用，就可以将一个不稳定的系统变成一个稳定的闭环控制系统，如图 2-3 所示。

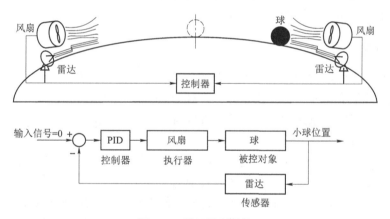

图 2-3　闭环控制系统

2.2　火箭炮随动系统性能要求

评价一个系统需要各种性能指标，评价伺服控制系统的性能指标主要由系统的稳态和动态性能所决定。火箭炮随动控制系统的主要指标除了稳定性（Stability），还包括精度（Accuracy）、瞬态响应（Transient Response）、抗干扰性（Disturbance Rejection Characteristics）等，这些指标重要性的体现程度随系统应用场合的不同而各不相同[1]。

2.2.1　控制精度

系统的精度又可称为系统的静态准确度，它可用系统的稳态误差来表征。系统的稳态误差可定义为控制系统响应的稳态值与其希望值之差。实际控制系统中，系统的稳定度和精度常常是相互联系、相互矛盾的。如果不注意，在试图提高系统精度时，将有可能使稳定的系统不稳定，或者在试图提高系统的稳定性时，使系统精度降低[2]。

衡量控制系统精度的另一个重要指标是增益（Gain）。它与系统稳态误差是有密切关系的。一般来说，当系统的开环增益增大时，其稳态误差将减小。所以我们期望系统的增益大一些，但系统增益受限于系统的带宽。

2.2.2 瞬态响应特性

一般来说，我们要求系统瞬态响应的持续时间要短，其中最常用的指标是系统的过渡过程时间和超调量，这是反映系统快速性的性能指标。衡量控制系统快速性的另一个重要指标是带宽（Bandwidth），带宽与过渡过程的品质有很大的关系。带宽越宽，系统的快速性就越好。但同时，带宽与控制系统的精度、稳定性也都有密切的关系。带宽太宽时，将可能使噪声引起的误差增大，或引起结构谐振致使系统不稳定。

2.2.3 灵敏度

系统中元件参数的改变对系统响应的影响，可用灵敏度来表示。环境条件的变化、元件的不精确和老化等，都将引起系统参数的改变，从而引起输出的改变。对于一个控制系统来说，灵敏度与瞬态响应是一对矛盾，而且灵敏度过高，将要求元件参数十分精确，否则将引起输出很大波动，这将大大增加系统的成本。

2.2.4 抗干扰性

控制系统在工作中经常会受到外界的干扰，如火箭炮随动系统会受到燃气流冲击等。我们要求一个系统能够有良好的抗干扰能力，能对干扰的影响加以抑制，而对有用的信号能够快速准确地响应。所以，系统的抗干扰性，直接与系统的稳态精度有关，也是衡量控制系统品质的一个重要指标。

灵敏度和抗干扰性称为系统的稳健（Robustness）指标。一个控制系统，如果具有低的灵敏度和良好的抗干扰性，则称这个系统是稳健的。

如何保证系统的稳定性、准确性、快速性和稳健性是控制系统分析综合设计中要考虑的主要问题。但这几项要求常常是互相矛盾的，需要结合具体应用场合的具体要求，折中地或有所侧重地予以满足。

一个常见的火箭炮随动控制系统战术指标需给出如下参数，如表2-1所示。有了战术指标后，我们就可以根据战术指标的内容来设计满足要求的火箭炮随动控制系统。

表2-1 典型的火箭炮随动控制系统主要性能指标

项目	方位	俯仰
射界	360°	+5°~+75°
最大跟踪角速度	≥57.3°/s（1 rad/s≈10 r/m）	≥50°/s
最大跟踪角加速度	≥57.3°/s²（1 rad/s²）	≥50°/s²

续表

项目	方位	俯仰
最小跟踪角速度	0.08°/s	0.08°/s
跟踪静态误差（均方差）	≤1.5 mrad（0.086°）	≤1.5 mrad
跟踪动态误差（均方差）	≤6 mrad（0.34°）	≤6 mrad（0.34°）

2.3　火箭炮随动转塔的结构设计

2.3.1　火箭炮随动系统总体结构

在进行火箭炮随动系统总体设计之前，首先要明确所设计的控制系统实现的功能目标，然后根据给出的主要性能指标，进行功能原理设计、总体结构设计。

首先，火箭炮的方位、俯仰均采用转动方式定位，因此我们选用旋转变压器读取方位轴和俯仰轴转动的角度。火箭炮随动系统的跟踪静态误差要求毫弧度级，因此需采用高精密的直角减速器进行动力传动。火箭炮的整体外形尺寸已知，通过三维模型可以得到负载转动惯量等影响电机选型的数据，进而可以推算出所需电机的功率以及电机需要提供的力矩范围。同时还要考虑到火箭炮是要搭载在车厢上，对于随动系统的总质量也要控制在一定范围内[3]。

在考虑功能、性能、尺寸、重量等重要参数后再进行总体设计。火箭炮随动系统机械本体主要由方位回转传动机构、俯仰回转传动机构、储运发射箱等几部分组成。一个典型的火箭炮随动系统机械本体，如图 2-4 所示[4]。

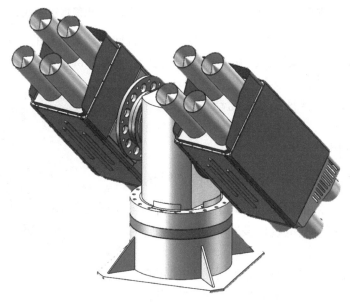

图 2-4　一个典型的火箭炮机械本体模型

2.3.2 火箭炮随动系统方位回转传动机构

方位回转传动机构由回转底座、回转支撑、回转动架、方位回转伺服电机以及直角减速器五部分组成。

回转底座位于最下方，与车身（承载装置）通过螺栓固定，便于拆卸组装。回转支撑部分的主要结构为轴向轴承，下端连接回转底座，上端连接回转动架，承受整体回转部分的重量，并且实现回转动架与回转底座之间的相对转动[5]。方位回转电机半嵌入回转底座，采用直角高精度谐波摆线减速器传递扭矩，采用行星轮结构将方位回转扭矩传递到回转动架上，进而带动整个火箭炮装置进行方位回转运动。回转动架搭载整个俯仰回转机构以及左、右两个储运发射箱，上方两侧开孔，安装俯仰回转中心轴和其他俯仰传动机构以及储运发射箱，回转动架带动其进行方位回转运动并且为俯仰传动电机等装置提供稳定的安装空间。回转支撑与底座相连示意图和火箭炮转塔部分结构示意图如图 2-5、图 2-6 所示。

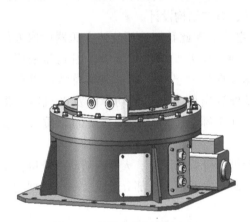

图 2-5　回转支撑与底座相连

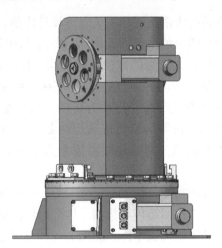

图 2-6　火箭炮转塔部分结构示意图

由于回转动架与回转底座之间可以相互转动，而且回转动架负载的质量很重，火箭炮在随车移动的过程中产生的颠簸震荡极易对回转机构产生破坏，降低系统的稳定性，甚至发生齿轮断裂的情况。因此还要在回转底座和回转动架上安装行军固定器，以保证火箭炮随动系统在运输中能够保持稳定，机械结构不会遭到破坏[6]。行军固定器的安装，如图 2-7 所示。

2.3.3 火箭炮随动系统俯仰回转传动机构

俯仰回转传动机构由俯仰回转中心轴、左右两侧法兰盘、俯仰回转伺服电机以及直角减速器四部分组成。

俯仰回转中心轴通过轴承、轴套等零件固定在回转动架上。直角减速器一端与俯仰回转伺服电机相连，另一端直接固连在回转中心轴上，将电机产

图 2-7　行军固定器

生的力矩稳定地传递给回转轴。回转伺服电机及直角减速器安装于回转动架内部。回转中心轴突出于回转动架的两端装有法兰盘，法兰盘打孔、镂空，可通过螺栓安装固定左右两侧的储运发射箱，并带动储运发射箱进行俯仰回转运动。俯仰回转传动机构如图 2-8 所示[7]。

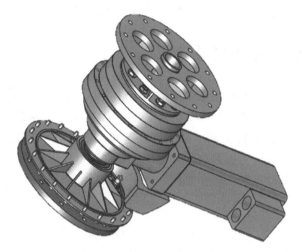

图 2-8　俯仰回转传动机构

2.3.4　储运发射箱

储运发射箱简称运发箱，是将多个火箭发射非金属定向器，通过夹板集束起来的一个模块化箱体。运发箱侧面焊接的连接板与回转动架连接法兰及大耳轴一起实现俯仰回转机构的连接和动力传递，如图 2-9 所示。采用运发箱结构可以提高火箭武器的快速反应能力，改善火箭的发射、装填和运输条件。其特点是系统可靠性高，维护使用方便，通用性好，系统作战功能较强，箱体用途多等。

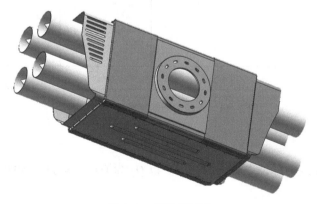

图 2-9　储运发射箱

2.3.5　方位、俯仰传动系统电机与减速器

电驱方位和俯仰随动系统传动机构一般采用交流伺服电机作为动力装置，采用高精度谐波摆线减速器作为减速装置。由于火箭炮装备质量大，跟踪精度要求高，发射工况复杂而且通常需要随车进行越野移动，因此往往选择功率大、体积小、控制精度高、低速跟踪性能

好、变负载和抗冲击能力强的交流伺服电机。同时选择回差小、精度高、体积小、传递力矩大、抗过载能力强的谐波摆线减速器。考虑到俯仰传动机构的外形，选用直角减速器传动力矩，既可以充分利用回转底座和回转动架的内部空间，又可以保证足够的传动比以及传动效率。后面还会详细介绍火箭炮随动系统电机与减速器的选型方法[8]。

2.4 火箭炮随动系统参数计算

火箭炮随动系统主要设计参数包括干摩擦力矩计算、不平衡力矩计算、转动惯量及其惯性力矩计算、发射冲击力矩计算、功率等。考虑到干摩擦力矩无法精确计算（通过传动效率加以考虑，一般取传动效率为0.8），主要对不平衡力矩、转动惯量、惯性力矩、发射冲击力矩、功率进行计算，从而为火箭炮随动系统元器件选型提供依据。为了方便介绍参数的计算过程，作出火箭炮随动系统运动示意图，如图 2-10 所示[9]。

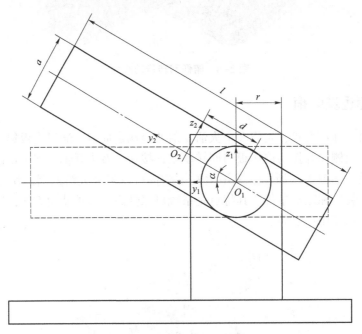

图 2-10　火箭炮随动系统运动示意图

图中：

O_1——运发箱中线与耳轴中心线的交点。以 O_1 为原点，垂直纸面朝里为 x_1 轴正方向构建笛卡儿空间坐标系 $O_1x_1y_1z_1$。

O_2——运发箱的质心位置。以 O_2 为原点，垂直纸面朝里为 x_2 轴正方向构建笛卡儿空间坐标系 $O_2x_2y_2z_2$。

α——运发箱轴线与水平线的夹角。

a——运发箱径向剖面（以正方形为例）边长。

d——O_1O_2 的直线距离。

l——运发箱长度。

r——回转机构半径。

1. 不平衡力矩计算[10]

不平衡力矩主要存在于俯仰随动系统中，为了避免大射角射击时发射管后端与火箭炮随动系统结构相碰的危险，降低燃气流的冲击力，以及降低火线高等，必须使起落部分重心较耳轴前移，这样就会导致俯仰系统产生不平衡力矩。由于俯仰机构是左右对称的，先简化力学模型为一规则的实体，将两侧运发箱的体积、质量集中于中间各方位转动轴线。力臂为 $d\cos\alpha$，同时令俯仰部分总质量为 m_1，则可以计算出俯仰随动系统不平衡力矩如下：

$$T_b = m_1 g d\cos\alpha \tag{2-1}$$

式中　T_b——不平衡力矩（N·m）。

　　　g——重力加速度（m/s²）。

2. 转动惯量及惯性力矩的计算

1）俯仰机构转动惯量计算

在实际测量中运发箱结构复杂，不是规则的实体，一般通过 SolidWorks 等商业软件，根据三维模型计算俯仰机构的转动惯量。在此为了说明方便，简化运发箱为长方体，运用转动惯量的移轴定理，根据相关参数，俯仰机构转动惯量计算如下[11]：

$$J_{x1} = \frac{1}{12}m_1(a^2 + l^2) + m_1 d^2 \tag{2-2}$$

式中　m_1——俯仰部分质量；

　　　J_{x1}——俯仰部分转动惯量（kg·m²）。

2）方位机构转动惯量计算

火箭炮的回转机构同样结构复杂，在实际测量中同样也可以通过 SolidWorks 等商业软件，根据三维模型计算方位机构的转动惯量。在此简化回转动架及其他部分为一圆柱体。根据相关参数及叠加定理，方位机构转动惯量计算如下[14]：

$$J_{z1} = J_{x1} + \frac{1}{2}m_2 r^2 \tag{2-3}$$

式中　m_2——回转部分及电机质量；

　　　J_{z1}——方位机构转动惯量（kg·m²）。

3）惯性力矩的计算

俯仰机构惯性力矩计算如下：

$$T_{x1} = J_{x1}\ddot{\alpha}_{x1} \tag{2-4}$$

方位机构惯性力矩计算如下：

$$T_{z1} = J_{z1}\ddot{\alpha}_{z1} \tag{2-5}$$

式中　T_{x1}——俯仰机构惯性力矩（N·m）；

　　　T_{z1}——方位机构惯性力矩（N·m）。

3. 燃气流冲击力矩的计算[12]

燃气流冲击力矩有效持续时间很短（$t \leqslant 0.2\text{ s}$），可以根据交流伺服电机过载能力或峰值转矩校核。令燃气流冲击力为 F，俯仰冲击力臂为 l_1，方位冲击力臂为 l_2，则燃气流冲击力矩计算如下：

$$T_{gR} = F \cdot l_1 \tag{2-6}$$

$$T_{fR} = F \cdot l_2 \tag{2-7}$$

式中 T_{gR}——燃气流俯仰冲击力矩（N·m）；

T_{fR}——燃气流方位冲击力矩（N·m）。

4. 电机功率计算

上述参数的计算是为电机选型奠定基础的，下面以俯仰电机为例说明如何根据上述系统参数计算所需的电机参数。俯仰电机所需提供的力矩如下：

$$T = (T_b + T_{x1} + T_{gR})/i \tag{2-8}$$

式中，i 为减速器的减速比，通常取 $i = 190{\sim}200$，实际应用中电机所需力矩一般为 $10{\sim}20$ N·m。

电机瞬时输出功率为：

$$P = T\dot{\alpha} \tag{2-9}$$

为了更直观地展示设计过程，在这里根据典型火箭炮参数选取 $m_1 = 980$ kg，$b = 34$ cm，$d = 20$ cm，$l = 130$ cm，$g = 10$ m/s^2，最大角速度 $\dot{\alpha} = 50°/s$，最大角加速度 $\ddot{\alpha} = 50°/s^2$，此处暂且不考虑燃气流冲击力矩，后面可根据燃气流冲击力矩校核电机的峰值力矩。根据上述参数规划火箭炮随动控制系统俯仰运动角度 α、角速度 $\dot{\alpha}$ 和角加速度 $\ddot{\alpha}$ 指令随时间的变化规律如图 2-11 所示。

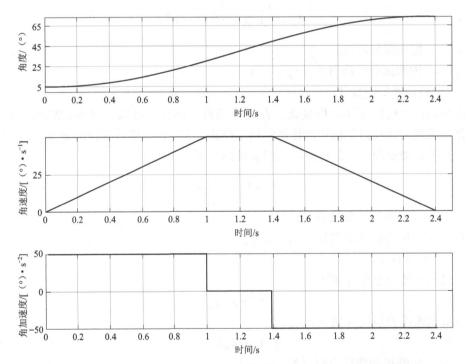

图 2-11 规划的火箭炮俯仰子系统角度、角速度、角加速度曲线

将各数据代入式（2-1）~式（2-7），可得运动过程中俯仰轴受到的不平衡力矩 T_b、惯性力矩 T_{x1}、总力矩 T 随时间的变化情况，如图 2-12 所示。

经过传动比 $i = 190$ 的减速器后，计算可得俯仰电机应当提供的角速度、力矩以及功率曲线情况，如图 2-13 所示。根据这些曲线我们就可以选择合适的电机了。下一小节将详细介绍火箭炮随动控制系统的元器件选型方法。

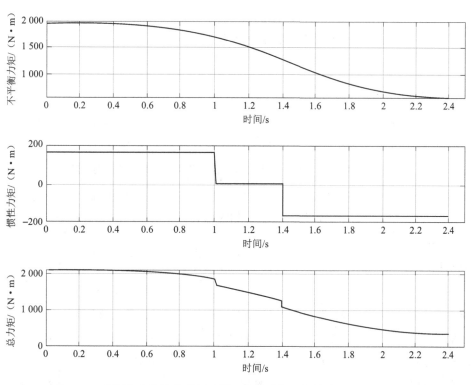

图 2-12　规划的火箭炮俯仰子系统不平衡力矩、惯性力矩、总力矩曲线

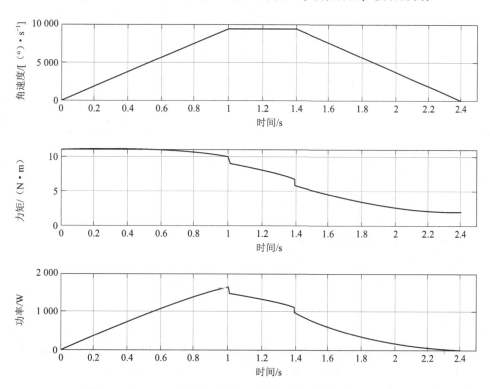

图 2-13　俯仰机构运行过程中电机功率变化图

2.5 火箭炮随动系统元器件选型

2.5.1 电机与减速器的选型

执行器可以选择直流电机、交流电机或液压系统。下面分别对直流伺服系统、交流伺服系统、液压伺服系统的主要性能做一个对比分析[13]，如表2-2所示。

表2-2 直流伺服系统、交流伺服系统和液压伺服系统的性能比较

比较内容　　　　　种类	同步型交流伺服系统	异步型交流伺服系统	直流伺服系统	液压伺服系统
力矩惯量比/ $[(N \cdot m) \cdot (kg \cdot m^2)^{-1}]$	$>4.2×10^3$	$<2.0×10^3$	$>4.2×10^3$	$6.1×10^4$
功率密度/$(W \cdot N^{-1})$	>13.3	10	>11.5	$168\sim675$
对环境的影响	无污染、噪声低	无污染、噪声低	无污染、噪声低	有污染、噪声大
与计算机接口	十分方便	十分方便	十分方便	困难
驱动电流波形	正弦波或方波	正弦波	直流	—
影响寿命因素	电刷	轴承	轴承	油液污染
优点	体积小，质量轻，大转矩输出，无须维护，高功率密度	可高速大转矩运行，无须维护，结构坚固，耐环境	只有电压控制，控制简单，具有高功率密度	体积小、质量轻，大转矩输出，高功率密度
缺点	控制较复杂，电机与伺服装置一一对应，有退磁问题	控制复杂，停电需保持制动，有温度特性变化问题	不能高速大转矩运行，需经常维护，有退磁问题	对油液污染十分敏感，故障率高，维护困难

从表2-2中可以看出，通常选择交流伺服电机比较合适。伺服电机选型主要要遵循以下几个原则：

（1）连续工作扭矩<伺服电机额定扭矩；

（2）瞬时最大扭矩<伺服电机最大扭矩（加速时）；

（3）负载惯量<3倍电机转子惯量；

（4）连续工作速度<电机额定转速。

下面举两个例子说明如何根据系统的需求进行伺服电机的选型。

1. 采用"电机+减速器"作为传动机构的情况

有些火箭炮随动系统采用"电机+减速器"作为传动机构，这种传动方式阻力很小，如前面介绍的那样，我们先针对这种类型的火箭炮随动系统介绍电机、减速器该如何选择。为了介绍方便，我们首先画出这种类型系统的原理简图，如图2-14所示。

首先以电机轴心为基准计算系统的转动惯量，如果负载是一个规则的立体，那可以根据物理公式方便地计算出负载的转动惯量。例如负载是一个圆柱，那么它的转动惯量为 $J_L=$

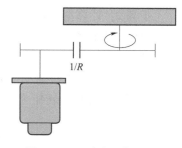

$1/2Mr^2$，其中 M 为负载的质量，r 为负载半径。如果负载不是一个规则的立体，则可以借助 SolidWorks 等机械设计软件进行计算。经过减速器以后的电机端的转动惯量为 $J_M = J_L/R^2$，其中 R 为减速器减速比。再计算电机所需的额定转速为负载连续工作转速 n/R，电机所需的扭矩为 $T_M = J_L\dot{\omega}/R$，其中 $\dot{\omega}$ 为负载最大角加速度。然后我们就可以根据前面所述的原则来选择执行器了。

图 2-14　"电机+减速器"传动结构简图

接下来我们以圆盘负载为例说明如何进行选型。假设圆盘质量 $M = 50$ kg，圆盘直径 $r = 250$ mm，圆盘最高转速为 60 r/m。现在有两种规格的电机，一种功率为 400 W，转动惯量为 0.28 kg·cm²，额定转速为 2 500 r/m；另一种功率为 500 W，转动惯量为 8.19 kg·cm²，额定转速为 2 000 r/m。从中选择合适的伺服电机及减速器。

步骤 1：计算圆盘转动惯量。

$$J_L = \frac{1}{2}Mr^2 = 50 \times 250 \times 250/2 = 15\,625\,(\text{kg} \cdot \text{cm}^2) \tag{2-10}$$

设减速机减速比为 1：R，折算到伺服电机轴上负载转动惯量为 $15\,625/R^2$。

步骤 2：选择电机与减速器。

按照负载惯量<3 倍电机转子惯量 J_M 的原则，如果选择 400 W 电机，$J_M = 0.28$ kg·cm²，则 $15\,625/R^2 < 3 \times 0.28$，得 $R^2 > 18\,601$，$R > 136$，输出转速 = 2 500/136 = 18 r/m，不能满足要求。

如果选择 500 W 电机，$J_M = 8.19$ kg·cm²，则 $15\,625/R^2 < 3 \times 8.19$，得 $R^2 > 636$，$R > 25$，输出转速 = 2 000/25 = 80 r/m，满足要求。因此选择后一种电机及减速器。

2. 采用"电动缸"作为传动机构的情况

也有些火箭炮随动系统采用电动缸作为传动机构，接下来我们针对这种类型的火箭炮随动系统介绍电机、减速器该如何选择。同样，为了介绍方便，我们画出这种类型系统的原理简图，如图 2-15 所示[14]。

假设负载质量 $M = 250$ kg，螺杆螺距 $P_B = 30$ mm，螺杆直径 $D_B = 50$ mm，螺杆质量 $M_B = 50$ kg，摩擦系数 $\mu = 0.2$，机械效率 $\eta = 0.9$，负载移动速度 $V = 30$ m/min，全程移动时间 $t = 2$ s，加减速时间 $t_1 = t_3 = 0.3$ s，匀速时间 $t_2 = 1$ s，静止时间 $t_4 = 0.4$ s。选择满足负载需求的最小功率伺服电机，步骤如下所示。

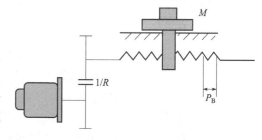

图 2-15　电动缸传动结构简图

步骤 1：计算折算到电机轴上的负载惯量。

重物折算到电机轴上的转动惯量为

$$J_W = M \times [P_B/(2\pi)]^2 = 250 \times (3/6.28)^2 = 57.05\,(\text{kg} \cdot \text{cm}^2) \tag{2-11}$$

螺杆转动惯量为

$$J_B = M_B \times D_B^2/8 = 40 \times 25/8 = 125\,(\text{kg} \cdot \text{cm}^2) \tag{2-12}$$

总负载惯量

$$J_L = J_W + J_B = 182.05\,(\text{kg} \cdot \text{cm}^2) \tag{2-13}$$

步骤2：计算电机转速。

电机所需转速为：

$$N = V/P_B = 30/0.03 = 1\,000\,(\text{r}/\text{m}) \tag{2-14}$$

步骤3：计算电机驱动负载所需的扭矩。

克服摩擦力所需转矩为：

$$\begin{aligned}
T_f &= M \times g \times \mu \times P_B/2\pi/\eta \\
&= 250 \times 9.8 \times 0.2 \times 0.03/(2\pi)/0.9 \\
&= 2.601\,(\text{N} \cdot \text{m})
\end{aligned} \tag{2-15}$$

重物加速时所需转矩为

$$\begin{aligned}
T_{A1} &= M \times a \times P_B/(2\pi)/\eta \\
&= 250 \times (30/60/0.3) \times 0.03/(2\pi)/0.9 \\
&= 2.212\,(\text{N} \cdot \text{m})
\end{aligned} \tag{2-16}$$

螺杆加速时所需转矩为

$$\begin{aligned}
T_{A2} &= J_B \times a/\eta = J_B \times (N \times 2\pi/60/t_1)/\eta \\
&= 0.012\,5 \times (1\,000 \times 6.28/60/0.3)/0.9 \\
&= 4.846\,(\text{N} \cdot \text{m})
\end{aligned} \tag{2-17}$$

加速所需总转矩

$$T_A = T_{A1} + T_{A2} = 7.058\,(\text{N} \cdot \text{m}) \tag{2-18}$$

另一种计算所需加速扭矩的方法如下：

$$\begin{aligned}
T_A &= 2\pi \times N \times (J_W + J_B)/(60 \times t_1)/\eta \\
&= 6.28 \times 1\,000 \times 0.018\,205/18/0.9 \\
&= 7.058\,(\text{N} \cdot \text{m})
\end{aligned} \tag{2-19}$$

计算瞬时最大扭矩：

加速扭矩

$$T_a = T_A + T_f = 9.659\,(\text{N} \cdot \text{m}) \tag{2-20}$$

匀速扭矩

$$T_b = T_f = 2.601\,(\text{N} \cdot \text{m}) \tag{2-21}$$

减速扭矩

$$T_c = T_A - T_f = 4.457\,(\text{N} \cdot \text{m}) \tag{2-22}$$

实效扭矩

$$\begin{aligned}
T_{\text{rms}} &= \sqrt{(T_a \times t_1 + T_b \times t_2 + T_c \times t_3)/(t_1 + t_2 + t_3)} \\
&= \sqrt{(9.659 \times 0.3 + 2.601 \times 1 + 4.457 \times 0.3)/(0.3 + 1 + 0.3)} \\
&= 4.272\,(\text{N} \cdot \text{m})
\end{aligned} \tag{2-23}$$

步骤4：选择伺服电机。

伺服电机额定扭矩 $T > T_f$ 且 $T > T_{\text{rms}}$，伺服电机最大扭矩 $T_{\max} > T_f + T_A$。伺服电机的额定功率为额定扭矩与额定转速的乘积，这样我们就可以选择合适功率的伺服电机了。

一个火箭炮随动系统常见的电机参数如表2-3所示。

表2-3　电机参数

参数名称	符号	单位	参数值
马力	HP Rated	HP	8.0
千瓦	kW Rated	kW	7
额定功率时转速	N Rated	r/min	2 400

续表

参数名称	符号	单位	参数值
40 ℃最大运行转速	N Max	r/min	2 400
40 ℃时连续转矩	Tc	N·m	20.1
25 ℃时连续转矩	Tc	N·m	21.9
连续线电流	Ic	Arms	19
峰值转矩	Tp	N·m	66.4
峰值线电流	Ip	Arms	57.4
最大理论加速度	Z	rad/s^2	42 500
反电动势（线与线）±10%	Kb	$V_{rms} \cdot kr^{-1} \cdot min$	95.8
最大线与线电压	Vmax	V_{rms}	250
转子惯量	Jm	$kg \cdot m^2$	0.02

与之相匹配的减速器参数如表 2-4 所示。

表 2-4　减速器参数

参数名称	单位	参数值
减速比	无	160
传递力矩	N·m	0~205
三级满载效率	无	90%
紧密侧隙	rad·min	≤3

一个典型的电动缸技术参数如表 2-5 所示。

表 2-5　6.4 kW 电动缸技术参数

电动缸型号	SEA804	说明
类型	折返式	
有效行程/mm	1 800	
最大行程/mm	1 800	
丝杆类型	滚珠丝杠	
丝杆导程/mm	50	
额定出力/N	6 100	
刹车力/N	7 500	
额定速度/($mm \cdot s^{-1}$)	833	
伺服电机功率/kW	6.4	6085-6AF61，带刹车

续表

电动缸型号	SEA804	说明
伺服电机额定转速/(r·min⁻¹)	3 000	
编码器类型	增量式	旋变
重复定位精度/mm	±0.03	
减速比	3∶1	精密行星齿轮减速器+齿轮
内部防转机构	有	
限位开关	有	2个，NPN，常开
使用温度范围/℃	−40~+55	
防护等级	IP65	
安装方式	侧面+杆端关节轴承	

2.5.2　传感器的选型

角度采集可以使用旋转变压器（简称旋变）和光电编码器；其主要区别在于旋转变压器是基于电磁感应原理工作，随着旋转变压器的转子和定子的位置的不同，根据对输入正弦载波信号的相位变换和幅值变换，解析之间的角度值；编码器采用的是光栅原理，用光电方法进行角度测量。即编码器采用的是脉冲计数，旋转变压器采用的是模拟量的反馈。典型的旋转变压器如图2-16所示，采用硅薄片和漆包纸构成，具有良好的抗震能力和温度特性，在恶劣环境下比编码器更加有优势，适用环境温度为−55~+155℃，编码器一般只有−10~+70℃，且旋转变压器的转速可以达到上万转，因此旋转变压器在军工产品中广泛应用。考虑到火箭炮随动控制系统工作环境的恶劣性，以及旋转变压器不可替代的优越性，火箭炮随动控制系统常采用旋转变压器作为位置传感器[15]。

旋转变压器输出信号为正、余弦模拟信号，故需购买配套的轴角转换器将模拟信号转换为数字信号供给控制器处理。图2-17所示的轴角转换器是市场上比较常见的双速旋转变压

图2-16　旋转变压器　　　　　　　　图2-17　轴角转换器实物图

器——数字转换器，该转换器可以将双速旋转变压器（激励频率范围为 400 Hz~10 kHz）的正余弦模拟信号转换为角度数字信号，以串行口 RS232C、RS485、RS422 输出，其精机分辨率为 14 位/16 位，粗精组合后根据粗精机变比（2~128）的不同，分辨率为 15~23 位。采用比值跟踪技术、二阶闭环跟踪系统保证了输出数据的准确性和实时性。适用于航空航天、船舶、兵器、工业、汽车、实验设备中需要精确测量角位移的场所。

2.6　本章小结

本章介绍了火箭炮随动控制系统相关的基本概念，针对火箭炮主要战术指标，介绍了两轴火箭炮随动系统结构设计方法、参数计算方法以及执行器、传感器的选型方法。

参考文献

［1］王威力，栗文雁. 高精度伺服控制系统［M］. 北京：知识产权出版社，2016.

［2］霍龙. 某多管火箭炮操瞄控制系统设计与研究［D］. 南京理工大学博士论文，2012.

［3］任杰，马大为，朱忠领，朱孙科. 防空多管火箭武器跟踪发射模型研究［J］. 火炮发射与控制学报，2012（2）：79−83.

［4］W. Tang, X. Rui, G. Wang, X. Rui, Z. Song, L. Gu. Dynamics design for multiple launch rocket system using transfer matrix method for multibody system［J］. Proceedings of the Institution of Mechanical Engineers, Part G：Journal of Aerospace Engineering, 2016, 230（14）：35−40.

［5］杨炳华. 火箭发射架下筒体的工装设计［J］. 机械制造，2015，53（7）：87−89.

［6］崔二巍，王东. 某火箭炮高低行军固定器设计与仿真分析［J］. 火力与指挥控制，2015，40（6）：159−162.

［7］陆卫冬. 火箭发射架俯仰双丝杆装置的设计［J］. 机械制造，2017，55（6）：11−12.

［8］Q. Zhou, X. Rui, G. Wang, et al. An efficient and modular modeling for launch dynamics of tube rockets on a moving launcher［J］. Defense Technology, 2020, 11（20）：46−77.

［9］魏孝达，张瑞莎，王惠方. 某多管火箭炮发射动力学模型（Ⅰ）［J］. 火炮发射与控制学报，2010（2）：13−18.

［10］魏孝达，张瑞莎，王惠方. 某多管火箭炮发射动力学模型（Ⅱ）［J］. 火炮发射与控制学报，2011（2）：16−20.

［11］B. Li, X. Rui, Q. Zhou. Study on simulation and experiment of control for multiple launch rocket system by computed torque method［J］. Nonlinear Dynamics, 2018, 91（3）：1639−1652.

［12］吴静，陈洪. 电动缸系统控制研究［J］. 西南科技大学学报，2015，30（4）：60−64.

［13］袁琳，王玉玲，闻绍靖. 运动控制中伺服电机选型需求分析［J］. 科技经济导刊，2018，26（17）：76.

［14］方航. 多管火箭炮重力矩自适应主动平衡技术研究［D］. 中国舰船研究院博士论文，2017.

［15］N. Tsushima，W. Su，H. Gutierrez，et al. Monitoring multi-axial vibrations of flexible rockets using sensor - instrumented reference strain structures［J］. Aerospace Science and Technology，2017，71：285-298.

第 3 章
火箭炮随动系统信息源

火箭炮随动系统要想实现高性能随动控制，除了要能和系统中的其他设备实现通信外，还需实时了解自身的状态，因此需要安装合适的传感器来采集自身的状态信息。常用的状态传感器包括光电编码器和旋转变压器两种。下面将详细介绍它们的工作原理。

3.1 光电编码器

传感器按输出信号类型的不同可以分为模拟传感器和数字传感器，光电编码器是一种数字传感器，由于其具有构造简单、精度高、寿命长、抗干扰能力强等优点，因此经常被用在工业场合中[1]。例如，工业机械臂中就经常使用光电编码器进行位置测量[2]，如图 3-1 所示的工业机械臂，该机械臂结构中含有多个关节，如回转关节、俯仰关节等，每个关节均由伺服电机和减速器构成驱动装置，驱动关节产生某个方向的转动。在对机械臂进行姿态控制时，需要知道每个关节的当前角度信息，只有精准地获取被控机械臂各个关节的转角位置信息，才能实现机械臂的高精度运动控制，因此需要安装相应的角度传感器。图 3-1 中机械臂关节部分装有伺服电机，伺服电机末端装有光电编码器，其可以提供精确的关节转角信息。针对机械臂关节高精度、高灵敏度、小尺寸、模块化等的设计要求，光电编码器非常适合应用于这种场合。

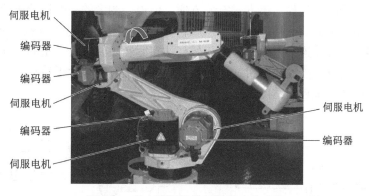

图 3-1 光电编码器在机械臂中的应用

光电编码器实际上是一种集合了光、电为一体的测量位置的传感器，其主要由光栅板和光电检测装置组成。它的工作原理实际就是完成光电的转换，通过光电转换将输出轴的机械几何量转化为数字量或脉冲量。编码器根据检测原理，可分为光学式、磁式、感应式和电容式，根据其刻度方法及信号输出形式，又可分为增量式、绝对式以及混合式 3 种。光电编码器的结构可分为轴式结构和套式结构。图 3-2 所示为轴式光电编码器，其通过中间轴与连接件连接；图 3-3 所示为套式光电编码器，其通过中间轴孔与连接件连接。

图 3-2　轴式光电编码器　　　　　　　　　　图 3-3　套式光电编码器

　　光电编码器的安装方式通常有两种：一种是将编码器安装在丝杠末端，另一种是将编码器安装在伺服电机末端，这两种安装方式各有自己的优缺点。图 3-4 所示为编码器安装在丝杠末端的情况。当编码器安装在丝杠末端时，电机驱动丝杠进行旋转运动，丝杠驱动工作台滑块进行直线运动，此时编码器测得的是丝杠的角位移，通过如下公式的计算可以间接获得工作台的直线位移 x，从而构成位置闭环伺服系统。这种情况下，由于编码器安装在丝杠末端，编码器采集的是终端转角信息，因此测量精度相对较高。但由于编码器安装精度会影响丝杠末端角度的测量精度，故安装时需仔细设计机械结构，以确保安装时的同轴度。

$$x = t/360° × \theta \tag{3-1}$$

式中　x——丝杠位移；

　　　θ——丝杠转角；

　　　t——导程。

　　图 3-5 所示为编码器安装在伺服电机末端的情况。当编码器和伺服电机同轴安装时，同样是电机驱动丝杠进行旋转运动，丝杠驱动工作台滑块进行直线运动，但此时的光电编码器测得的是电机转子的角位移。该方式安装方便，但由于测量的是电机转子角度，而非终端转角信息，因此精度不如前一种方式高。一般情况下，机械传动链上存在一定的传动间隙，电机通过联轴器与丝杠相连，电机的转角与丝杠的实际转角信息有一定的传动误差，故该安装方式测量的角度信息只能反映电机的转角位置，而无法反映包含了传动误差的丝杠转角位置，因此构成的闭环系统控制精度不高。

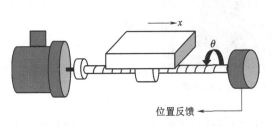
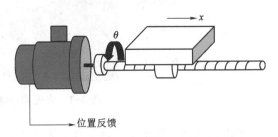

图 3-4　编码器安装在丝杠末端　　　　　図 3-5　编码器和伺服电机同轴安装

除了安装方式的不同以外，根据光电编码器结构和工作原理的不同，还可以将其分为绝对式编码器和增量式编码器。下面将详细介绍这两种光电编码器的结构和工作原理。

3.1.1 绝对式编码器

绝对式编码器分为接触式绝对编码器和非接触式绝对编码器两种[3]。图 3-6 所示为接触式绝对编码器，接触式绝对码盘有 n 个电刷，码盘上黑色区域涂有导电材料，当电刷与黑色区域接触时会导电，产生对应的导电信号"1"；当电刷与白色区域接触时不会导电，产生对应的信号为"0"，从而使接触式绝对码盘产生 n 位二进制信号，其最小分辨率为

$$\alpha = 360°/2^n \tag{3-2}$$

例如，当 $n=4$ 时，$\alpha=360°/2^4=22.5°$。图 3-7 所示为非接触式绝对编码器，非接触式绝对码盘上开有一系列通孔，码盘左侧为 LED 灯，右侧为光敏元件，当 LED 灯的光信号透过码盘上的通孔时，右侧的光敏元件能够感应到该光信号，同时产生相应的二进制电信号，并记录下来。

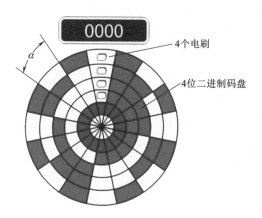

图 3-6 接触式绝对编码器

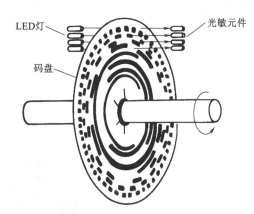

图 3-7 非接触式绝对编码器

根据上面的介绍可以看出，绝对编码器输出 n 位二进制编码，每一位编码对应唯一的角度。如图 3-8 所示，该绝对编码器输出 4 位二进制编码，0000 代表 0°，0001 代表 22.5°，0010 代表 45°，……，1111 代表 337.5°。

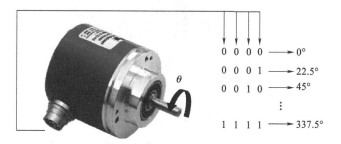

图 3-8 绝对式测量信号输出

3.1.2 增量式编码器

增量式编码器由 LED 灯、光栅板、码盘和光敏元件等组成，码盘上开有一圈通孔，但

开孔形式和绝对式编码器不同，被测对象与码盘同轴安装，会带动码盘同步转动，LED 灯的灯光可以通过码盘上的通孔射出，光敏元件接收到该光信号后会产生若干脉冲信号，通过对该脉冲信号计数就可以计算出被测对象旋转的角度信息[3]。

增量式光电编码器的结构如图 3-9 所示，码盘上每两个透光条纹的夹角，即为其分辨率。码盘前为 LED 灯和光栅板，码盘后为光敏元件，可以用来接收透光条纹的光信号，然后产生脉冲信号。增量式光电编码器的工作原理如下：当 LED 灯的光信号透过光栅板和码盘上的透光条纹时，会被光敏元件感应到，从而产生一个脉冲信号；在下一个 LED 灯的光信号通过光栅板和透光条纹传过来时，光敏元件感应到并产生下一个脉冲，如此往复，通过对脉冲的计数就可以计算出旋转的角度值。但若只使用一路脉冲信号，则只能识别转子的转角信息，而实际中我们在识别转子转角信息的同时，还需识别转子转角的方向，以确认转子是正转还是反转。此外，我们还需知道转子旋转的圈数。因此，光栅板上刻了三个通孔，分别为 A、B、C，如图 3-10 所示，光敏元件接收到通过 A、B 孔的光所产生的脉冲信号彼此相位相差 90°，可用于辨向。当码盘正转时，A 信号超前 B 信号 90°；当码盘反转时，B 信号超前 A 信号 90°。光敏元件接收到通过 C 孔的光会产生一个脉冲，码盘每转一圈产生一次该脉冲，因此该脉冲信号又称为一转信号或零标志脉冲，可以作为测量的起始基准。

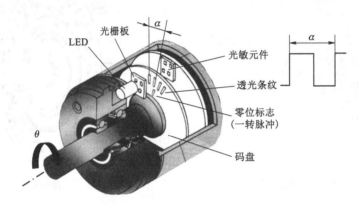

图 3-9　增量式光电编码器的结构

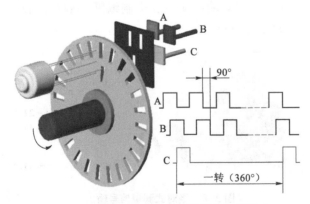

图 3-10　增量式光电编码器的辨向和零标志

根据上面的介绍可以看出，增量式光电编码输出信号为一串脉冲，每一个脉冲对应一个分辨角 α，对脉冲进行计数 N，即对 α 的累加就可以得到角位移值，所以角位移 $\theta = \alpha N$。例如：$\alpha = 0.352°$，脉冲数 $N = 1\,000$，则 $\theta = \alpha N = 0.352° \times 1\,000 = 352°$。

为了提高编码器的分辨率，在现有编码器的条件下，通过细分技术可以提高编码器的分辨力。细分前，编码器的分辨力只有一个分辨角的大小。而采用 4 细分技术后，计数脉冲的频率提高了 4 倍，相当于将原编码器的分辨力提高了 3 倍，测量分辨角是原来的 1/4，提高了测量精度。

3.2　旋转变压器

3.2.1　旋转变压器的工作原理

要了解旋转变压器是怎样工作的，首先需要回顾一下变压器的工作原理。图 3-11 给出了一个典型变压器的结构图，它由初级线圈和次级线圈组成，当初级线圈上有交变电流流过时，次级线圈上就会感应出相同频率的交变电流，其大小与两侧线圈绕组的比例有关。

而如果我们将变压器的初级线圈和次级线圈分开，让次级线圈按照如图 3-12 所示的箭头方向旋转，就会看到次级线圈的电流呈现出如图 3-13 所示的变化趋势。次级线圈旋转角度从 0°变化到 90°时，次级线圈输出的电流幅值逐渐减小，到了 90°时，次级线圈中的电流降为 0；次级线圈旋转角度从 90°变化到 180°时，电流方向发生反转，并且电流幅值逐渐增大，到了 180°时，电流大小与 0°时电流大小相同，而方向恰好相反。当次级线圈旋转角度从 180°变化到 270°时，次级线圈输出电流又逐渐减小，到了 270°时降为 0；当次级线圈旋转角度从 270°变化到 360°时，次级线圈输出电流方向再次发生反转，电流幅值逐渐增大，到了 360°时，电流大小与方向都恢复到与 0°时完全相同。

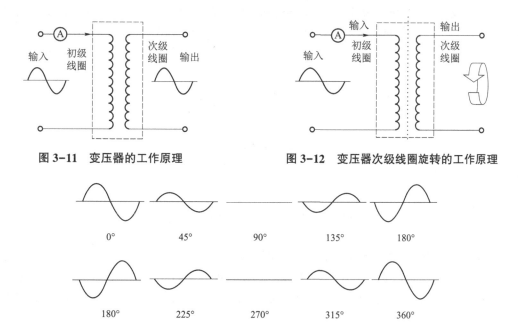

图 3-11　变压器的工作原理　　　　图 3-12　变压器次级线圈旋转的工作原理

图 3-13　旋转变压器次级线圈输出电流（0°～360°）

从以上分析可以看出，在次级线圈旋转一圈的过程中，每个电流输出波形都会对应到两个角度位置，且它们的和总是360°。要解决这个位置-波形对应关系不唯一的问题，我们再增加一个次级线圈，同时使该次级线圈和原来的次级线圈相互之间呈直角，如图3-14所示，此时这两个次级线圈输出的电流就会因为它们空间位置存在的90°差值而产生一个90°的相位差，一个次级线圈产生的电流为正弦（sin）曲线，另一个次级线圈产生的电流为余弦（cos）曲线，借助这两条电流曲线的组合就可以反推出唯一的线圈转角位置了。同时，我们将产生正弦曲线的次级线圈称为正弦绕组，将产生余弦曲线的次级线圈称为余弦绕组[4,5]。

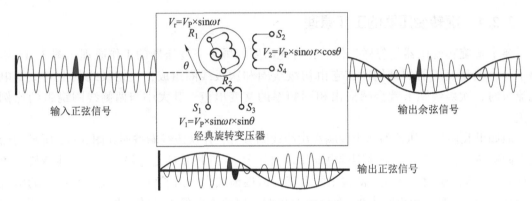

图3-14　旋转变压器同时使用互成直角的次级线圈的输出电流

3.2.2　旋转变压器的信号采集与处理

前面介绍了旋转变压器的工作原理，我们可以看出旋转变压器输出的信号是一条正弦波和一条余弦波，那么如何根据这两条波形得到我们想要的角度信息呢？下面将详细说明具体解算过程，为了说明方便，我们画出旋转变压器工作原理示意图，如图3-15所示。

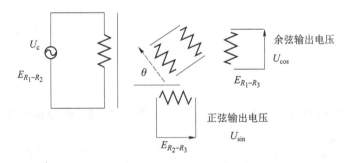

图3-15　旋转变压器的工作原理示意图

设转子转动角度为θ，初级线圈电压（即励磁电压）如下式所示：

$$E_{R_1-R_2} = U_m \sin\omega t \tag{3-3}$$

式中，ωt为励磁频率；U_m为信号幅值。那么余弦绕组和正弦绕组上输出的电压如下式所示：

$$E_{R_1-R_3} = K U_m \sin\omega t \cos\theta \tag{3-4}$$

$$E_{R_2-R_3} = KU_\mathrm{m}\sin\omega t\sin\theta \tag{3-5}$$

式中，K 为传输比。从上式可以看出，旋转变压器正、余弦绕组输出的信号为正、余弦信号，因此需要对其进行轴角转换，将模拟信号转成数字信号并通过相应的解算得到最终的角度信息，以方便后续控制算法使用。目前，AD2S83 芯片可以实现这一功能，图 3-16 给出了 AD2S83 芯片内部结构图，其包含象限选择器、函数发生器、差分放大器、相敏检测电路、积分器、压控振荡器（VCO）和 16 位可逆计数器等主要部件，其工作原理如下所述。

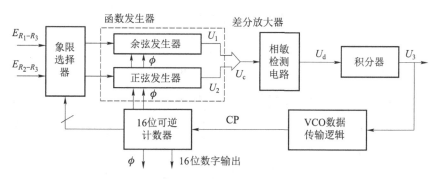

图 3-16 AD2S83 内部结构与工作原理图

函数发生器可以根据可逆计数器的数值生成相应的正、余弦信号，并与余弦绕组和正弦绕组的信号相乘，得到 U_1、U_2 信号如下式所示：

$$U_1 = KU_\mathrm{m}\sin\omega t\sin\theta\cos\phi \tag{3-6}$$

$$U_2 = KU_\mathrm{m}\sin\omega t\cos\theta\sin\phi \tag{3-7}$$

U_1、U_2 经过差分放大器得到交流误差信号 U_c：

$$U_\mathrm{c} = KU_\mathrm{m}\sin\omega t\sin(\theta-\phi) \tag{3-8}$$

交流误差信号经过相敏检测电路及参考信号解调、滤波电路后可得到直流信号 U_d：

$$U_\mathrm{d} = \sin(\theta-\phi) \tag{3-9}$$

该信号经过积分器积分后，可得到：

$$U_3 = \int U_\mathrm{d}\mathrm{d}t \tag{3-10}$$

U_3 经过压控振荡器 VCO，生成频率与 U_3 成正比的 CP 脉冲，该脉冲作为可逆计数器的计数脉冲激励计数器计数，偏差信号 $\theta-\phi$ 极性决定计数器是减法计数还是加法计数。这样形成一个闭环调节回路，计数器计数的同时，其计数值也在向输入角 θ 不断靠拢，最终计数值 ϕ 无限逼近转角 θ，完成轴角转换功能。图 3-17 给出了采用 12 位分辨率时，AD2S83 芯片外围电路的典型配置情况。

正因为旋转变压器位置反馈是以正、余弦电压/电流曲线这种模拟量信号的形式输出的，旋转变压器也有着一些特定的应用短板，例如：很难达到光电式编码器所具备的超高精度，不适合作为高性能运动控制系统的动态位置反馈，输出信号仅仅能以电压/电流曲线的形式反应设备的旋转位置，而无法承载更多旋转变压器自身和设备的状态信息，如温度、产品标签等。但是相对于光电编码器，旋转变压器环境适应性好，对环境要求不高，且价格相对低廉，因此在火箭炮随动控制系统中，旋转变压器得到更多的使用[6,7]。

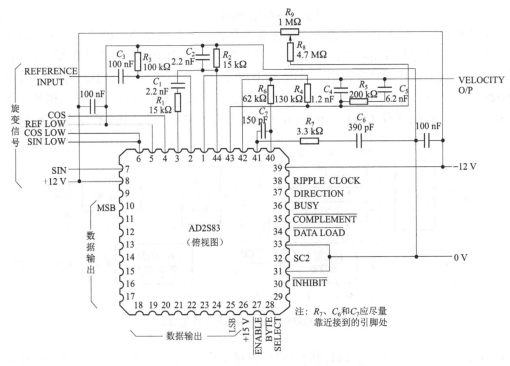

图 3-17 AD2S83 芯片外围电路的典型配置

3.2.3 旋转变压器的主要参数

前面介绍了旋转变压器的结构和工作原理，那么我们在选择旋转变压器的时候，应该关注哪些参数呢？下面将详细介绍旋转变压器的相关重要参数[8,9]。

1. 旋转变压器结构参数：定子铁芯内径 D_{is}、定子铁芯外径 D_s

旋转变压器定子铁芯内径 D_{is} 的大小，直接影响旋转变压器定子与转子的槽面积的分配。槽面积分配将影响副方输出电压对原方激磁电压的相位移、电势降落系数及原、副方阻抗的大小。为了使旋转变压器有较小的相位移和较大的电势降落系数，必须将定子内径减小，但过小的定子内径会使输出阻抗增大。同时考虑到旋转变压器的多数产品是电压比小于 1 或等于 1 的（即原方绕组匝数比副方绕组匝数多或近似相等），所以通常情况下总是使原方总槽面积大于副方总槽面积。当定子励磁时，定子总槽面积与转子总槽面积之比通常取 $K_v = 1.2 \sim$ 1.8；当转子励磁时，$K_0 = 0.6 \sim 0.8$。由于不同机座号受到所能设计的最低空载阻抗的限制，设计时一般选取铁芯磁通密度 B_{max} 与气隙磁通密度 $B_{\delta max}$ 之比 $K_r = \dfrac{B_{max}}{B_{\delta max}} = 3 \sim 5$。根据以上两个原则，可以通过旋转变压器的磁路系统来导出定子铁芯内径 D_{is} 与定子铁芯外径 D_s 的关系式。定子铁芯内径 D_{is} 与定子铁芯外径 D_s 的关系需满足：定子激磁时，$D_{is} = (0.57 \sim 0.63)D_s$；转子激磁时，$D_{is} = (0.65 \sim 0.7)D_s$；通常取定子激磁时 $D_{is} \approx 0.6D_s$，转子激磁时 $D_{is} \approx 0.67D_s$。

2. 旋转变压器励磁信号参数：励磁电压、励磁频率

旋转变压器的励磁电压都采用比较低的数值，一般在 10 V 以下。旋转变压器的励磁频

率通常采用 400 Hz、5~10 kHz。

3. 极对数

旋转变压器分为单极旋转变压器和多极旋转变压器，极对数越多，机械角信号的准确度和分辨率会越高。而由于 360° 机械圆周角除以奇数大多为除不尽的无限小数，会导致电机的电气角存在误差，因此多极旋转变压器设计时，极对数多选取偶数，或按 2 的 n 次方选取。此外，设计上极对数选择偶数，可为绕组设计提供方便，因为多极绕组中的基波电势星形图是重复的，重复数等于极对数和齿数之间的最大公约数，如果极对数是奇数中的质数，它与齿数的最大公约数只能是 1，绕组设计很麻烦。如果极对数是偶数，大多没有上述问题，这样副边正弦分布绕组线圈可采用分组重复设计，简单方便。

4. 变压比

变压比 K_u 是指在规定励磁条件下，最大空载输出电压的基波分量与励磁电压的基波分量之比。变压比的范围为 0.15~2，共 7 种，应根据所要求的输出电压选择变压比。变压比是旋转变压器的基本技术指标，一般在铭牌中标称。

5. 最大空载输出电压与最大空载输出电压相位移

当电源电压不变时，输出电动势与转子转角 θ 有严格的正、余弦关系，输出电动势对励磁电压的相位移等于转子的转动角度，检测出相位即可测出角位移。故当输出电动势与转子转角 θ 有严格的正弦关系时，最大空载输出电压相位移为 90°；当输出电动势与转子转角 θ 有严格的余弦关系时，最大空载输出电压相位移为 0°。

6. 电气误差

输出电动势和转角之间应符合严格的正、余弦关系。如果不符，就会产生误差，这个误差角称为电气误差 $\Delta\gamma_e$，根据不同的误差值确定旋转变压器的精度等级。不同的旋转变压器类型，所能达到的精度等级不同。目前，旋转变压器的电气误差一般为 $\pm 3' \sim \pm 12'$，影响误差的原因和自整角机中相似。电气误差的测量是利用专门的四臂函数电桥，采用比例电压梯度法来进行的，同样也是采用每 5° 测量一点。一般而言，粗机电气误差要求 $\leqslant 18'$，精机电气误差要求 $\leqslant 30'$。

7. 开路输入阻抗

开路输入阻抗 Z_{ci} 指输出端开路时，励磁端的阻抗。在一定的励磁电压下，开路输入阻抗越大，励磁电流越小，所需电源容量也越小。旋转变压器的开路输入阻抗一般 $\geqslant 130\ \Omega$。

8. 功耗、重量、工作温度

传统的角测量系统面临的问题之一为功耗、重量偏大，故旋转变压器的功耗一般要求 $\leqslant$ 6 W，质量一般要求 $\leqslant 8$ kg。旋转变压器的应用环境温度通常在 $-55\ ℃$ 到 $+155\ ℃$ 之间。

3.3　本章小结

本章主要介绍了两种火箭炮随动系统信息源：光电编码器和旋转变压器。关于光电编码器，介绍了其结构分类、安装方式和工作原理。关于旋转变压器，介绍了其工作原理、信号采集方法和主要参数等。对比分析了光电编码器和旋转变压器各自的特点和使用场合：旋转变压器测量精度不如光电编码器高，但其成本较低、恶劣环境下工作能力强、可靠性高，因此火箭炮随动系统中一般采用旋转变压器作为位置传感器。光电编码器的精度高，故对于精度要求比较高的场合，需要使用光电编码器作为位置传感器。但与此同时其成本也高，且当使用环境污染比较严重时，会影响光电编码器的正常使用，因此需要根据具体的应用场合和系统的性能要求来选择合适的传感器[10]。

参考文献

［1］杨雅萱. 浅谈光电编码器的原理与应用 ［J］. 数码世界，2018（1）：78.

［2］王威力. 高精度伺服控制系统 ［M］. 北京：知识产权出版社，2016.

［3］吴志刚. 光电编码器的原理与应用 ［J］. 浙江冶金，2001（1）：50.

［4］吴红星，洪俊杰，李立毅. 基于旋转变压器的电动机转子位置检测研究 ［J］. 微电机，2008（1）：1-3，9.

［5］陈继华. 旋转变压器在永磁同步电机控制系统中的应用 ［J］. 电机与控制应用，2012（5）：18-21.

［6］闫天，杨尧，孙力，张科. 基于AD2S83对电动舵机低速及动态性能的改进 ［J］. 西北工业大学学报，2012，30（5）：752-756.

［7］刘伟奇，张玉玲，皮利萍，韩继文，朱大宾. 基于AD2S83的永磁同步电机转子位置检测电路设计 ［J］. 新型工业化，2018，8（11）：1-5.

［8］张文海. 多极旋转变压器的一些问题及其他 ［J］. 微特电机，2014：215-217.

［9］李光友，王建民，孙玉萍，等. 控制电机 ［M］. 北京：机械工业出版社，2015.

［10］马建红，孙玉彤，郝永勤. 光电角度编码器与旋转变压器式角度编码器特性比较 ［J］. 导航与控制，2016，15（3）：89-94.

第4章

火箭炮随动系统经典控制策略设计

PID 控制是经典控制理论中最基本的控制方法，同时也是工业工程中应用最广泛、最有效的一种控制器，火箭炮随动系统中常用的也是 PID 控制器。PID 控制器首先计算给定值与被控变量的实际测量值的偏差，再将偏差的比例、积分和微分信号综合成控制量来对被控过程进行控制。它具有比例、积分和微分作用的线性调节规律，比例调节的作用是按比例反应系统的偏差，系统一旦出现了偏差，比例调节立即产生调节作用以减少偏差；积分调节的作用是使系统消除稳态误差，提高无差度，只要有误差积分调节就进行，直至无误差时积分调节才停止；微分调节的作用是产生超前的控制作用，在偏差还没有形成之前消除偏差，以改善系统的动态性能，因为微分作用反映系统偏差信号的变化率，具有预见性，能预见偏差变化的趋势。PID 控制器的比例、积分、微分三个参数的调节对控制器最终的控制效果有着至关重要的影响：增大比例系数，可以减小系统的静差，但当比例系数过大时，会使系统的动态品质变坏，引起被控量振荡，甚至导致闭环系统不稳定。增大积分系数将加快消除静差的过程，但随之而来会增加超调，降低系统的稳定性。增大微分系数，则微分作用加强，有助于减少超调克服振荡，使系统趋于稳定，加快系统的响应速度，减小调整时间，从而改善系统的动态性能。我们需要学会根据实际的应用环境合理地选择这三个参数。

本章首先介绍火箭炮随动系统数学模型的建立方法，在此基础上介绍火箭炮随动系统 PID 控制器的设计过程，并对随动系统在控制器作用下的阶跃响应和正弦响应性能进行分析。

4.1　基于传递函数的火箭炮随动系统数学模型

4.1.1　火箭炮方位与俯仰两轴系统运动方程

火箭炮本体机械结构主要由转塔、传动机构、发射箱等主要部分组成。火箭炮位置伺服系统就是控制方位机构进行水平方向上瞄准，控制俯仰机构进行垂直方向上瞄准。伺服机构在火控系统控制指令下带动俯仰机构和方位机构运动，进行目标或指定方位调转[1]。

火箭炮两轴系统的空间结构示意如图 4-1 所示。俯仰系统绕俯仰轴运动，方位系统绕方位轴运动[1]。

如图 4-2 所示，方位坐标系用 $Ox_a y_a z_a$ 表示，俯仰坐标系用 $Ox_p y_p z_p$ 表示。方位系绕 Oz_a 轴转动角度 θ_a，俯仰系统绕 Oy_p 轴转动角度 θ_p。

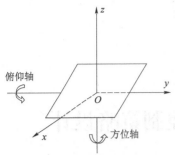

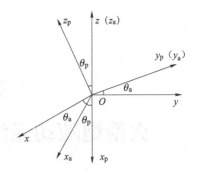

图 4-1　两轴系统空间结构示意图　　　　图 4-2　两轴系统坐标关系变换图

定义 $\boldsymbol{P}_a$ 为俯仰系统投影到方位系统的转移矩阵。可得：

$$\boldsymbol{P}_a = \begin{pmatrix} \cos\theta_p & 0 & \sin\theta_p \\ 0 & 1 & 0 \\ -\sin\theta_p & 0 & \cos\theta_p \end{pmatrix} \qquad (4-1)$$

定义方位角速度矢量 $\boldsymbol{\omega}_a$：

$$\boldsymbol{\omega}_a = (0 \quad 0 \quad \dot{\theta}_a)^T \qquad (4-2)$$

可以得到俯仰轴角速度 $\boldsymbol{\omega}_p$ 为：

$$\boldsymbol{\omega}_p = (-\dot{\theta}_a \sin\theta_p \quad 0 \quad \dot{\theta}_a \cos\theta_p)^T \qquad (4-3)$$

假设两轴分别相对于各自坐标系是轴对称的，可以得到两轴的转动惯量矩阵分别为：

$$\boldsymbol{J}_p = \begin{pmatrix} J_{x_p} & 0 & 0 \\ 0 & J_{y_p} & 0 \\ 0 & 0 & J_{z_p} \end{pmatrix} \qquad (4-4)$$

$$\boldsymbol{J}_a = \begin{pmatrix} J_{x_a} & 0 & 0 \\ 0 & J_{y_a} & 0 \\ 0 & 0 & J_{z_a} \end{pmatrix} \qquad (4-5)$$

式中，J_{x_p}、J_{y_p}、J_{z_p} 分别表示俯仰系统绕轴 Ox_p、Oy_p、Oz_p 的转动惯量；J_{x_a}、J_{y_a}、J_{z_a} 分别表示方位系统绕轴 Ox_a、Oy_a、Oz_a 的转动惯量。

根据运动学原理，可以得到俯仰系统相对于方位坐标系 $Ox_a y_a z_a$ 的转动惯量矩阵为：

$$\boldsymbol{J}_{pa} = \boldsymbol{P}_a \boldsymbol{J}_a \boldsymbol{P}_a^{-1} = \begin{pmatrix} J_{x_p}\cos\theta_p + J_{z_p}\sin^2\theta_p & 0 & (J_{z_p} - J_{x_p})\sin\theta_p\cos\theta_p \\ 0 & J_{y_p} & 0 \\ (J_{z_p} - J_{x_p})\sin\theta_p\cos\theta_p & 0 & J_{x_p}\sin^2\theta_p + J_{z_p}\cos^2\theta_p \end{pmatrix} \qquad (4-6)$$

则俯仰轴相对于 Oz_a 轴的转动惯量为：

$$J_{z_{pa}} = J_{x_p}\sin^2\theta_p + J_{z_p}\cos^2\theta_p \qquad (4-7)$$

俯仰轴相对于轴 Oy_p 的转动惯量为：

$$J_{Oy_p} = J_{y_p} \qquad (4-8)$$

两轴一起运动时，方位系统对轴 Oz_a 的转动惯量为：

$$J_{O z_a} = J_{z_a} + J_{x_p} \sin^2 \theta_p + J_{z_p} \cos^2 \theta_p \tag{4-9}$$

根据刚体的欧拉动力学方程：

$$\begin{pmatrix} M_x \\ M_y \\ M_z \end{pmatrix} = \begin{pmatrix} J_x \dfrac{\mathrm{d}\omega_x}{\mathrm{d}t} + (J_z - J_y) \, \omega_y \omega_z \\ J_y \dfrac{\mathrm{d}\omega_y}{\mathrm{d}t} + (J_x - J_z) \, \omega_x \omega_z \\ J_z \dfrac{\mathrm{d}\omega_z}{\mathrm{d}t} + (J_y - J_x) \, \omega_x \omega_y \end{pmatrix} \tag{4-10}$$

得俯仰系统在其连体坐标系下的力矩为：

$$\begin{pmatrix} M_{x_p} \\ M_{y_p} \\ M_{z_p} \end{pmatrix} = \begin{pmatrix} J_{x_p}(-\ddot{\theta}_a \sin\theta_p - \dot{\theta}_p \dot{\theta}_a \cos\theta_p) + (J_{z_p} - J_{x_p}) \, \dot{\theta}_p \dot{\theta}_a \cos\theta_p \\ J_{y_p} \ddot{\theta}_p + (J_{x_p} - J_{z_p}) \, \dot{\theta}_a^2 \sin\beta \cos\beta \\ J_{z_p}(\ddot{\theta}_a \cos\theta_p - \dot{\theta}_p \dot{\theta}_a \sin\theta_p) + (J_{y_p} - J_{x_p}) \, \dot{\theta}_p \dot{\theta}_a \sin\theta_p \end{pmatrix} \tag{4-11}$$

而方位系统在方位系统坐标系下的力矩等于俯仰系统在其连体坐标系下的力矩在方位系统坐标系上的投影与方位系统在其连体坐标系下的力矩之和，则火箭炮全系统所受力矩在方位系统坐标系下为：

$$\begin{pmatrix} M_{x_a} \\ M_{y_a} \\ M_{z_a} \end{pmatrix} = \boldsymbol{P}_a \begin{pmatrix} M_{x_p} \\ M_{y_p} \\ M_{z_p} \end{pmatrix} + \begin{pmatrix} 0 \\ 0 \\ J_{x_a} \ddot{\theta}_a \end{pmatrix} \tag{4-12}$$

由式（4-10）和式（4-11）可以得到两轴耦合转台转矩方程为：

$$\begin{cases} M_{z_a} = J_{O z_a} \ddot{\theta}_a + 2(J_{z_p} - J_{x_p}) \, \dot{\theta}_a \dot{\theta}_p \sin\theta_p \cos\theta_p \\ M_{y_p} = J_{y_p} \ddot{\theta}_p + (J_{z_p} - J_{x_p}) \, \dot{\theta}_a^2 \sin\theta_p \cos\theta_p \end{cases} \tag{4-13}$$

4.1.2　火箭炮执行器数学模型

交流永磁同步电机作为位置伺服系统执行元件，是整个系统的核心，要想实现伺服系统的高精度控制，就必须考虑对电机的控制精度。因此，在控制时必须充分考虑电机的动态特性，建立准确的伺服电机的数学模型和仿真模型，并在电机模型的基础上，进一步建立伺服系统的数学模型和仿真模型。

（一）永磁同步电机的结构[2]

与传统的交流感应电机结构相似，永磁同步电机主要是由定子、转子和两者之间的气隙组成。定子与交流感应电机相同，主要由硅钢片冲叠组成。两者最大的区别在于转子，交流感应电机的转子一般由对称的三相绕线、铁芯和转轴组成，而永磁同步电机的转子主要由转子铁芯、永磁体和转轴组成。根据永磁体的安装方式不同，永磁同步电机可以分为表贴式和内嵌式两种，其结构分布分别如图 4-3 和图 4-4 所示。

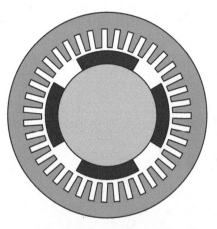

图4-3　表贴式永磁同步电机结构

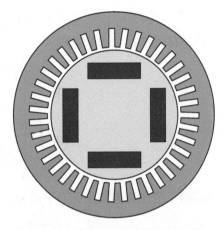

图4-4　内嵌式永磁同步电机结构

如图4-3所示，表贴式永磁同步电机的永磁体安装在转子外圆表面。由于永磁体产生的磁通直接进入气隙，所以这种安装方式可以使气隙磁通密度最大化，同时从结构图可以看出表贴式永磁同步电机的交轴、直轴磁阻差异很小，从而可以认为交轴、直轴的电感相等。表贴式永磁同步电机的缺点在于其结构的整体性不好，因为永磁体在径向方向没有得到完全固定，限制了其在高速场合的使用，在实际生产中，常常将永磁体嵌入一定的深度，以增加结构强度。

如图4-4所示，内嵌式永磁同步电机的永磁体安装在转子铁芯的内部。内嵌式永磁同步电机的机械结构可靠，适用于高速运行，但是其生产工艺复杂，生产成本较高。内嵌式永磁同步电机的交、直流电感相差很大，两者之比可以达到3倍，甚至更高[3]。可以利用该种电机的凸极性，使用高频信号注入法完成对转子信息的收集。

（二）永磁同步电机的合理简化

永磁同步电机是个集非线性与耦合共存的系统，无法对其进行精确的建模。为了保证尽可能准确地反映永磁同步电机的非线性特性以及简化其建模难度，需要对其进行相应的假设处理[4,5]：

（1）电机转子上无阻尼绕阻，永磁体无阻尼作用；

（2）电机参数对温度、频率的变化不敏感；

（3）对铁芯的饱和效应、涡流以及磁滞的影响均忽略不计；

（4）三相绕组是对称且均匀的，其感生电动势应是正旋的；

（5）不考虑气隙中的高次谐波，磁场按正弦分布。

研究人员在经过试验和工程应用后发现基于上述假设建立的永磁同步电机数学模型，其结果与实际的误差在工程允许范围内[6]。

（三）永磁同步电机的数学模型[2]

根据坐标系的不同，永磁同步电机的数学模型可以分为三相静止坐标系下的数学模型、两相静止坐标系下的数学模型和两相旋转坐标系下的数学模型。这三种坐标系之间的关系如图4-5所示。

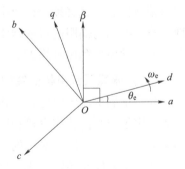

图4-5　三种坐标系之间的关系

（四）三相静止坐标系下永磁同步电机的数学模型

在三相静止坐标系下，将定子绕组 A 相、B 相、C 相轴线分别作为 a 轴、b 轴、c 轴。在三相静止坐标系下，永磁同步电机的定子电压方程为：

$$\begin{cases} u_A = Ri_A + \dfrac{\mathrm{d}\psi_A}{\mathrm{d}t} \\[3mm] u_B = Ri_B + \dfrac{\mathrm{d}\psi_B}{\mathrm{d}t} \\[3mm] u_C = Ri_C + \dfrac{\mathrm{d}\psi_C}{\mathrm{d}t} \end{cases} \tag{4-14}$$

式中，u_A、u_B、u_C 分别为三相定子绕组的电压值；i_A、i_B、i_C 分别为三相定子绕组电流的瞬时值；ψ_A、ψ_B、ψ_C 分别为三相定子绕组的磁链；R 是三相定子的相电阻。

在三相静止坐标系下，定子磁链方程为：

$$\begin{cases} \psi_A = L_{AA}i_A + M_{AB}i_B + M_{AC}i_C + \psi_f\cos\theta_e \\ \psi_B = M_{BA}i_A + L_{BB}i_B + M_{BC}i_C + \psi_f\cos(\theta_e - 2\pi/3) \\ \psi_C = M_{CA}i_A + M_{CB}i_B + L_{CC}i_C + \psi_f\cos(\theta_e + 2\pi/3) \end{cases} \tag{4-15}$$

式中，θ_e 是转子空间位置角度，L_{AA}、L_{BB}、L_{CC} 分别为三相定子绕组的自感系数；M_{XY} 为 X 与 Y 之间的互感系数（其中 $M_{AB}=M_{BA}$，$M_{AC}=M_{CA}$，$M_{BC}=M_{CB}$）；ψ_f 为永磁体与定子绕组最大交链磁链。

在三相静止坐标系下，输出电磁转矩方程为：

$$T_e = -p\psi_f\left[i_A\sin\theta_e + i_B\sin(\theta_e - 2\pi/3) + i_C\sin(\theta_e + 2\pi/3)\right] \tag{4-16}$$

式中，T_e 是输出电磁转矩；p 为电机极对数。

从式（4-15）可以看出电机定子磁链大小是转子位置角 θ_e 的函数；另外，电机电磁转矩的表达式过于复杂。为了便于后期控制器的设计，必须选择合适的坐标系对永磁同步电机数学模型进行降阶和解耦处理。

（五）两相静止坐标系下永磁同步电机的数学模型

在两相静止坐标系下，将三相静止坐标系的 a 轴作为 α 轴，β 轴超前 α 轴 90°，α 轴和 β 轴共同构成两相静止坐标系。

从三相静止坐标系到两相静止坐标系的变换矩阵如下：

$$T_{3s/2s} = \frac{2}{3}\begin{bmatrix} 1 & -\dfrac{1}{2} & -\dfrac{1}{2} \\[3mm] 0 & \dfrac{\sqrt{3}}{2} & -\dfrac{\sqrt{3}}{2} \end{bmatrix} \tag{4-17}$$

从两相静止坐标系到三相静止坐标系的变换矩阵如下：

$$T_{2s/3s} = \begin{bmatrix} 1 & 0 \\[3mm] -\dfrac{1}{2} & \dfrac{\sqrt{3}}{2} \\[3mm] -\dfrac{1}{2} & -\dfrac{\sqrt{3}}{2} \end{bmatrix} \tag{4-18}$$

式（4-17）被称为克拉克变换，式（4-18）被称为克拉克逆变换。

在两相静止坐标系下，永磁同步电机的定子电流方程为：

$$\begin{bmatrix} i_\alpha \\ i_\beta \end{bmatrix} = \frac{2}{3} \begin{bmatrix} 1 & -\dfrac{1}{2} & -\dfrac{1}{2} \\ 0 & \dfrac{\sqrt{3}}{2} & -\dfrac{\sqrt{3}}{2} \end{bmatrix} \begin{bmatrix} i_A \\ i_B \\ i_C \end{bmatrix} \tag{4-19}$$

式中，i_α、i_β 分别为定子电流在静止坐标系下 α 轴和 β 轴的分量。

在两相静止坐标系下，永磁同步电机的定子电压方程为：

$$\begin{bmatrix} u_\alpha \\ u_\beta \end{bmatrix} = \begin{bmatrix} Ri_\alpha \\ Ri_\beta \end{bmatrix} + \begin{bmatrix} \dfrac{\mathrm{d}\psi_\alpha}{\mathrm{d}t} \\ \dfrac{\mathrm{d}\psi_\beta}{\mathrm{d}t} \end{bmatrix} \tag{4-20}$$

式中，u_α、u_β 分别为定子电压在静止坐标系下 α 轴和 β 轴的分量；ψ_α、ψ_β 分别为定子磁链在静止坐标系下 α 轴和 β 轴的分量。

在两相静止坐标系下，永磁同步电机的定子磁链方程为：

$$\begin{bmatrix} \psi_\alpha \\ \psi_\beta \end{bmatrix} = \begin{bmatrix} L_\alpha & 0 \\ 0 & L_\beta \end{bmatrix} \begin{bmatrix} i_\alpha \\ i_\beta \end{bmatrix} + \psi_f \begin{bmatrix} \cos\theta_e \\ \sin\theta_e \end{bmatrix} \tag{4-21}$$

式中，L_α、L_β 分别为定子绕组自感在静止坐标系下 α 轴和 β 轴的分量。

在两相静止坐标系下，永磁同步电机的电磁转矩方程为：

$$T_e = \frac{3}{2}p(\psi_\alpha i_\beta - \psi_\beta i_\alpha) \tag{4-22}$$

从式（4-22）可以看出，虽然在两相静止坐标系下永磁同步电机的数学模型得到了一定程度的简化，但是转子空间位置角 θ_e 依然存在，电机的磁链方程依然是非线性的时变方程，这不利于控制器的设计。

（六）两相旋转坐标系下的永磁同步电机数学模型

将两相静止坐标系沿气隙磁场旋转方向以相同的角速度旋转即得到两相旋转坐标系，即 d-q 坐标系。

从两相静止坐标系到两相旋转坐标系的变换矩阵如下：

$$T_{2s/2r} = \begin{bmatrix} \cos\theta_e & \sin\theta_e \\ -\sin\theta_e & \cos\theta_e \end{bmatrix} \tag{4-23}$$

从两相旋转坐标系到两相静止坐标系的变换矩阵如下：

$$T_{2r/2s} = \begin{bmatrix} \cos\theta_e & -\sin\theta_e \\ \sin\theta_e & \cos\theta_e \end{bmatrix} \tag{4-24}$$

式（4-23）被称为帕克变换，式（4-24）被称为帕克逆变换。

在两相旋转坐标系下，d、q 轴的电流可以用三相静止坐标系中的定子电流 i_A、i_B、i_C 表示，具体方程如下：

$$\begin{bmatrix} i_d \\ i_q \end{bmatrix} = \frac{2}{3} \begin{bmatrix} \cos\theta_e & \cos(\theta_e - 2\pi/3) & \cos(\theta_e + 2\pi/3) \\ -\sin\theta_e & -\sin(\theta_e - 2\pi/3) & -\sin(\theta_e + 2\pi/3) \end{bmatrix} \begin{bmatrix} i_A \\ i_B \\ i_C \end{bmatrix} \tag{4-25}$$

式中，i_d、i_q 分别为定子绕组电流在两相旋转坐标系下 d 轴和 q 轴的分量。

在两相旋转坐标系下，永磁同步电机的定子电压方程为：

$$\begin{bmatrix} u_d \\ u_q \end{bmatrix} = R_s \begin{bmatrix} i_d \\ i_q \end{bmatrix} + \omega_e \begin{bmatrix} -\psi_q \\ \psi_d \end{bmatrix} + \begin{bmatrix} \dfrac{\mathrm{d}\psi_d}{\mathrm{d}t} \\ \dfrac{\mathrm{d}\psi_q}{\mathrm{d}t} \end{bmatrix} \tag{4-26}$$

式中，u_d、u_q 分别为定子绕组电压在两相旋转坐标系下 d 轴和 q 轴的分量；R_s 为电机定子电阻；ω_e 为电机的电角速度；ψ_d、ψ_q 分别为定子磁链在旋转坐标系下 d 轴和 q 轴的分量。

在两相旋转坐标系下，永磁同步电机的定子磁链方程为：

$$\begin{bmatrix} \psi_d \\ \psi_q \end{bmatrix} = \begin{bmatrix} L_d & 0 \\ 0 & L_q \end{bmatrix} \begin{bmatrix} i_d \\ i_q \end{bmatrix} + \begin{bmatrix} \psi_f \\ 0 \end{bmatrix} \tag{4-27}$$

式中，L_d、L_q 分别为定子绕组电感在两相旋转坐标系下 d 轴和 q 轴的分量。

在两相旋转坐标系下，永磁同步电机的电磁转矩方程为：

$$T_e = \frac{3}{2} p \left[\psi_f i_q + (L_d - L_q) i_d i_q \right] \tag{4-28}$$

从式（4-26）至式（4-28）可以看出，在两相旋转坐标系下，永磁同步电机的电压和磁链均不再受到转子空间位置角度 θ_e 的影响，其数学模型实现了完全解耦。

（七）机电伺服系统的机械运动方程

机电伺服系统的机械运动方程为：

$$T_e - T_L = J \frac{\mathrm{d}\omega_m}{\mathrm{d}t} + B\omega_m \tag{4-29}$$

式中，T_L 为系统的负载转矩；B 为阻尼系数；J 为转动惯量；ω_m 为电机的机械角速度（$\omega_m = \omega_e/p$）。

（八）空间矢量脉宽调制[7,8]

为了使永磁同步电机能够平滑地转动，尽量减少电流脉动，不同时刻的空间磁链矢量应该构成一个圆，同时平滑地旋转。空间矢量脉宽调制（SVPWM）就是通过逆变器不同开关模式的组合，在定子绕组中产生三相相差 120°、失真较小的正弦电流波形，从而得到圆形空间磁链矢量轨迹的 PWM 方式[7,8]。与常见的正弦脉宽调制（SPWM）相比，绕组电流波形的谐波成分较小，电压的利用率更高，并且更加容易实现数字化运行。

（九）基本电压矢量

三相电压型逆变器电路图如图 4-6 所示。

逆变器三相桥臂共有 6 个开关管，同一逆变桥上上下两个开关管的状态互为相反，即不能同时导通或关闭。定义开关函数 $K_x(x=a,\ b,\ c)$ 为：

$$K_x = \begin{cases} 1, & \text{上桥臂导通，下桥臂关闭} \\ 0, & \text{下桥臂导通，上桥臂关闭} \end{cases} \tag{4-30}$$

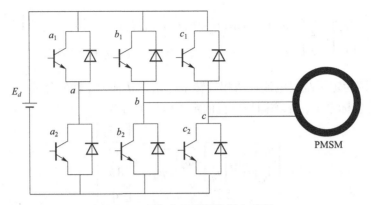

图 4-6 三相电压型逆变器电路图

$(K_a,\ K_b,\ K_c)$ 的全部可能组合共有 8 种，分别对于 8 种基本电压矢量，分别定义为 $U_0(0,\ 0,\ 0)$、$U_1(1,\ 0,\ 0)$、$U_2(1,\ 1,\ 0)$、$U_3(0,\ 1,\ 0)$、$U_4(0,\ 1,\ 1)$、$U_5(0,\ 0,\ 1)$、$U_6(1,\ 0,\ 1)$、$U_7(1,\ 1,\ 1)$。下面以一种开关组合为例进行分析，假设 $K_x = (1,\ 0,\ 0)$，此时逆变器中的开关管 a_1、b_2、c_2 导通，有以下关系式：

$$\begin{cases} u_{ab} = u_a - u_b = E_d \\ u_{bc} = u_b - u_c = 0 \\ u_{ca} = u_c - u_a = -E_d \end{cases} \tag{4-31}$$

由此可以得到每相电压如下：

$$u_a = \frac{2}{3}E_d, \quad u_b = -\frac{1}{3}E_d, \quad u_c = -\frac{1}{3}E_d \tag{4-32}$$

由此可见，三相电压型逆变器在不同开关模式下，输出电压矢量 $U_1 \sim U_6$ 为大小等于直流母线电压 $2E_d/3$、相位上互差 $\pi/3$ 电角度的矢量，另外，存在两个零电压矢量 U_0 和 U_7，可以得到电压矢量图 4-7。图 4-7 中的 6 个空间电压非零矢量将复平面平分为 6 个区域，称为 6 个扇区。

（十）SVPWM 调制原理

空间磁链矢量的大小为空间电压矢量和其作用时间的乘积，方向滞后电压矢量 $\pi/2$。若逆变器输入对称三相正弦电压到电机上时，会产生旋转的圆形电压矢量，进而产生旋转的圆形磁链矢量，带动电机旋转。因此有必要研究

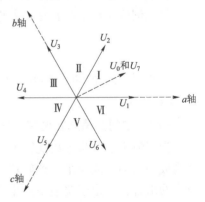

图 4-7 逆变器输出电压矢量图

如何利用 6 个基本电压矢量调制成任意角度的电压矢量。假设任意角度的电压矢量 U，其大小为 $|U|$，角度为 θ_U。根据平均值等效原理，U 由两侧基本电压矢量通过作用不同的时间合成。

以电压矢量 U 在第 I 扇区为例，假设 U 的作用时间为 T_U，即 PWM 一个开关周期为 T_U；U_1 的作用时间为 T_1；U_2 的作用时间为 T_2；零矢量作用时间为 T_0。根据矢量图 4-8，可以看出在 U_1 方向上，电压矢量 U 的分量为：

$$|U|\cos\theta_U - |U|\sin\theta_U \tan\frac{\pi}{6} = U_1\frac{T_1}{T_U} \tag{4-33}$$

又 U_1 的大小等于 $2E_d/3$，所以式（4-33）可以写为：

$$|U|\cos\theta_U - |U|\sin\theta_U \tan\frac{\pi}{6} = \frac{2}{3}E_d\frac{T_1}{T_U} \tag{4-34}$$

可以求得

$$T_1 = \sqrt{3}\frac{|U|}{E_d}T_U\sin\left(\frac{\pi}{3}-\theta_U\right) \tag{4-35}$$

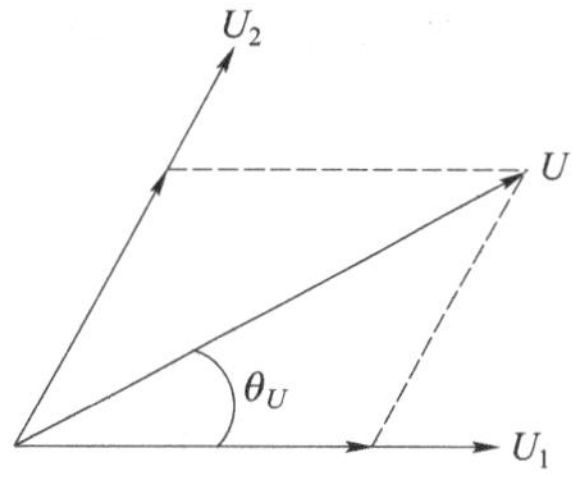

同理可以求得在 U_2 方向上有

$$T_2 = \sqrt{3}\frac{|U|}{E_d}T_U\sin\theta_U \tag{4-36}$$

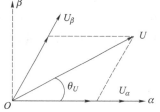

图 4-8　第 Ⅰ 扇区电压矢量图

在 SVPWM 调制方案中，零矢量的选择是非常重要的，合理选择零矢量可以减少开关损耗。常见的 7 段式 SVPWM，在每次开关状态转换时，只改变其中一相的开关状态，有效减少开关次数，同时，对零矢量在时间上平均分配，产生对称的 PWM 波形，最大限度地减少谐波分量，因此得到了广泛的应用[9,10]。

在采用这种调制方案时，零矢量的作用时间为：

$$T_0 = T_7 = \frac{T_U - T_1 - T_2}{2} \tag{4-37}$$

（十一）SVPWM 算法实现

通过上一小节的推导，可以发现，要实现 SVPWM 信号的调制，首先要确定电压矢量 U 所在的扇区，然后才能确定选择哪两个基础电压矢量。将电压矢量 U 分解到 α 轴和 β 轴上，得到分解的电压矢量 U_α 和 U_β，如图 4-9 所示。可以得到如下关系式：

$$\begin{cases} U_\alpha = U\cos\theta_U \\ U_\beta = U\sin\theta_U \end{cases} \tag{4-38}$$

定义三个函数：V_1，V_2，V_3 如下：

$$\begin{cases} V_1 = U_\beta \\ V_2 = \dfrac{\sqrt{3}}{2}U_\alpha - \dfrac{1}{2}U_\beta \\ V_3 = -\dfrac{\sqrt{3}}{2}U_\alpha - \dfrac{1}{2}U_\beta \end{cases} \tag{4-39}$$

图 4-9　电压在 α 轴、β 轴上的分解图

再定义：

$$N_1 = \begin{cases} 1, & V_1 > 0 \\ 0, & V_1 \leq 0 \end{cases}, \quad N_2 = \begin{cases} 1, & V_2 > 0 \\ 0, & V_2 \leq 0 \end{cases}, \quad N_3 = \begin{cases} 1, & V_3 > 0 \\ 0, & V_3 \leq 0 \end{cases}$$

可以看出，N_1、N_2、N_3 的取值有 8 种组合，其中三者同时为 0 或者同时为 1 是不存在的，所以实际的组合有 6 种，N_1、N_2、N_3 组合取不同的值时，对应着电压矢量 U 在 6 个不同的扇区，且是一一对应的，因此可以通过 N_1、N_2、N_3 的组合判断电压矢量 U 所在的扇区。

定义 $N=4N_3+2N_2+N_1$，N 的大小和电压矢量 U 所在扇区的对应关系如表 4-1 所示。

表 4-1　N 和 U 所在扇区的对应关系

N	3	1	5	4	6	2
扇区	I	II	III	IV	V	VI

根据图 4-9 和平均值等效原理可以得到：

$$\begin{cases} U_1T_1+U_2T_2\cos\pi/3 = U_\alpha T_U \\ U_2T_2\sin\pi/3 = U_\beta T_U \end{cases} \tag{4-40}$$

又 U_1、U_2 的大小等于 $2E_d/3$，整理可得：

$$\begin{cases} T_1 = \sqrt{3}\dfrac{T_U}{E_d}\left(\dfrac{\sqrt{3}}{2}U_\alpha - \dfrac{1}{2}U_\beta\right) \\ T_2 = \sqrt{3}\dfrac{T_U}{E_d}U_\beta \end{cases} \tag{4-41}$$

结合式（4-39）得：

$$\begin{cases} T_1 = \sqrt{3}\dfrac{T_U}{E_d}V_2 \\ T_2 = \sqrt{3}\dfrac{T_U}{E_d}V_1 \end{cases} \tag{4-42}$$

零矢量作用时间为 $T_0 = T_7 = (T_U - T_1 - T_2)/2$。

由式（4-42）可知，对于落在扇区 I 的输出电压 U，可以通过定子电压在静止坐标系中 α、β 轴的分量 U_α、U_β 分别作用时间 T_1、T_2 进行合成。同理，可得其他扇区非零矢量的作业时间。设三个变量如下：

$$\begin{cases} X = \sqrt{3}\dfrac{T_U}{E_d}U_\beta \\ Y = \sqrt{3}\dfrac{T_U}{E_d}\left(\dfrac{\sqrt{3}}{2}U_\alpha + \dfrac{1}{2}U_\beta\right) \\ Z = \sqrt{3}\dfrac{T_U}{E_d}\left(\dfrac{\sqrt{3}}{2}U_\alpha - \dfrac{1}{2}U_\beta\right) \end{cases} \tag{4-43}$$

设 T_x 和 T_y 分别为某个扇区的两个非零基本矢量作用时间，由式（4-42）和式（4-43）可以得到其余扇区的作用时间，如表 4-2 所示。

表 4-2　矢量作用时间表

扇区	I	II	III	IV	V	VI
T_x	Z	$-Z$	X	$-X$	$-Y$	Y
T_y	X	Y	$-Y$	$-Z$	Z	$-X$
T_0/T_7	$(T_U-T_x-T_y)/2$					

如果 $T_x+T_y>T_U$，发生过调制，输出的波形会严重失真，此时令

$$\begin{cases} T'_x = \dfrac{T_x}{T_x+T_y}T_U \\[3mm] T'_y = \dfrac{T_y}{T_x+T_y}T_U \end{cases} \qquad (4\text{-}44)$$

最后，确定各个扇区矢量切换点。设三个变量如下：

$$\begin{cases} T_a = (T_U-T'_x-T'_y)/4 \\[1mm] T_b = (T_U+T'_x-T'_y)/4 \\[1mm] T_c = (T_U+T'_x+T'_y)/4 \end{cases} \qquad (4\text{-}45)$$

各个扇区三相电压开关时间切换点 T_{aon}、T_{bon}、T_{con} 如表 4-3 所示。

表 4-3　三相电压开关时间表

扇区	I	II	III	IV	V	VI
T_{aon}	T_a	T_b	T_c	T_c	T_b	T_a
T_{bon}	T_b	T_a	T_a	T_b	T_c	T_c
T_{con}	T_c	T_c	T_b	T_a	T_a	T_b

基于前面章节的分析，可以得到 7 段式 SVPWM 算法下的波形图，如图 4-10 所示。

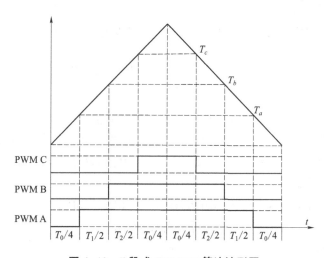

图 4-10　7 段式 SVPWM 算法波形图

（十二）基于矢量控制的单轴伺服系统数学模型

随着永磁同步电机在各个领域的应用越来越广泛，其高精度控制成为研究的热点[11-13]。矢量控制借鉴了直流电机的控制思路，通过坐标变换，达到对交、直轴电流解耦的目的，实现磁场和转矩的解耦控制。常见的矢量控制策略有 $i_d=0$ 控制、功率因素 $\cos\varphi=1$ 控制、最大转矩电流比控制、恒磁链控制。$i_d=0$ 控制的控制系统较为简单，转矩特性较好，在实际生产生活中有较多的应用[14]。

永磁同步电机 $i_d=0$ 矢量控制的策略图如图 4-11 所示。

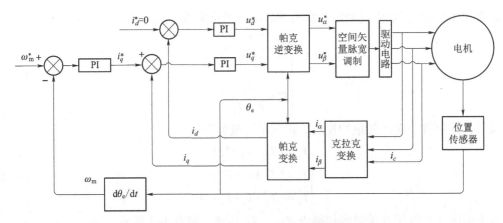

图 4-11　永磁同步电机矢量控制策略图

将编码器检测到的电机实际转速 ω_m 和给定转速 ω_m^* 相比较，通过速度 PI 控制器计算得到 q 轴电流的参考值 i_q^*。通过检测三相电流的值，得到 i_A、i_B、i_C 的真实值，经过克拉克变换、帕克变换，得到 d 轴电流、q 轴电流的真实值 i_d、i_q，将其分别与参考值 i_d^*、i_q^* 进行比较，再通过 PI 控制器得到两相旋转坐标系下定子电压直轴分量参考值 u_d^* 和定子电压交轴分量参考值 u_q^*，这两个电压参考值通过帕克逆变换得到两相静止坐标系下的 α 轴分量 u_α^* 和 β 轴分量 u_β^*，u_α^* 和 u_β^* 通过 SVPWM 产生脉冲信号，调节逆变器的开关状态，进而控制定子三相绕组的实际电流。

根据永磁同步电机的工作原理，可以得到永磁同步电机在 d-q 坐标系下的电压方程为：

$$u_q = Ri_q + \frac{\mathrm{d}\psi_q}{\mathrm{d}t} + \omega_e\psi_d, \quad u_d = Ri_d + \frac{\mathrm{d}\psi_d}{\mathrm{d}t} - \omega_e\psi_q \tag{4-46}$$

磁链方程为：

$$\psi_q = L_q i_q, \quad \psi_d = L_d i_d + \psi_{fd} \tag{4-47}$$

式中，u_d、u_q 分别为定子电压 d、q 轴分量；i_d、i_q 分别为定子电流 d、q 轴分量；R 为定子相电阻；ψ_d、ψ_q 分别为定子磁链 d、q 轴分量；ω_e 为电机转子电角速度；$\psi_{fd} = 3/2\psi_f$，为转子磁链在 d 轴上的耦合磁链。

根据电机统一理论，永磁同步电机的电磁转矩可由下式得到：

$$T_{em} = p_n(\psi_d i_q - \psi_q i_d) \tag{4-48}$$

式中，p_n 为电机极对数。

将式（4-47）代入式（4-48）可得：

$$T_{em} = p_n[\psi_{fd} i_q + (L_d - L_q)i_q i_d]$$

此外，永磁同步电机电磁转矩还应满足以下机械运动方程：

$$T_{em} = T_f + B_{equ}\omega_r + J_{equ}\frac{\mathrm{d}\omega_r}{\mathrm{d}t} \tag{4-49}$$

式中，T_f 为电机负载转矩；$\omega_r = \omega_e/p_n$ 为电机转子机械角速度；J_{equ} 为电机轴和折合到电机轴上的等效转动惯量；B_{equ} 为电机轴和折合到电机轴上的等效黏滞摩擦系数。

采用 $i_d = 0$ 的解耦控制，由式（4-46）、式（4-47）、式（4-49）可得：

$$u_q = Ri_q + L_a \frac{\mathrm{d}i_q}{\mathrm{d}t} + K_e \dot{\theta}_m \quad\quad (4-50)$$

$$u_d = -\omega_e L_a i_q \quad\quad (4-51)$$

$$T_e = \frac{3}{2} p_n \psi_f i_q = K_t i_q \quad\quad (4-52)$$

$$T_e = T_f + B_{equ} \dot{\theta}_m + J_{equ} \ddot{\theta}_m \quad\quad (4-53)$$

式中，L_a 为 d-q 坐标系上的等效电枢电感（$L_a = L_d = L_q$）；T_f 为负载转矩及扰动转矩的总和；θ_m 为电机转子机械转角；K_t、K_e 分别为电机转矩常数和电机电势系数（$K_t = 1.5 p_n \psi_f$，$K_e = p_n \psi_f$）。根据式（4-50）~式（4-53）可得到永磁同步电机传递函数结构框图，如图 4-12 所示。

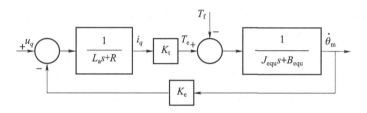

图 4-12　永磁同步电机传递函数结构框图

由图 4-12 得，以 u_q 为系统输入量，电机转子输出角速度 $\dot{\theta}_m$ 为输出量，控制输入下的闭环传递函数为：

$$
\begin{aligned}
G_1(s) = \frac{\omega(s)}{U_q(s)} &= \frac{\dfrac{1}{L_a s + R} \cdot \dfrac{1}{J_{equ} s + B_{equ}} \cdot K_t}{1 + \dfrac{1}{L_a s + R} \cdot \dfrac{1}{J_{equ} s + B_{equ}} \cdot K_t K_e} \\
&= \frac{K_t}{(L_a s + R)(J_{equ} s + B_{equ}) + K_t K_e}
\end{aligned} \quad (4-54)
$$

要提高电机的控制性能，必须考虑电机的三环控制。其中，速度环控制作为三环控制之中的中间环节，对提高系统响应速度，抑制负载变化或者外部因素变化对伺服系统造成的干扰有着较强作用，能够较好地提高系统精度，因此针对电机配置在速度环模式下，对伺服系统进行建模的意义十分重大。根据永磁同步伺服电机数学模型，可得到具有电流反馈、速度反馈和位置反馈的位置伺服单元，如图 4-13 所示。

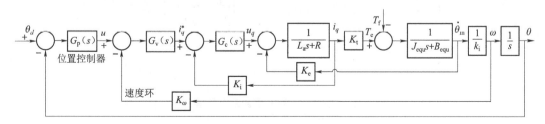

图 4-13　基于三环控制的永磁同步电机伺服系统模型

图 4-13 中，$G_p(s)$ 为位置环控制器，$G_v(s)$ 为速度环控制器，$G_c(s)$ 为电流环控制器。对于如图 4-13 所示的交流伺服系统，把机械部分都近似看成是刚性的，电气部分也考虑成理想的，忽略系统的延迟，可以将其速度环近似简化为一阶惯性环节：$\dfrac{K}{T_m s+1}$，其中，T_m 是速度环的时间常数，K 为速度环的增益；图中的速度环又经过了一个减速器到达系统位置输出，相当于一个积分环节：$\dfrac{1}{k_i s}$，其中 k_i 为减速比。因此系统的开环传递函数可写为：

$$G(s)=\frac{K}{T_m s+1}\cdot\frac{1}{k_i s}=\frac{k}{s(T_m s+1)} \tag{4-55}$$

4.1.3　火箭炮随动系统数学模型

绝大多数工业应用场合都是通过采购成熟的电机及驱动器搭建机电伺服系统，火箭炮随动系统也是如此。通常商业驱动器有两种工作模式，一种是速度模式，一种是转矩模式。当驱动器工作在速度模式下时，位置环控制器输出的控制量作为速度给定值传送给驱动器，由驱动器实现速度环和电流环的控制；当驱动器工作在转矩模式下时，位置环控制器输出的控制量作为转矩/电流给定值传送给驱动器，由驱动器实现电流环的控制。下面介绍火箭炮随动系统在上述两种模式下的数学模型。

（一）驱动器配置在速度模式下的系统数学模型

根据 4.1.2 节建立的速度模式下伺服电机数学模型，在两轴耦合运动时，火箭炮俯仰随动子系统和方位随动子系统位置控制器的输出量分别记为 u_p 和 u_a，它们传送给驱动器，由驱动器来实现速度环和电流环，驱动电机经过减速器带动火箭炮发射箱运转。火箭炮方位轴旋转角度和俯仰轴旋转角度分别记为 θ_a 和 θ_p。火箭炮两轴运动时，由于陀螺效应两轴耦合系统产生的扰动分别作用在两轴随动子系统上，基于此建立两轴耦合系统三环数学模型如图 4-14 所示。

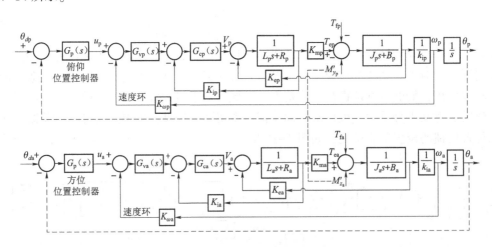

图 4-14　速度环下两轴耦合系统数学模型

图中，R_p、R_a 分别表示俯仰电机和方位电机内阻，k_{ip}、k_{ia} 分别表示俯仰电机和方位电机减速比，L_p、L_a 分别表示方位电机和俯仰电机的电枢电感，K_m 表示两电机电势系数，

T_{fp}、T_{fa}分别表示方位轴和俯仰轴的未建模摩擦力矩和干扰，M'_{z_a}、M'_{y_p}分别表示方位轴和俯仰轴折算到电机端的耦合力矩。

（二）驱动器配置在转矩模式下的系统数学模型

把驱动器配置在转矩模式时，位置环控制器输出的控制量作为转矩/电流给定值传送给驱动器，由驱动器来实现电流环控制。此时，伺服电机输出的转矩与驱动器的输入电压成正比关系，因此方位电机和俯仰电机输出转矩方程为：

$$T_{ep} = K_{mp} u_p \tag{4-56}$$

$$T_{ea} = K_{ma} u_a \tag{4-57}$$

式中，K_{mp}、K_{ma}分别为俯仰轴和方位轴的电压转矩系数。结合电机转矩方程，由式（4-13）、式（4-56）和式（4-57）可得转矩模式下两轴系统运动方程：

$$J_p \ddot{\theta}_p = K_{ip} K_{mp} u_p - M'_{y_p} - B_p \dot{\theta}_p - T_{fp} \tag{4-58}$$

$$J_a \ddot{\theta}_a = K_{ia} K_{ma} u_a - M'_{z_a} - B_a \dot{\theta}_a - T_{fa} \tag{4-59}$$

火箭炮随动系统为两输入两输出非线性耦合系统，建立驱动器在转矩模式下的系统数学模型如图 4-15 所示。

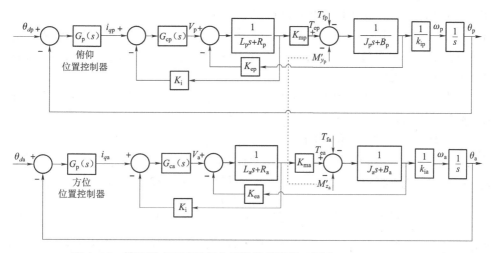

图 4-15　转矩模式下两轴耦合系统数学模型（图中 $i_{qp}=u_p$，$i_{qa}=u_a$）

4.2　火箭炮随动系统 PID 控制

4.2.1　PID 控制原理

对于闭环系统来说，将系统偏差的比例、积分和微分综合控制的控制规律称为 PID 控制律。与高级控制策略相比，PID 控制简单、有效，在工程上应用广泛。也是最早发展起来的控制策略之一。

PID 控制器的调节作用是线性的，它是将给定期望值 $r(t)$ 与实际输出值 $y(t)$ 相减得到系统偏差，再针对偏差进行设计。在工程应用中，往往是根据经验和被控对象的特性，根据不同的系统调整 P、I、D 参数值，以达到理想的控制。控制规律如下：

$$e(t) = r(t) - y(t) \tag{4-60}$$

$$u(t) = K_P \left[e(t) + \frac{1}{T_I} \int_0^t e(t) + T_D \frac{\mathrm{d}e(t)}{\mathrm{d}t} \right] \tag{4-61}$$

式中，K_P 为比例系数；T_I 为积分时间常数，T_D 为微分时间常数。PID 控制系统原理框图如图 4-16 所示。

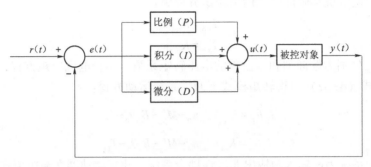

图 4-16 PID 控制系统原理框图

PID 控制器各环节在系统中的作用如下[15]：

（1）比例环节：反映系统偏差信号 $r(t)$ 大小。当偏差出现时，为了减少偏差，K_P 就开始产生调节作用。K_P 如果过大，系统容易出现超调，稳定性变差，K_P 如果太小，系统逼近期望值变慢，进入稳态时间变长。

（2）积分环节：消除静态误差。只要系统存在偏差，积分环节就会一直进行调节，直到输出量消除偏差为止。

（3）微分环节：反映偏差信号的变化趋势。

目前，主要有位置型 PID 和增量型 PID 两种算法。

对于位置型算式，将式（4-61）离散化，可得到式（4-62）所示差分方程：

$$u(k) = K_P \left\{ e(k) + \frac{T}{T_I} \sum_{j=0}^{k} e(j) + \frac{T_D}{T} [e(k) - e(k-1)] \right\} \tag{4-62}$$

该算式对应于系统运行时每次采样时刻所对应的位置。因此，此种算法又被称为位置型 PID 算法。

在先进的工业控制领域中，PID 控制占据主导地位[16,17]。虽然 PID 控制具有原理简单、适应性强、鲁棒性强等特点，但是传统的 PID 控制是典型的反馈控制，延迟大、干扰多，在很多复杂的控制场合下并不适用。

4.2.2 PID 与前馈复合控制原理

根据 PID 控制原理，我们知道，PID 控制是根据系统误差来给出控制量，从而对系统扰动产生控制作用的。在实际的控制系统中，很多场合下干扰是一直存在的，那么系统在扰动下就会一直振荡，不可避免出现稳态跟踪误差，影响系统最终性能。基于此，出现了前馈控制理论[18]，前馈控制是根据不变性原理设计的，它是根据系统扰动量的大小输出一个补偿值，利用补偿值对系统产生调节作用，维持输出值的稳态。从原理上看，前馈控制可以消除扰动引起的误差，但是也有其局限性：

（1）完全补偿难以实现：实际生产中，各种扰动十分复杂，且容易随着生产环节变化而变化较大，扰动通道和控制通道的数学模型难以完全求出，容易造成过补偿或者欠补偿。

（2）系统跟踪性能受所建立的系统数学模型精准度限制。

（3）在前馈控制中，往往做近似处理[19]。

前馈控制结构如图 4-17 所示，图中 $G_n(s)$ 表示被控对象扰动传递函数，$D_n(s)$ 表示前馈传递函数，$G(s)$ 表示被控对象传递函数，n、u、y 分别表示扰动量、控制量和输出量。

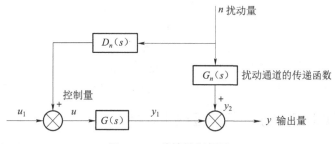

图 4-17　前馈控制框图

假定输入量 $u_1 = 0$，则有：

$$Y(s) = Y_1(s) + Y_2(s) = \left[D_n(s) G(s) + G_n(s) \right] N(s) \tag{4-63}$$

若使前馈控制完全补偿扰动时，则应使 $Y(s) = 0$，即：

$$D_n(s) G(s) + G_n(s) = 0 \tag{4-64}$$

则前馈控制器的传递函数为：

$$D_n(s) = -G_n(s) / G(s)$$

前馈控制系统中，没有反馈回路，也就是说对于补偿后是否达到了期望效果无法检验，反而有可能降低系统的动态性能。为了解决这个问题，在工程中往往将前馈与反馈结合起来应用，构成前馈-反馈控制系统。前馈 PID 控制就是将传统 PID 控制和前馈控制结合起来，利用前馈对部分系统干扰进行补偿，提高系统精度，大大减小系统的负担，使控制器获得更稳定且高精度的响应[20]。在本设计中，采用按输入补偿方式设计前馈 PID 控制器。图 4-18 为按输入补偿的前馈与 PID 复合控制框图。

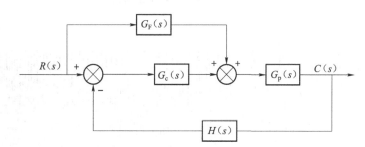

图 4-18　按输入补偿的 PID 与前馈复合控制框图

图中，$G_c(s)$ 为 PID 传递函数，$G_p(s)$ 为被控对象传递函数，$G_F(s)$ 为前馈传递函数，$H(s)$ 为反馈通道传递函数。

系统输出 $C(s)$ 对输入 $R(s)$ 的传递函数为：

$$G(s) = \frac{C(s)}{R(s)} = \frac{G_p(s)G_c(s) + G_p(s)G_F(s)}{1 + G_c(s)G_p(s)H(s)} \tag{4-65}$$

在运动系统中，一般 $H(s) = 1$，则系统传递函数可化简为：

$$G(s) = \frac{G_p(s)G_c(s) + G_p(s)G_F(s)}{1 + G_c(s)G_p(s)} \tag{4-66}$$

定义系统误差 $E(s) = R(s) - C(s)$，则系统误差的传递函数为：

$$G_e(s) = \frac{E(s)}{R(s)} = \frac{1 - G_F(s) + G_p(s)}{1 + G_c(s)G_p(s)} \tag{4-67}$$

若使 $1 - G_F(s) + G_p(s) = 0$，可使系统误差始终为 0。

在实际工程中，使系统误差完全为 0 是不可能的，但可以尽量缩小误差，使误差在一定的允许范围内。因此，在一般应用时，采用部分前馈，通常使 $G_F(s) = (0.7 \sim 0.98)G_p(s)$。

4.2.3 火箭炮随动系统阶跃响应性能分析

PID 控制器能够在一定程度上改善系统的控制性能，下面将利用经典控制理论中的时域分析法分析 PID 控制器作用下的火箭炮随动系统阶跃响应特性。

（一）系统辨识

为了从理论上分析火箭炮随动系统的控制性能，我们首先需要对被控对象——火箭炮随动系统进行一个系统辨识，通过扫频实验获得系统的开环传递函数，这不仅有助于我们对系统性能的分析，也有助于 PID 控制器的调参。

具体的系统扫频实验结构图如图 4-19 所示。图中 $G(s)$ 为待辨识的火箭炮随动系统开环传递函数，火箭炮可以工作在速度模式下或者转矩模式下。我们以转矩模式为例，系统输入为控制电压信号，它与执行器产生的扭矩成正比，输出为系统位置量。实验时给定输入信号为一变频率正弦电压信号，电压信号幅值为 6 V，频率由 0.2 Hz 逐渐增加至 100 Hz，这就是扫频信号，其中部分信号如图 4-20 所示。

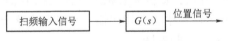

图 4-19 系统扫频实验结构图

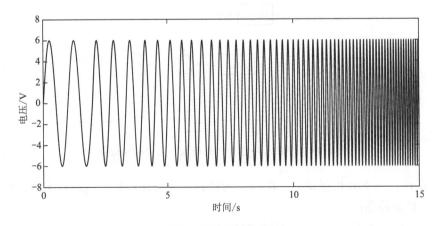

图 4-20 扫频信号

在输入扫频信号的同时，我们不断采集系统位置输出信号，如图 4-21 所示，根据这两组信号利用 MATLAB 中的 ident 工具箱可以对火箭炮随动系统开环传递函数进行辨识。利用实验辨识出的某火箭炮随动系统实验装置开环传递函数为 $G(s) = \dfrac{173}{s^2 + 1.23s}$，从传递函数中可以看出该火箭炮随动系统实验装置为一典型的二阶系统，其开环传递函数存在两个极点，其中一个极点为 0，且不存在零点。

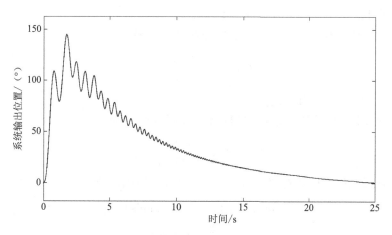

图 4-21　扫频实验系统位置输出信号

（二）比例控制性能分析

前面辨识出了系统的开环传递函数，下面我们来分析系统在控制器作用下的阶跃响应特性。比例控制是最简单有效的一种控制器，我们首先来分析比例控制下的系统特性。比例控制器作用下的火箭炮随动系统闭环结构图如图 4-22 所示，输入为给定的位置信号，输出为系统位置测量值，同时也是系统闭环反馈信号。

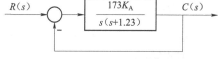

图 4-22　火箭炮随动系统闭环结构图

其中，K_A 为比例控制器的比例系数，为了观察比例系数对系统控制性能的影响，我们令比例系数分别为 0.05、0.01、0.002，分析比较不同比例系数下系统阶跃响应特性，包括峰值时间 t_p、调节时间 t_s、超调量 $\sigma\%$、稳态误差 e_{ss} 等性能指标的对比。

输入信号为单位阶跃信号，其时域和频域数学表达式为：

$$r(t) = 1(t) \tag{4-68}$$

$$R(s) = \frac{1}{s} \tag{4-69}$$

根据图 4-22，可以得到火箭炮随动系统的闭环传递函数为：

$$\Phi(s) = \frac{173K_A}{s^2 + 1.23s + 173K_A} \tag{4-70}$$

对于该系统，可得其稳态误差为：

$$e_{ss} = \lim_{s \to 0} sE(s) = \lim_{s \to 0} s\frac{R(s)}{1 + G(s)}$$

$$= \lim_{s \to 0} \cfrac{1}{1+\cfrac{173K_{\mathrm{A}}}{s(s+1.23)}}$$

$$= 0 \tag{4-71}$$

由式（4-71）可知，不论 K_{A} 取何值，系统稳态误差始终为 0。实际上，该火箭炮随动系统是一个典型的 I 型系统，其闭环系统对于单位阶跃输入稳态误差必定为 0。因此在下面的讨论中，我们不再对系统稳态误差进行计算。

根据经典控制理论我们知道，标准二阶系统传递函数为：

$$\Phi(s) = \frac{\omega_{\mathrm{n}}^2}{s^2 + 2\xi\omega_{\mathrm{n}}s + \omega_{\mathrm{n}}^2} \tag{4-72}$$

式中，ω_{n} 为自然频率；ξ 为阻尼比。

当 $K_{\mathrm{A}} = 0.05$ 时，火箭炮随动系统的闭环传递函数如下所示：

$$\Phi(s) = \frac{8.65}{s^2 + 1.23s + 8.65} \tag{4-73}$$

将其与标准二阶系统传递函数对照，可得系统自然频率和阻尼比为：

$$\omega_{\mathrm{n}} = \sqrt{8.65} = 2.94(\mathrm{rad/s}) \tag{4-74}$$

$$\xi = \frac{1.23}{2\omega_{\mathrm{n}}} = 0.2092 \tag{4-75}$$

根据经典控制理论，可得系统峰值时间为：

$$t_{\mathrm{p}} = \frac{\pi}{\omega_{\mathrm{d}}} = \frac{\pi}{\omega_{\mathrm{n}}\sqrt{1-\xi^2}} = 1.0923(\mathrm{s}) \tag{4-76}$$

超调量为：

$$\sigma\% = \mathrm{e}^{-\frac{\pi\xi}{\sqrt{1-\xi^2}}} = 51.08\% \tag{4-77}$$

调节时间为：

$$t_{\mathrm{s}} = \frac{3.0}{\xi\omega_{\mathrm{n}}} = 4.878(\mathrm{s}) \tag{4-78}$$

当 $K_{\mathrm{A}} = 0.01$ 时，火箭炮随动系统的闭环传递函数如下所示：

$$\Phi(s) = \frac{1.73}{s^2 + 1.23s + 1.73} \tag{4-79}$$

将其与标准二阶传递函数对照，得系统自然频率和阻尼比为：

$$\omega_{\mathrm{n}} = \sqrt{1.73} = 1.3153(\mathrm{rad/s}) \tag{4-80}$$

$$\xi = \frac{1.23}{2\omega_{\mathrm{n}}} = 0.4676 \tag{4-81}$$

峰值时间为：

$$t_{\mathrm{p}} = \frac{\pi}{\omega_{\mathrm{d}}} = \frac{\pi}{\omega_{\mathrm{n}}\sqrt{1-\xi^2}} = 2.7021 \ (\mathrm{s}) \tag{4-82}$$

超调量为：

$$\sigma\% = \mathrm{e}^{-\frac{\pi\xi}{\sqrt{1-\xi^2}}} = 18.98\% \tag{4-83}$$

调节时间为：

$$t_s = \frac{3.0}{\xi\omega_n} = 4.878(s) \tag{4-84}$$

当 $K_A = 0.002$ 时，火箭炮随动系统的闭环传递函数如下所示：

$$\Phi(s) = \frac{0.346}{s^2 + 1.23s + 0.346} \tag{4-85}$$

将其与标准二阶传递函数对照，得系统自然频率和阻尼比为：

$$\omega_n = \sqrt{0.346} = 0.588\ 2(\text{rad/s}) \tag{4-86}$$

$$\xi = \frac{1.23}{2\omega_n} = 1.045\ 5 \tag{4-87}$$

超调量和峰值时间表达式为：

$$t_p = \frac{\pi}{\omega_d} = \frac{\pi}{\omega_n\sqrt{1-\xi^2}} \tag{4-88}$$

$$\sigma\% = e^{-\frac{\pi\xi}{\sqrt{1-\xi^2}}} \tag{4-89}$$

由于此时 $\xi > 1$，因此不存在超调量和峰值时间。

调节时间为：

$$t_s = \frac{3.0}{\xi\omega_n} = 4.878(s) \tag{4-90}$$

从上面的分析可以看到，K_A 的变化改变了火箭炮随动闭环系统的固有频率 ω_n 及阻尼比 ξ，K_A 增加可增大系统固有频率 ω_n，同时减少阻尼比 ξ，从而带来不同的系统响应特性。系统在不同比例控制器作用下的单位阶跃响应曲线如图 4-23 所示。

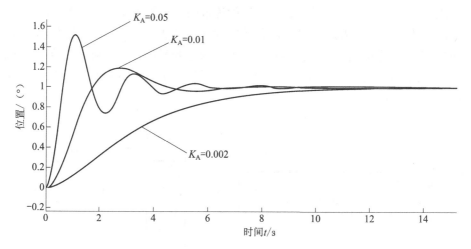

图 4-23　火箭炮随动系统单位阶跃作用响应曲线

由图 4-23 可知，增大 K_A 能够有效减少系统的响应时间，但同时会导致系统超调量增大，使系统的动态品质变坏，引起被控量振荡，降低系统的稳定性，而减小 K_A 则会增加系统的阻尼比，使系统更加稳定，但系统响应也会变慢。因此，我们需要根据系统运行的特定环境，针对具体的要求调节比例系数。

(三) 比例微分控制性能分析

接下来我们采用比例微分控制器，来分析一下 PID 控制器中的微分环节对火箭炮随动系统控制特性的影响。采用比例微分控制的火箭炮随动系统控制结构框图如图 4-24 所示，图中 K_p 为比例系数，T_d 为微分时间常数。

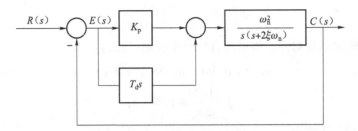

图 4-24　采用比例微分控制的火箭炮随动系统控制结构框图

从图中可以看出，采用比例微分控制的系统开环传递函数为：

$$G(s)=\frac{C(s)}{E(s)}=\frac{\omega_n^2(K_p+T_d s)}{s(s+2\xi\omega_n)} \tag{4-91}$$

则可得到系统的闭环传递函数为：

$$\Phi(s)=\frac{C(s)}{R(s)}=\frac{\omega_n^2(K_p+T_d s)}{s^2+(2\xi\omega_n+\omega_n^2 T_d)s+\omega_n^2 K_p} \tag{4-92}$$

从上式可以看出，系统的等效阻尼比为：

$$\xi_d=\xi+\frac{1}{2}T_d\omega_n \tag{4-93}$$

由此可以看出，引入了微分控制后，系统的等效阻尼比增大了，这有助于减少系统的超调，克服振荡，使系统趋于稳定，从而改善系统的动态性能。此外，由于微分作用反映系统偏差信号的变化率，能预见偏差变化的趋势，因此微分调节可以产生超前的控制作用，在偏差还没有形成之前消除偏差，从而改善系统的动态品质。另外，我们可以作出与图 4-24 等效的系统结构图，如图 4-25 所示。

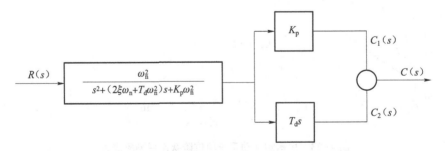

图 4-25　比例微分控制下的系统等效结构图

从图 4-25 可以看出：

$$c(t)=c_1(t)+c_2(t) \tag{4-94}$$

$c_1(t)$ 和 $c_2(t)$ 及 $c(t)$ 的大致形状如图 4-26 所示。

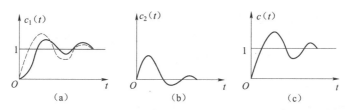

图 4-26　系统时域输出曲线

由图 4-25、图 4-26 可知，一方面增大 T_d 项，可以增大系统等效阻尼比 ξ_d，从而使曲线 $c_1(t)$ 超调量减小，变得比较平稳。另一方面，它又使 $c_1(t)$ 加上了它的微分信号 $c_2(t)$，从而可以加速 $c(t)$ 的响应速度，但同时削弱了等效阻尼比 ξ_d 的平稳作用。同时，我们需要注意到，引入误差信号的比例微分控制，能否真正改善系统的响应特性，还需要适当选择微分时间常数 T_d。若 T_d 大一些，使 $c_1(t)$ 具有过阻尼的形式，而闭环零点的微分作用，将在保证响应特性平稳的情况下，显著地提高系统的快速性。

如果我们将系统的速度信号 $\dot{c}(t)$ 采用负反馈形式，反馈到输入端并与误差信号 $e(t)$ 比较，就可以构成一个速度反馈控制内回路，如图 4-27 所示。速度反馈控制也能起到与比例微分控制器相同的控制效果。

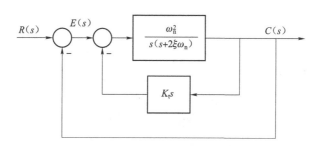

图 4-27　速度反馈控制结构图

由图 4-27 可以得到含有速度反馈控制内回路的火箭炮随动系统闭环传递函数：

$$\Phi(s)=\frac{C(s)}{R(s)}=\frac{G(s)}{1+G(s)+G(s)K_t s}$$

$$=\frac{\omega_n^2}{s^2+(2\xi\omega_n+K_t\omega_n^2)s+\omega_n^2} \tag{4-95}$$

等效阻尼比为：

$$\xi_t=\xi+\frac{1}{2}K_t\omega_n \tag{4-96}$$

由此可见，增加速度反馈控制内回路，可以增加闭环系统的等效阻尼比，从而可以减小系统振荡和超调量，改善系统的动态品质。从以上分析来看，比例微分控制与速度反馈控制对系统的控制效果大致相同，但在工程实践中两者存在一定的差别：

（1）从实现角度看，比例微分控制的线路结构比较简单，成本低，而速度反馈控制所需的元器件则比较昂贵，成本高。

（2）从抗干扰角度来看，前者抗干扰能力较后者差，因为前者需要对位置信号进行微分，而在工程实践中，传感器采集的位置信号多含有噪声，经过微分以后必然会放大信号中的噪声，从而降低系统的抗干扰能力。

（3）从控制性能角度看，两者均能改善系统的动态特性，在相同的阻尼比和自然频率下，采用速度反馈不足之处是会使系统的开环增益下降，但又能大大削弱内回路中被包围器件的非线性特性、参数漂移等对系统性能的不利影响。

4.2.4 火箭炮随动系统正弦响应性能分析

前面利用经典控制理论中的时域分析法分析了 PID 控制器作用下的火箭炮随动系统阶跃响应特性，下面将利用经典控制理论中的频域分析法分析 PID 控制器作用下的火箭炮随动系统正弦跟踪响应特性。火箭炮随动系统正弦跟踪响应特性，可以通过对系统的幅频特性以及相频特性分析获得。为了分析方便，我们以比例微分控制作用下的火箭炮随动系统为例进行说明，根据前面可知此时系统闭环传递函数具有如下形式：

$$G(s) = \frac{\omega_n^2}{s^2 + 2\xi\omega_n s + \omega_n^2} \tag{4-97}$$

若输入信号频率为 ω，将 $s = j\omega$ 代入上式可得：

$$\begin{aligned}
G(j\omega) &= \frac{\omega_n^2}{-\omega^2 + 2\xi\omega_n j\omega + \omega_n^2} \\
&= \frac{\omega_n^2}{(\omega_n^2 - \omega^2) + 2\xi\omega_n j\omega}
\end{aligned} \tag{4-98}$$

可以求得系统幅频特性如下：

$$\begin{aligned}
A(\omega) &= \frac{\omega_n^2}{\sqrt{(\omega_n^2 - \omega^2)^2 + (2\xi\omega_n\omega)^2}} \\
&= \frac{1}{\sqrt{\left[1 - \left(\dfrac{\omega}{\omega_n}\right)^2\right]^2 + \left(2\xi\dfrac{\omega}{\omega_n}\right)^2}}
\end{aligned} \tag{4-99}$$

系统相频特性如下：

$$\varphi(\omega) = -\arctan\frac{2\xi\dfrac{\omega}{\omega_n}}{1 - \left(\dfrac{\omega}{\omega_n}\right)^2} \tag{4-100}$$

谐振频率 ω_m 和谐振峰值 A_m 可通过式（4-97）求得，令：

$$\frac{dA(\omega)}{d\omega} = 0 \tag{4-101}$$

则可以得到谐振频率为：

$$\omega_m = \omega_n\sqrt{1 - 2\xi^2} \tag{4-102}$$

谐振峰值为：

$$A_m(\omega_m) = \frac{1}{2\xi\sqrt{1 - \xi^2}} \tag{4-103}$$

由式（4-99）和式（4-100）可得系统幅频特性曲线及相频特性曲线。而由式（4-102）及式（4-103）可知，当 $\xi < \dfrac{\sqrt{2}}{2}$ 时，ω_{m} 存在，谐振峰值随 ξ 增大而减小，通过绘制系统波德（Bode）图可以帮助我们进一步理解谐振频率与谐振峰值的关系。例如控制器比例系数取 1 时，前面所述火箭炮随动系统实验装置固有频率 $\omega_{\mathrm{n}} = \sqrt{173} \approx 13 \ \mathrm{rad/s}$，利用 MATLAB 中的 bode 函数可以得到不同 ξ 情况下，系统的幅频特性及相频特性曲线，如图 4-28 所示。

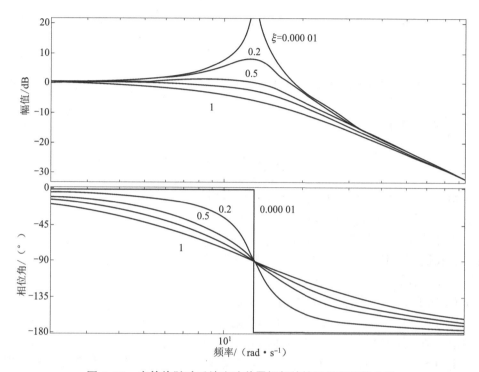

图 4-28　火箭炮随动系统实验装置幅频特性及相频特性曲线

由系统幅频特性曲线可以看出，当 $\xi < \dfrac{\sqrt{2}}{2}$ 时，随着输入信号频率逐渐增加，系统输出信号幅值先增大后减小，当输入信号频率与系统谐振频率一致时，系统输出幅值达到最大值，这种现象称为共振现象。在相同输入频率下，阻尼比同样会影响系统输出幅值。随着阻尼比增大，系统输出幅值则逐渐减小。而当 $\xi > \dfrac{\sqrt{2}}{2}$ 时，系统将不存在共振特性，随着输入信号频率增加，系统输出信号幅值不断减小。系统的相频特性曲线则是反映了在不同阻尼比和输入信号频率下，系统输出信号相位与系统输入信号相位之间的关系。由图 4-28 可知，系统输出相位随着输入信号频率增大而逐渐滞后。值得注意的是，当输入信号频率与系统固有频率一致时，系统相位角恰好滞后 90°，利用这种特性可以粗略判断一个未知系统的谐振频率。系统阻尼比对系统相频特性的影响体现在阻尼比越大，系统相位滞后随输入信号频率的变化在谐振频率附近就越平缓。因此，适当增大系统阻尼比有利于抑制系统由于共振而产生的不稳定现象。

Bode 图给出的是系统的对数幅频特性：

$$L(\omega) = -20\lg \sqrt{\left[1-\left(\frac{\omega}{\omega_n}\right)^2\right]^2 + \left(2\xi\frac{\omega}{\omega_n}\right)^2} \tag{4-104}$$

和系统的对数相频特性：

$$\varphi(\omega) = -\arctan\frac{2\xi\omega/\omega_n}{1-(\omega/\omega_n)^2} \tag{4-105}$$

这里值得注意的是，当$\frac{\omega}{\omega_n} \ll 1$时，略去式中的$\left(\frac{\omega}{\omega_n}\right)^2$和$2\xi\frac{\omega}{\omega_n}$项，则有：

$$L(\omega) \approx -20\lg 1 = 0 \text{ dB} \tag{4-106}$$

表明$L(\omega)$的低频段渐近线是一条0 dB的水平线。当$\frac{\omega}{\omega_n} \gg 1$时，略去式（4-104）中的1和$2\xi\frac{\omega}{\omega_n}$项，则有：

$$L(\omega) = -20\lg\left(\frac{\omega}{\omega_n}\right)^2 = -40\lg\left(\frac{\omega}{\omega_n}\right) \tag{4-107}$$

表明$L(\omega)$的高频段渐近线是一条斜率为-40 dB/dec的直线。显然，当$\omega/\omega_n = 1$，即$\omega = \omega_n$时，两条渐近线相交，此时系统的自然频率ω_n就是其转折频率。通过这种方法我们可以快速获得系统对数幅频特性近似图，如图4-29所示。

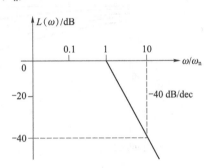

图4-29 系统对数幅频特性近似图

这里需注意的是，系统的对数幅频特性不仅与ω/ω_n有关，而且与阻尼比ξ有关，因此在转折频率附近一般不能简单地用渐近线近似替代，否则可能因此产生较大的误差。由图4-28可以看到，实际系统的对数幅频特性在转折频率附近较为复杂，通过直线拟合会产生较大误差。

同时，系统在给定频率输入信号作用下的幅值和相角可由复平面上起点为零点的向量表示，该向量的模长为系统输出信号幅值，向量与实轴的夹角为系统输出信号相位角，结合欧拉方程，该向量可由下式表述：

$$G(j\omega) = \frac{1}{\sqrt{\left[1-\left(\frac{\omega}{\omega_n^2}\right)^2\right]^2 + \left(2\xi\frac{\omega}{\omega_n}\right)^2}} e^{-\arctan\frac{2\xi\frac{\omega}{\omega_n}}{1-\left(\frac{\omega}{\omega_n}\right)^2}} \tag{4-108}$$

下面几个特殊的频率ω有助于我们快速分析系统幅相特性：当$\omega = 0$时，$G(j0) = 1\angle 0°$；当$\omega = \omega_n$时，$G(\omega_n) = \frac{1}{2\xi}\angle -90°$；当$\omega = \infty$时，$G(j\infty) = 0\angle -180°$。根据式（4-108）并结合几个特殊点，可以获得如图4-30所示的系统不同阻尼比下的幅相特性图，也称为系统的奈奎斯特曲线。

控制系统稳定与否是绝对稳定性的概念。而对一个稳定的系统而言，还有一个稳定的程度，即相对稳定性的概念。相对稳定性与系统的动态性能指标有着密切的关系。在设计一个控制系统时，不仅要求它必须是绝对稳定的，而且还应保证系统具有一定的稳定程度。只有

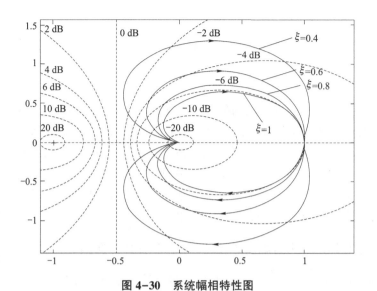

图 4-30　系统幅相特性图

这样，才能不致因系统参数的小范围漂移而导致系统性能变差甚至不稳定，也就是说要保证系统具有一定的鲁棒性。稳定裕度中有两个重要的参数，分别是相位裕度 γ 和幅值裕度 h。在进一步了解相位裕度和幅值裕度之前，我们先引入系统中的两个重要概念：截止频率 ω_c 和相角交界频率 ω_g，如图 4-31 所示。

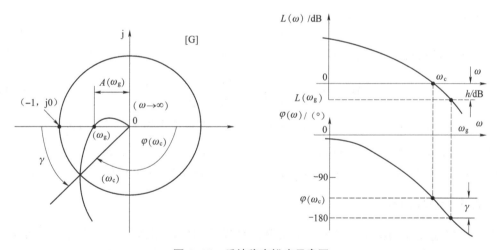

图 4-31　系统稳定裕度示意图

在极坐标图中，$G(j\omega)$ 曲线与单位圆交点处的频率 ω_c 称为截止频率，$G(j\omega)$ 曲线与负实轴交点处的频率 ω_g 称为相角交界频率。对应到对数坐标图上，截止频率为系统对数幅值曲线与横坐标的交点所对应的频率。相角交界频率为系统输入输出信号相位差达-180°时所对应的频率。相位裕度 γ 为极坐标图 $|G(j\omega)|=1$ 的矢量与负实轴的夹角，即对数坐标图上的 $20\lg|G(j\omega)|=0$ 处 $\varphi(\omega_c)$ 与 $-\pi$ 的差：

$$\gamma = \varphi(\omega_c) - (-180°) = 180° + \varphi(\omega_c) \tag{4-109}$$

幅值裕度是指 $(-1, j0)$ 点的幅值 1 与 $A(\omega_g)$ 之比：

$$h = \frac{1}{A(\omega_g)} \tag{4-110}$$

在对数坐标图上：

$$20\lg h = -20\lg A(\omega_g) = -L(\omega_g) \tag{4-111}$$

即 h 的分贝值等于 $L(\omega_g)$ 与 0 dB 之间的距离（0 dB 下为正）。相角裕度的物理意义在于：稳定系统在截止频率 ω_c 处若相位再滞后一个 γ 角度，则系统处于临界状态；若相角滞后大于一个 γ，系统将变成不稳定。幅值裕度的物理意义在于：稳定系统的开环增益再增大 h 倍，则 $\omega = \omega_g$ 处的幅值 $A(\omega_g)$ 等于 1，曲线正好通过（-1，j0）点，系统处于临界稳定状态；若开环增益增大 h 倍以上，系统将变成不稳定。相位裕度与幅值裕度为系统参数调节提供了依据，一般要求 $\gamma \geqslant 40°$，$h \geqslant 2$，$20\lg h \geqslant 6$ dB。

以比例控制器作用下的火箭炮随动系统为例，其开环传递函数为 $G(s) = \dfrac{173K_A}{s(s+1.23)}$，其中 K_A 为比例控制器增益系数。由式（4-99）易得该系统幅频特性为：

$$A(\omega) = \frac{173K_A}{\sqrt{\omega^4 + (1.23\omega)^2}} \tag{4-112}$$

由式（4-100）易得系统相频特性为：

$$\varphi(\omega) = -\arctan\frac{1.23}{\omega} \tag{4-113}$$

假定 γ 期望值为 40°，令：

$$\gamma = 180° + \varphi(\omega_c) = 40° \tag{4-114}$$

可求得 $\omega_c = 1.466$ rad/s，这意味着需要通过调节 K_A 使系统截止频率为 1.466 rad/s。此时令：

$$A(\omega_c) = \frac{173K_A}{\sqrt{1.466^4 + (1.23 \times 1.466)^2}} = 1 \tag{4-115}$$

可求得 $K_A = 0.016\,2$。再分析该系统的幅值裕度 h。由系统相频特性可知 $\lim\limits_{\omega \to \infty} \varphi(\omega) = -180°$，这意味着不论系统输入频率为何值，系统输入输出信号相位差都不会小于 -180°，由式（4-110）及式（4-112）可知，当 $\omega \to \infty$ 时，该系统幅值裕度 h 为无穷大，满足稳定条件。

4.2.5　仿真分析

为了更好地理解 PID 控制器的工作原理，本节对 PID 控制器作用下的火箭炮随动控制系统展开仿真研究。火箭炮随动系统方位子系统和俯仰子系统控制器均采用 PID+前馈控制，各个子系统原理结构框图如图 4-32 所示。

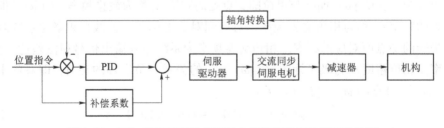

图 4-32　PID+前馈控制作用下的火箭炮随动系统原理结构图

（一）系统阶跃响应特性分析

火箭炮俯仰随动子系统转角范围为 0°~60°，给定阶跃信号幅值为 30°，其数学表达式为 $r_\mathrm{p}(t) = 0.523(1-\mathrm{e}^{-2t})\,\mathrm{rad}$，表示火箭炮俯仰机构需要在 1.5 s 内调转到指定角度。设定系统扰动为 $T_\mathrm{L} = 2+0.5\cos t\ \mathrm{N \cdot m}$。取 PID 参数 $K_\mathrm{p} = 90$，$K_\mathrm{i} = 60$，$K_\mathrm{d} = 35$，一阶前馈系数 $K_\mathrm{f1} = 20$，二阶前馈系数 $K_\mathrm{f2} = 30$，驱动器电压限幅为 -10~10 V，在 MATLAB/Simulink 中搭建火箭炮俯仰随动子系统仿真模型，仿真时间 15 s。

火箭炮方位随动子系统转角范围为 0°~360°，给定阶跃信号幅值为 120°，其数学表达式为 $r_\mathrm{a}(t) = 2.094(1-\mathrm{e}^{-t})\,\mathrm{rad}$，表示火箭炮方位机构需要在 1.5 s 内调转到指定角度。设定系统常值扰动为 4 N·m，取 PID 参数 $K_\mathrm{pa} = 170$，$K_\mathrm{ia} = 130$，$K_\mathrm{da} = 60$，一阶前馈系数 $K_\mathrm{fa1} = 40$，二阶前馈系数 $K_\mathrm{fa2} = 20$。同样，在 MATLAB/Simulink 中搭建火箭炮方位随动子系统仿真模型，仿真时间 15 s。

俯仰子系统给定与跟踪曲线以及跟踪误差曲线如图 4-33、图 4-34 所示。从图中可以看出，俯仰子系统的响应存在略微的超调，超调量在 0.01 rad 内，经过 3 s 到达稳定状态，稳态误差在 0.006 rad 内，说明俯仰子系统在 PID 控制器的作用下能够克服一定的外界扰动，实现稳定的轨迹跟踪。

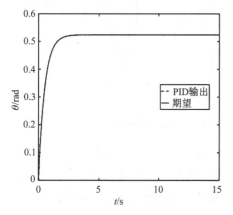

图 4-33　俯仰子系统给定与跟踪曲线

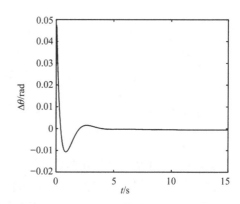

图 4-34　俯仰子系统跟踪误差曲线

方位子系统给定与跟踪曲线以及跟踪误差曲线如图 4-35、图 4-36 所示。从图中可以看出，方位子系统同样经过 3 s 进入稳定状态，稳态误差最大为 0.008 rad，这表明 PID 控制器作用下的方位子系统能够克服一定的外界扰动，实现稳定的轨迹跟踪。

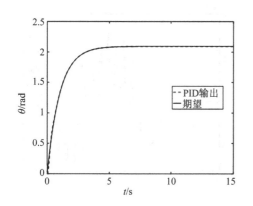

图 4-35　方位子系统给定与跟踪曲线

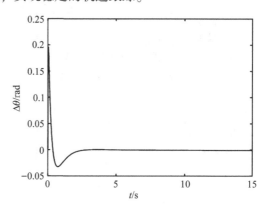

图 4-36　方位子系统跟踪误差曲线

（二）系统正弦跟踪特性分析

给定俯仰子系统位置参考信号 $r_p(t)=[0.43-0.43\cos(1.36t)](1-e^{-0.01t^3})\,\mathrm{rad}$，表示俯仰子系统需要在 $0°\sim49.2°$ 之间按正弦轨迹运动。在 6 s 时施加燃气流冲击力矩，火箭炮 6 s 后开始发射，每隔 0.6 s 发射一枚，取俯仰子系统燃气流冲击力矩最大值为 8 N·m，取 PID 控制器参数 $K_p=170$，$K_i=150$，$K_d=30$，一阶前馈系数 $K_{f1}=40$，二阶前馈系数 $K_{f2}=20$，仿真时间 15 s。

俯仰子系统给定与跟踪曲线以及跟踪误差曲线如图 4-37、图 4-38 所示。从图中可以看出，俯仰子系统跟踪误差可以控制在 0.001 rad 内，跟踪精度较高，6~15 s 内，系统受燃气流冲击力矩影响，跟踪误差迅速变大出现"尖峰"，但是一旦冲击力矩停止作用，跟踪误差能够快速减小，表明该控制器对外部扰动有较好的鲁棒性，能够满足一般系统的要求。

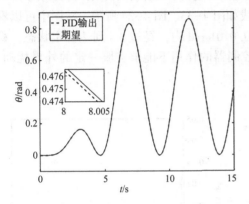

图 4-37 俯仰子系统给定与跟踪曲线

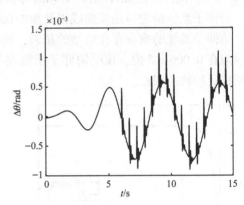

图 4-38 俯仰子系统跟踪误差曲线

给定方位子系统位置参考信号 $r_a(t)=[1.3-1.3\cos(1.36t)](1-e^{-0.01t^3})\,\mathrm{rad}$，表示方位子系统需要在 $0°\sim148.9°$ 之间按正弦轨迹运动。同样，在 6 s 时施加燃气流冲击力矩，每隔 0.6 s 发射一枚，取方位轴燃气流冲击力矩最大值为 12 N·m。取 PID 控制器参数 $K_{pa}=80$，$K_{ia}=50$，$K_{da}=35$，一阶前馈系数 $K_{fa1}=30$，二阶前馈系数 $K_{fa2}=40$，仿真时间 15 s。

方位子系统给定与跟踪曲线以及跟踪误差曲线如图 4-39、图 4-40 所示。从图中可以看出，方位子系统跟踪误差比俯仰子系统略大一些，在 0.005 rad 内，6~15 s 时系统受燃气流冲击力矩影响，跟踪误差迅速变大出现"尖峰"，最大值达到 0.01 rad，但是一旦冲击力矩停

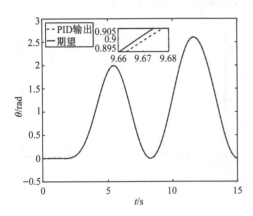

图 4-39 方位子系统给定与跟踪曲线

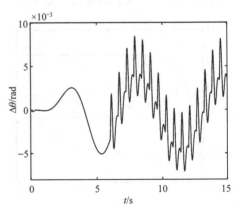

图 4-40 方位子系统跟踪误差曲线

止作用，跟踪误差能够快速减小，表明该控制器对外部扰动有较好的鲁棒性，能够满足一般系统的要求。

4.3 本章小结

本章首先介绍了根据运动学原理对火箭炮随动系统进行建模的方法，在此基础上结合永磁同步电机工作原理，建立了以永磁同步电机为执行器的火箭炮随动系统速度模式和转矩模式下的数学模型。接着介绍了火箭炮随动系统 PID 控制器设计方法及控制器中的比例、积分、微分系数的调节过程，并利用经典控制理论里面的时域分析方法和频域分析方法分析了火箭炮随动系统阶跃响应和正弦响应特性。最后针对 PID 控制器作用下的火箭炮随动系统进行了仿真研究与分析，仿真结果表明火箭炮随动系统在 PID 控制器作用下能够获得理想的控制效果。

参考文献

［1］郑颖. 某集束火箭炮位置伺服系统自抗扰方法研究［D］. 南京理工大学博士学位论文，2015.

［2］袁登科，徐延东，李秀涛. 永磁同步电机变频调速系统及其控制［M］. 北京：机械工业出版社，2015.

［3］张洪宇. 基于模型自适应和滑模观测器 PMSM 无位置传感器控制对比仿真分析［D］. 吉林大学硕士学位论文，2014.

［4］杨芬. 基于永磁同步电机的伺服系统控制算法研究［D］. 西安电子科技大学硕士学位论文，2015.

［5］周超. ××型火箭发射平台伺服系统研究与实验［D］. 南京理工大学硕士学位论文，2011.

［6］Y. Cheng, J. Yang, and Q. Huang. A new equivalent method of permanent magnets and analytical solution of air-gap magnetic field of permanent magnet linear synchronous motors［C］. International Conference on Consumer Electronics, IEEE, 2011.

［7］龙明贵. 永磁同步电机矢量控制分析［D］. 西南交通大学硕士学位论文，2012.

［8］周卫平，吴正国，唐劲松，刘大明. SVPWM 的等效算法及 SVPWM 与 SPWM 的本质联系［J］. 中国电机工程学报，2006（02）：133-137.

［9］X. Lin, W. Huang, and L. Wang. SVPWM strategy based on the hysteresis controller of zero-sequence current for three-phase open-end winding PMSM［J］. IEEE Transactions on Power Electronics, 2019, 34（4）：3474-3486.

［10］Y. Feng, and C. Zhang. Core loss analysis of interior permanent magnet synchronous machines under SVPWM excitation with considering saturation［J］. Energies, 2017, 10（11）：1716.

［11］J. Liu, H. Li, and Y. Deng. Torque ripple minimization of PMSM based on robust ILC via adaptive sliding mode control［J］. IEEE Transactions on Power Electronics, 2018, 33（4）：3655-3671.

［12］Y. Zhang, S. Mcloone, and W. Cao. Power loss and thermal analysis of a MW high-speed permanent magnet synchronous machine ［J］. IEEE Transactions on Energy Conversion, 2017, 32 (4)：1468-1478.

［13］V. Sarac. Performance optimization of permanent magnet synchronous motor by cogging torque reduction ［J］. Journal of Electrical Engineering, 2019, 70 (3)：218-226.

［14］E. Yolacan, M. K. Guven, and M. Aydin. A novel torque quality improvement of an asymmetric windings permanent-magnet synchronous motor ［J］. IEEE Transactions on Magnetics, 2017, 53 (11)：1-6.

［15］常俊林, 郭西进. 自动控制原理 ［M］. 北京：中国矿业大学出版社, 2010.

［16］Y. Song, X. Huang, and C. Wen. Robust adaptive fault-tolerant PID control of MIMO nonlinear systems with unknown control direction ［J］. IEEE Transactions on Industrial Electronics, 2017, 64 (6)：4876-4884.

［17］H. Tang, C. Chen, and Y. Li. Development and repetitive-compensated PID control of a nanopositioning stage with large-stroke and decoupling property ［J］. IEEE Transactions on Industrial Electronics, 2018, 65 (5)：3995-4005.

［18］S. K. Mishra, G. Wrat, and P. Ranjan. PID controller with feed forward estimation used for fault tolerant control of hydraulic system ［J］. Journal of Mechanical Science and Technology, 2018, 32 (8)：3849-3855.

［19］王春华. 转塔伺服系统智能复合控制技术研究与应用 ［J］. 数字技术与应用, 2016 (2)：22-24.

［20］马吴宁. 轻型武器站跟踪瞄准与发射控制研究 ［D］. 南京理工大学博士学位论文, 2016.

第5章

火箭炮随动系统自抗扰控制策略设计

　　自抗扰控制[1-3]（Active Disturbance Rejection Control，ADRC）方法是针对同时具有内部和外部不确定性的非线性系统控制问题而提出的，其核心思想是将系统的内部不确定性和外部扰动一起作为"总扰动"，通过构造扩张状态观测器（Extended State Observer，ESO）对"总扰动"进行估计并实时补偿，以获得较强的鲁棒性和较好的控制精度。自抗扰控制的思想可视为一种极大拓展了自适应控制研究的非线性自适应方法，它考虑非参数化情形，寻求一种解决不确定性为高度非线性的自适应控制问题的方法。自抗扰控制方法对对象模型的依赖非常小，具有较强的鲁棒性，而且不采用高增益反馈来抑制不确定性，通过具有快速估计能力的扩张状态观测器估计扰动并进行实时补偿，同时保留了 PID 的优点，克服了其缺点，具体办法为：① 安排合适的过渡过程；② 合理提取跟踪微分器（Tracking Differentiator，TD）；③ 构建合适的组合形式——非线性组合；④ 设计扩张状态观测器估计总扰动。自抗扰控制技术所需要的被控对象信息是对象的阶次、力的作用范围、输入输出通道个数和连接方式、信号延迟时间，特别是代表系统变化快慢的"时间尺度"等容易得到且物理概念清晰的特征量。而按线性、非线性，时变、时不变，单变量、多变量等传统的系统分类方法在自抗扰技术中不再适用。

　　为了算法简单，自抗扰控制的大部分环节设计为线性反馈结构，大量的应用研究表明这种线性自抗扰控制（Linear Active Disturbance Rejection Control，LADRC）对不确定性非线性系统有很好的控制效果。LADRC 具有算法简单、调节参数少、易于工程实践的特点，对火箭炮伺服系统这样的不确定性非线性系统具有较好的应用效果。本章主要介绍根据线性自抗扰控制方法设计火箭炮位置伺服系统线性扩张状态观测器和基于线性自抗扰控制方法的控制律，说明自抗扰控制对火箭炮伺服系统抗燃气流冲击扰动具有较好的鲁棒性，从而可以获得较高的控制精度和控制性能。

5.1　自抗扰控制理论

5.1.1　抗扰范式

　　工程中我们把不确定性对控制系统造成的影响称为扰动，并分为内扰和外扰。内扰指系统内部动态变化，是系统内部发生的变化，通常与其动态特性相关，在现代控制论中被归为鲁棒问题；外扰指来自环境的未知外力，即独立于系统动态特性而来自环境的外力；内扰和外扰的和为总扰动，把其归入不确定性范畴。控制问题可以说是抗扰问题，而经典 PID 是典型的被动抗扰技术，控制器等到扰动作用于系统产生误差后才能反应，抗扰能力有限[4]。而在现有控制理论框架下，一方面以 PID 为核心，独立于模型，通过各种参数整定算法利用前馈大大提高了控制品质。另一方面，以建立控制对象数学模型为基础，通过诸如频域分析和状态空间等工具设计控制器应用于各个领域。但两者之间造成了理论与实践距离越来越远，抗扰范式就是在这样的背景下出现的。

一个运动对象基于牛顿定律可表示为：

$$\ddot{y} = p(y,\ \dot{y},\ w,\ u,\ t) \tag{5-1}$$

式中，y 为位置输出；u 为控制输入；w 为环境外扰；函数 $p(y,\ \dot{y},\ w,\ u,\ t)$ 描述系统的动态特性，其本身的不确定性是内扰。

以式（5-1）为例，在机电系统里，u 是电机电流产生相应的力，而力作用于物体产生加速度 $\ddot{y}$。在理想情况下不考虑摩擦力和外扰，u 与 $\ddot{y}$ 的比例关系为：

$$\ddot{y} = bu \tag{5-2}$$

式中，b 是电机转矩系数与负载转动惯量的商，是已知量。式（5-2）为式（5-1）的一部分，它们的差为系统的不确定性，即总扰动，表达式为：

$$f(y,\ \dot{y},\ w,\ t) = p(y,\ \dot{y},\ w,\ u,\ t) - bu \tag{5-3}$$

它是对象的内扰（摩擦力等）和外扰（w）的总和，因此式（5-1）可改写成：

$$\ddot{y} = f(y,\ \dot{y},\ w,\ t) + bu \tag{5-4}$$

假如这个总扰动值可以实时从已知的输入输出信号中估计出来，估计值为

$$\hat{f}(t) \approx f(y,\ \dot{y},\ w,\ t) \tag{5-5}$$

则式（5-1）可通过

$$u = -\frac{\hat{f}(t)}{b} + u_0 \tag{5-6}$$

转换为式（5-2）。式中，u_0 为虚拟控制信号，可用 PID 产生。如果总扰动可以实时估计，那么式（5-1）表示的复杂控制问题可转换为式（5-2）这个控制问题的标准型。对式（5-4）建立状态空间表达式，并把状态扩展到 $f(y,\ \dot{y},\ w,\ t)$，这样 $\hat{f}(t) \approx f(y,\ \dot{y},\ w,\ t)$ 可从合适的状态观测器得到。

对已知模型情况下，$p(y,\ \dot{y},\ w,\ u,\ t)$ 近似为

$$p(y,\ \dot{y},\ w,\ u,\ t) \approx q(y,\ \dot{y}) + bu \tag{5-7}$$

式中 $q(y,\ \dot{y})$ 和 b 已知，假设闭环系统的理想动态为：

$$\ddot{y} = g(y,\ \dot{y}) \tag{5-8}$$

则控制律可写为：

$$u = \frac{-q(y,\ \dot{y}) + g(y,\ \dot{y})}{b} \tag{5-9}$$

系统总扰动表达式（5-5）变为：

$$f(y,\ \dot{y},\ w,\ t) = p(y,\ \dot{y},\ w,\ u,\ t) - (q(y,\ \dot{y}) + bu) \tag{5-10}$$

通过对扰动的实时估计 $\hat{f}(t) \approx f(y,\ \dot{y},\ w,\ t)$，式（5-9）可写为：

$$u = \frac{-\left[\hat{f}(t) + q(y, \dot{y})\right] + g(y, \dot{y})}{b} \tag{5-11}$$

实现对扰动的补偿。

抗扰范式将一个一般的控制问题转化为一个控制问题的标准型，例如式（5-2）的积分器串联型，通过对扰动的实时估计和补偿得到这个标准型，使控制设计大大简化。抗扰范式提供了一个新的框架，不一定非要被控系统的准确模型，反映了一个解决实际问题的思维方法。

5.1.2　跟踪微分器

自抗扰控制器的产生是从改进 PID 开始的。经典 PID 中一般采用差分或超前网络近似实现微分信号 de/dt，这种方式对噪声放大作用大，使微分信号失真而不能使用，同时 PID 误差的取法容易引起超调。为了合理提取微分信号并安排过渡过程解决 PID 误差取法引起的超调，跟踪微分器（TD）诞生了[5]。

跟踪微分器是这样一个机构：对其输入信号 $v(t)$，它将输出两个信号 $v_1(t)$ 和 $v_2(t)$，其中 $v_1(t)$ 跟踪 $v(t)$，$v_2(t)$ 是 $v_1(t)$ 的微分信号，把 $v_2(t)$ 作为 $v(t)$ 的"近似微分"。

跟踪微分器的一般形式为：

定理 1：若系统

$$\begin{cases} \dot{z}_1 = z_2 \\ \quad \vdots \\ \dot{z}_{n-1} = z_n \\ \dot{z}_n = f(z_1, z_2, \cdots, z_n) \end{cases} \tag{5-12}$$

存在 Filippov 意义下的解，而且所有解满足

$$\lim_{t \to \infty} z_i(t) = 0, \ i = 1, \cdots, n \tag{5-13}$$

那么对任意局部可积信号 $v(t)$，$t \in [0, \infty)$，和任意 $T > 0$，微分方程

$$\begin{cases} \dot{x}_1 = x_2 \\ \quad \vdots \\ \dot{x}_{n-1} = x_n \\ \dot{x}_n = r^n f\left(x_1 - v(t), \dfrac{x_2}{r}, \cdots, \dfrac{x_n}{r^{n-1}}\right) \end{cases} \tag{5-14}$$

的解的第一分量 $x_1(r, t)$ 满足

$$\lim_{r \to \infty} \int_0^T |x_1(r, t) - v(t)| \, dt = 0 \tag{5-15}$$

由式（5-14）描述的系统称为信号 $v(t)$ 的跟踪微分器，其中 $x_1(t)$ 跟踪输入信号 $v(t)$，$x_i(t)(i = 2, 3, \cdots, n)$ 是 $x_1(t)$ 的 $i-1$ 次微分，可近似作为 $v(t)$ 的 $i-1$ 次微分或广义微分。

根据这一结论，跟踪微分器在自抗扰控制中用来根据指令安排期望的过渡过程及其导数，以解决超调与快速性之间的矛盾和加强控制器的鲁棒性，并有效抑制输入信号的噪声。

5.1.3　扩张状态观测器

扩张状态观测器（ESO）是自抗扰控制（ADRC）的核心[6]，其基本思想是用来估计系统中的不确定动态（时变或非时变、线性或非线性、内部或外部）。考虑如下不确定系统

$$\begin{cases} \dot{X}=AX+B\left[f(X,\ t)+b(X,\ t)u(t)\right] \\ y=x_1(t) \end{cases} \tag{5-16}$$

式中，$X(t)=(x_1\ \ x_2\ \ \cdots\ \ x_n)^{\mathrm{T}}\in \mathbf{R}^n$ 为系统状态变量；$y(t)$ 为测量输出；$u(t)$ 为控制输入；$b(X,\ t)$ 为控制通道增益；$f(X,\ t)$ 为包含有未知扰动的不确定动态；A、B 为：

$$A=\begin{pmatrix} 0 & 1 & & \\ & 0 & 1 & \\ & & \ddots & 1 \\ & & & 0 \end{pmatrix},\quad B=\begin{pmatrix} 0 \\ \vdots \\ 0 \\ 1 \end{pmatrix}$$

设 $b_0(t)$ 是根据 $b(X,\ t)$ 特性构造的非线性时变函数，则对式（5-16）描述的系统的一般形式的 ESO 为：

$$\begin{cases} \dot{z}_1=z_2-\beta_1 g_1(\hat{e}) \\ \quad\vdots \\ \dot{z}_n=z_{n+1}-\beta_n g_n(\hat{e})+b_0(t)u \\ \dot{z}_{n+1}=-\beta_{n+1}g_{n+1}(\hat{e}) \end{cases} \tag{5-17}$$

式中，$\hat{e}=z_1-y$，$z_i(t)(i=1,\ 2,\ \cdots,\ n+1)$ 为系统状态变量估计值，分别跟踪不确定系统的状态变量，即 $z_i(t)\to x_i(t)(i=1,\ 2,\ \cdots,\ n)$，$z_{n+1}(t)$ 跟踪 $\tilde{f}(t)=f(t,\ X,\ w(t))+\left[b(X,\ t)-b_0(t)\right]u(t)$。由于 $\tilde{f}(t)$ 中包含外部扰动和系统内部不确定，因此 $\tilde{f}(t)$ 被视为系统的总扰动或扩张状态 $x_{n+1}\triangleq\tilde{f}(t)$。选取适当的非线性函数满足性质 $\hat{e}\cdot g_i(\hat{e})>0(\forall \hat{e}\neq 0)$，$g_i(0)=0(i\in n+1)$。$\beta_i>0(i=1,\ 2,\ \cdots,\ n+1)$ 为设计参数。ESO 中的非线性函数 $g_i(\hat{e})$ 形式非常广泛，当取 $g_i(\hat{e})=\hat{e}(i=1,\ 2,\ \cdots,\ n+1)$ 时，ESO 具有传统 Luenberger 观测器的形式，当取 $g_i(\hat{e})=\hat{e}+k\,\mathrm{sign}(\hat{e})(i=1,\ 2,\ \cdots,\ n+1)$ 时，ESO 具有变结构观测器的形式，而采用非线性结构可取得更好的效果。通过 ESO 把含有未知扰动的非线性不确定系统转化为积分器串联型系统，折算不确定系统的实时动态线性化。

5.1.4　自抗扰控制器组成

自抗扰控制器由以下几部分组成[7]：

（1）用跟踪微分器安排过渡过程。传统控制中误差直接取出 $e=v_0-y$，式中 v_0 为设定值，y 为输出值。误差的这种取法使初始误差较大，易引起超调，因此根据设定值 v_0 安排过渡值 v_1 并提取其微分信号 v_2，取误差 $e=v_1-y$，这是解决 PID 的快速性和超调之间矛盾的有效办法。

（2）扩张状态观测器根据对象的输入和输出信号得到对象状态 x_i 的估计值 z_i 及总扰动 $\tilde{f}(t)$ 的估计值 z_{n+1}。

（3）状态误差的非线性反馈律。系统的状态误差是指 $e_1 = v_1 - z_1$ 和 $e_2 = v_2 - z_2$，误差的非线性反馈律根据 e_1、e_2 及 $e_0 = \int e_1 \mathrm{d}t$ 的非线性组合形式得到，并作为纯积分器串联型对象的控制律 u_0。

（4）对误差反馈控制量 u_0 用扰动估计值 z_{n+1} 补偿得到最终控制量，补偿项对未建模动态和未知外扰给予估计和补偿。

由以上过渡过程的安排、扩张状态观测器、状态误差的反馈形式、扰动估计的补偿四个部分组合而成的控制器称为自抗扰控制器，自抗扰特性是指实时估计扰动的功能和补偿功能。自抗扰控制器的结构图如图 5-1 所示，以一个二阶系统为例，说明自抗扰控制算法如下[8]：

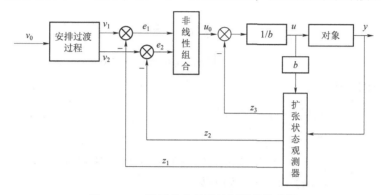

图 5-1　二阶系统自抗扰控制器的结构图

被控对象：

$$\begin{cases} \ddot{x} = f(x, \dot{x}, w, t) + bu \\ y = x \end{cases} \tag{5-18}$$

式中，w 是外部扰动；b 是给定常数；y 是系统输出；u 是控制量。

（1）设定值 v_0 为输入，安排过渡过程：

$$\begin{cases} e_0(k) = v_1(k) - v_0 \\ \mathrm{fh} = \mathrm{fhan}(e_0(k), v_2(k), r_0, h) \\ v_1(k+1) = v_1(k) + hv_2(k) \\ v_2(k+1) = v_2(k) + h\mathrm{fh} \end{cases} \tag{5-19}$$

式中，r_0 为快速因子；h 为积分步长；函数 $\mathrm{fhan}(e_0, v_2, r_0, h)$ 定义为

$$\begin{cases} d = r_0 h \\ d_0 = hd \\ k = e_0 + hv_2 \\ a_0 = \sqrt{d^2 + 8r_0|k|} \\ a = \begin{cases} v_2 + \dfrac{(a_0 - d)}{2}\mathrm{sign}(k), & |k| > d_0 \\ v_2 + \dfrac{k}{h}, & |k| \le d_0 \end{cases} \\ \mathrm{fhan} = -\begin{cases} r_0 \mathrm{sign}(a), & |a| > d \\ r_0 \dfrac{a}{d}, & |a| \le d \end{cases} \end{cases} \tag{5-20}$$

（2）通过扩张状态观测器（ESO）跟踪估计系统状态和总扰动[9]：

$$\begin{cases} e(k)=z_1(k)-y(k) \\ z_1(k+1)=z_1(k)+h(z_2(k)-\beta_1 e(k)) \\ z_2(k+1)=z_2(k)+h(z_3(k)-\beta_2 \mathrm{fal}(e(k),\alpha_1,\delta)+bu(k)) \\ z_3(k+1)=z_3(k)+h(-\beta_3 \mathrm{fal}(e(k),\alpha_2,\delta)) \end{cases} \tag{5-21}$$

式中，z_1、z_2、z_3 为系统状态的估计值；β_1、β_2、β_3 是 ESO 的增益系数；α_1、α_2 为 fal 函数参数；δ 为 fal 函数线性段的区间长度；函数 $\mathrm{fal}(e,\ \alpha,\ \delta)$ 定义为

$$\mathrm{fal}(e,\alpha,\delta)=\begin{cases} \dfrac{e}{\delta^{\alpha-1}},\ |e|\leqslant\delta \\[2mm] |e|^{\alpha}\mathrm{sign}(e),\ |e|>\delta \end{cases} \tag{5-22}$$

（3）控制量的形成：

$$\begin{cases} e_1(k)=v_1(k)-z_1(k) \\ e_2(k)=v_2(k)-z_2(k) \\ u_0=k_1\mathrm{fal}(e_1(k),\alpha_3,\delta_0)+k_2\mathrm{fal}(e_2(k),\alpha_4,\delta_0) \\ u(k)=(u_0-z_3(k))/b \end{cases} \tag{5-23}$$

自抗扰控制器继承了 PID 控制不依赖被控对象数学模型的优点，通过跟踪微分器对系统输入安排过渡过程并提取其微分信号，克服了经典 PID 控制中系统响应速度和超调之间的矛盾[10-12]；将系统的未建模动态和未知扰动归结为总扰动，通过扩张状态观测器进行估计并补偿，使系统变成线性积分器串联型系统 $\ddot{x}=u_0$，这样可以用一般的误差反馈法设计控制器，使闭环系统具有满意的性能。

5.1.5 线性扩张状态观测器

考虑 n 阶单输入单输出非线性不确定系统[13]

$$y^{(n)}(t)=f(y^{(n-1)}(t),\cdots,y(t),w(t))+bu(t) \tag{5-24}$$

式中，$u(t)$ 为输入；$y(t)$ 为输出；$w(t)$ 为外部扰动；b 为已知常数。

将 $f(y^{(n-1)}(t),\ \cdots,\ y(t),\ w(t))$ 简单记为 f，是系统未知的非线性时变动态量，假设 f 可微，且 $h=\dot{f}$，则式（5-24）可写成如下扩张状态空间状态形式：

$$\begin{cases} \dot{x}_1=x_2 \\ \quad\vdots \\ \dot{x}_{n-1}=x_n \\ \dot{x}_n=x_{n+1}+bu \\ \dot{x}_{n+1}=h(\boldsymbol{x},\ w) \\ y=x_1 \end{cases} \tag{5-25}$$

式中，$\boldsymbol{x}=(x_1 \quad x_2 \quad \cdots \quad x_{n+1})^{\mathrm{T}}\in\mathbf{R}^{n+1}$。则系统的线性扩张状态观测器（LESO）形式为[14]：

$$\begin{cases} \dot{\hat{x}}_1 = \hat{x}_2 + \beta_1(x_1 - \hat{x}_1) \\ \quad\vdots \\ \dot{\hat{x}}_{n-1} = \hat{x}_n + \beta_{n-1}(x_1 - \hat{x}_1) \\ \dot{\hat{x}}_n = \hat{x}_{n+1} + \beta_n(x_1 - \hat{x}_1) + bu \\ \dot{\hat{x}}_{n+1} = \beta_{n+1}(x_1 - \hat{x}_1) + h(\hat{\boldsymbol{x}}, w) \\ y = x_1 \end{cases} \tag{5-26}$$

式中，$\hat{\boldsymbol{x}} = (\hat{x}_1 \quad \hat{x}_2 \quad \cdots \quad \hat{x}_{n+1})^{\mathrm{T}} \in \mathbf{R}^{n+1}$ 为系统状态变量的估计值；β_i，$i = 1$，2，$\cdots$，$n+1$ 是扩张状态观测器增益参数。

美国克里夫兰州立大学的高志强博士提出了用带宽概念来确定 LESO 参数的方法。观测器表达式（5-26）的特征多项式为：

$$\lambda(s) = s^{n+1} + \beta_1 s^n + \beta_2 s^{n-1} + \cdots + \beta_n s + \beta_{n+1} \tag{5-27}$$

则选取的 β_i 参数应使系统稳定，特征多项式满足 Hurwitz 稳定判据。可取如下特征方程形式使系统的所有根具有负实部，其中 $\omega_o > 0$：

$$\lambda(s) = (s + \omega_o)^{n+1} \tag{5-28}$$

根据二项式定理可得

$$\beta_i = C_{n+1}^i \omega_o^i = \frac{(n+1)!}{i!(n+1-i)!} \omega_o^i \tag{5-29}$$

式中，ω_o 为观测器带宽，也是观测器唯一需要调节的参数。

5.1.6　稳定性分析[18]

定理 5.1：对于由式（5-25）描述的 n 阶系统，假设 $h(\boldsymbol{x}, w)$ 已知且是对于 $\boldsymbol{x}$ 的一个全局 Lipschitz 函数，则存在一个常值 $\omega_o > 0$，使 $\lim\limits_{t \to \infty} \tilde{x}_i(t) = 0$，$i = 1$，$2$，$\cdots$，$n+1$。

证明：定义线性扩张状态观测器误差为

$$\tilde{x}_i = x_i - \hat{x}_i, \quad i = 1，2，3，\cdots，n+1 \tag{5-30}$$

由式（5-25）和式（5-26），观测器误差可以写为：

$$\begin{cases} \dot{\tilde{x}}_1 = \tilde{x}_2 - \omega_o \alpha_1 \tilde{x}_1 \\ \quad\vdots \\ \dot{\tilde{x}}_{n-1} = \tilde{x}_n - \omega_o^{n-1} \alpha_{n-1} \tilde{x}_1 \\ \dot{\tilde{x}}_n = \tilde{x}_{n+1} - \omega_o^n \alpha_n \tilde{x}_1 \\ \dot{\tilde{x}}_{n+1} = h(\boldsymbol{x}, w) - h(\hat{\boldsymbol{x}}, w) - \omega_o^{n+1} \alpha_{n+1} \tilde{x}_1 \end{cases} \tag{5-31}$$

式中，$\alpha_i = \dfrac{(n+1)!}{i!(n+1-i)!}$。现令 $\varepsilon_i = \dfrac{\tilde{x}_i}{\omega_o^{i-1}}$，$i = 1$，$2$，$\cdots$，$n+1$，则上式可改写为：

$$\dot{\boldsymbol{\varepsilon}} = \omega_\text{o} \boldsymbol{A}\boldsymbol{\varepsilon} + \boldsymbol{B}\frac{h(\boldsymbol{x},w) - h(\hat{\boldsymbol{x}},w)}{\omega_\text{o}^n} \tag{5-32}$$

式中，$\boldsymbol{A} = \begin{bmatrix} -\alpha_1 & 1 & 0 & \cdots & 0 \\ -\alpha_2 & 0 & 1 & \cdots & 0 \\ \vdots & \vdots & \vdots & & 0 \\ -\alpha_n & 0 & \cdots & 0 & 1 \\ -\alpha_{n+1} & 0 & \cdots & 0 & 0 \end{bmatrix}$，$\boldsymbol{B} = \begin{bmatrix} 0 & \cdots & 1 \end{bmatrix}^\text{T}$

因为矩阵 $\boldsymbol{A}$ 是希尔维茨（Hurwitz）的，则存在唯一的正定矩阵 $\boldsymbol{P}$ 使得 $\boldsymbol{A}^\text{T}\boldsymbol{P} + \boldsymbol{P}\boldsymbol{A} = -\boldsymbol{E}$，构造李雅普诺夫（Lyapunov）函数 $V(\boldsymbol{\varepsilon}) = \boldsymbol{\varepsilon}^\text{T}\boldsymbol{P}\boldsymbol{\varepsilon}$，对其求导得：

$$\dot{V}(\boldsymbol{\varepsilon}) = -\omega_\text{o}\|\boldsymbol{\varepsilon}\|^2 + 2\boldsymbol{\varepsilon}^\text{T}\boldsymbol{P}\boldsymbol{B}\frac{h(\boldsymbol{x},w) - h(\hat{\boldsymbol{x}},w)}{\omega_\text{o}^n} \tag{5-33}$$

因为 $h(\boldsymbol{x},w)$ 是对于 $\boldsymbol{x}$ 的一个全局 Lipschitz 函数，则存在一个常值 c' 使 $|h(\boldsymbol{x},w) - h(\hat{\boldsymbol{x}},w)| \leqslant c'\|\boldsymbol{x}-\hat{\boldsymbol{x}}\|$ 对于所有 $\boldsymbol{x}$、$\hat{\boldsymbol{x}}$、w 成立，于是有

$$2\boldsymbol{\varepsilon}^\text{T}\boldsymbol{P}\boldsymbol{B}\frac{h(\boldsymbol{x},w) - h(\hat{\boldsymbol{x}},w)}{\omega_\text{o}^n} \leqslant 2\boldsymbol{\varepsilon}^\text{T}\boldsymbol{P}\boldsymbol{B}\frac{c'\|\boldsymbol{x}-\hat{\boldsymbol{x}}\|}{\omega_\text{o}^n} \tag{5-34}$$

当 $\omega_\text{o} \geqslant 1$ 时，$\dfrac{\|\boldsymbol{x}-\hat{\boldsymbol{x}}\|}{\omega_\text{o}^n} = \dfrac{\|\tilde{\boldsymbol{x}}\|}{\omega_\text{o}^n} = \dfrac{\left\|\sqrt{\varepsilon_1^2 + \varepsilon_2^2\omega_\text{o}^2 + \cdots + \varepsilon_{n+1}^2\omega_\text{o}^{2n}}\right\|}{\omega_\text{o}^n} \leqslant \|\boldsymbol{\varepsilon}\|$，因此有

$$2\boldsymbol{\varepsilon}^\text{T}\boldsymbol{P}\boldsymbol{B}\frac{c'|\boldsymbol{x}-\hat{\boldsymbol{x}}|}{\omega_\text{o}^n} \leqslant 2\boldsymbol{\varepsilon}^\text{T}\boldsymbol{P}\boldsymbol{B}c'\|\boldsymbol{\varepsilon}\| \leqslant (\boldsymbol{\varepsilon}^\text{T}\boldsymbol{P}\boldsymbol{B}c')^2 + \|\boldsymbol{\varepsilon}\|^2 \tag{5-35}$$

其中 $(\boldsymbol{\varepsilon}^\text{T}\boldsymbol{P}\boldsymbol{B}c')^\text{T}(\boldsymbol{\varepsilon}^\text{T}\boldsymbol{P}\boldsymbol{B}c') + \|\boldsymbol{\varepsilon}\|^2 = (\boldsymbol{P}\boldsymbol{B}c')^\text{T}\boldsymbol{\varepsilon}\boldsymbol{\varepsilon}^\text{T}\boldsymbol{P}\boldsymbol{B}c' + \|\boldsymbol{\varepsilon}\|^2 = (1 + \|\boldsymbol{P}\boldsymbol{B}c'\|^2)\|\boldsymbol{\varepsilon}\|^2$，因此有

$$2\boldsymbol{\varepsilon}^\text{T}\boldsymbol{P}\boldsymbol{B}\frac{h(\boldsymbol{x},w) - h(\hat{\boldsymbol{x}},w)}{\omega_\text{o}^n} \leqslant c\|\boldsymbol{\varepsilon}\|^2 \tag{5-36}$$

式中，$c = 1 + \|\boldsymbol{P}\boldsymbol{B}c'\|^2$。结合式（5-33）、式（5-36）得

$$\dot{V}(\boldsymbol{\varepsilon}) \leqslant -(\omega_\text{o} - c)\|\boldsymbol{\varepsilon}\|^2 \tag{5-37}$$

如果 $\omega_\text{o} > c$，则 $\dot{V}(\boldsymbol{\varepsilon}) < 0$。所以 $\lim\limits_{t \to \infty}\tilde{x}_i(t) = 0$，$i = 1, 2, \cdots, n+1$，当 $\omega_\text{o} > c$ 时成立，证毕。此时线性扩张状态观测器的观测误差是渐近稳定的。

然而，在很多实际应用场合中，被控对象中的集中干扰 f 的动力学特性是未知的，因此这时我们需要对 LESO 的结构形式进行修正，如下所示：

$$\begin{cases} \dot{\hat{x}}_1 = \hat{x}_2 + \beta_1(x_1 - \hat{x}_1) \\ \quad\vdots \\ \dot{\hat{x}}_{n-1} = \hat{x}_n + \beta_{n-1}(x_1 - \hat{x}_1) \\ \dot{\hat{x}}_n = \hat{x}_{n+1} + \beta_n(x_1 - \hat{x}_1) + bu \\ \dot{\hat{x}}_{n+1} = \beta_{n+1}(x_1 - \hat{x}_1) \\ y = x_1 \end{cases} \tag{5-38}$$

此时，观测器误差为

$$\begin{cases} \dot{\tilde{x}}_1 = \tilde{x}_2 - \omega_o \alpha_1 \tilde{x}_1 \\ \quad\quad \vdots \\ \dot{\tilde{x}}_{n-1} = \tilde{x}_n - \omega_o^{n-1} \alpha_{n-1} \tilde{x}_1 \\ \dot{\tilde{x}}_n = \tilde{x}_{n+1} - \omega_o^n \alpha_n \tilde{x}_1 \\ \dot{\tilde{x}}_{n+1} = h(\boldsymbol{x}, w) - \omega_o^{n+1} \alpha_{n+1} \tilde{x}_1 \end{cases} \tag{5-39}$$

此时式（5-32）变为

$$\dot{\boldsymbol{\varepsilon}} = \omega_o \boldsymbol{A}\boldsymbol{\varepsilon} + \boldsymbol{B} \frac{h(\boldsymbol{x}, w)}{\omega_o^n} \tag{5-40}$$

定理 5.2：对于 n 阶系统形式（5-25），假设 $h(\boldsymbol{x}, w)$ 是有界的，存在常数 $\sigma_i > 0$，$T_1 > 0$，使得对 $\forall t \geq T_1 > 0$ 和 $\omega_o > 0$ 有系统状态观测误差 $|\tilde{x}_i(t)| \leq \sigma_i$，$i = 1, 2, \cdots, n+1$，而且 $\sigma_i = O\left(\dfrac{1}{\omega_o^k}\right)$，其中 k 为正整数。

证明：对式（5-40）求解得

$$\boldsymbol{\varepsilon}(t) = \mathrm{e}^{\omega_o \boldsymbol{A} t} \boldsymbol{\varepsilon}(0) + \int_0^t \mathrm{e}^{\omega_o \boldsymbol{A}(t-\tau)} \boldsymbol{B} \frac{h(x(\tau), w)}{\omega_o^n} \mathrm{d}\tau \tag{5-41}$$

令

$$p(t) = \int_0^t \mathrm{e}^{\omega_o \boldsymbol{A}(t-\tau)} \boldsymbol{B} \frac{h(x(\tau), w)}{\omega_o^n} \mathrm{d}\tau \tag{5-42}$$

因为 $h(\boldsymbol{x}, w)$ 是有界的，所以有 $|h(\boldsymbol{x}, w)| \leq \delta$，$\delta$ 为一个正常数。于是有

$$|p_i(t)| \leq \frac{\delta}{\omega_o^{n+1}} \left[|(\boldsymbol{A}^{-1}\boldsymbol{B})_i| + |(\boldsymbol{A}^{-1}\mathrm{e}^{\omega_o \boldsymbol{A} t}\boldsymbol{B})_i| \right] \tag{5-43}$$

$$\boldsymbol{A}^{-1} = \begin{bmatrix} 0 & 0 & 0 & \cdots & -\dfrac{1}{\alpha_{n+1}} \\ 1 & 0 & 0 & \cdots & -\dfrac{\alpha_1}{\alpha_{n+1}} \\ 0 & 1 & 0 & \cdots & -\dfrac{\alpha_2}{\alpha_{n+1}} \\ \vdots & \vdots & \vdots & & \vdots \\ 0 & 0 & \cdots & 1 & -\dfrac{\alpha_n}{\alpha_{n+1}} \end{bmatrix}, \quad 并且 |(\boldsymbol{A}^{-1}\boldsymbol{B})_i| \leq \upsilon \tag{5-44}$$

$\upsilon = \max\limits_{i=2,\cdots,n+1} \left\{ \dfrac{1}{\alpha_{n+1}}, \dfrac{\alpha_n}{\alpha_{n+1}} \right\}$，因为 $\boldsymbol{A}$ 是 Hurwitz 的，所以存在一个时间 $T_1 > 0$ 使得

$$\left| \left[\mathrm{e}^{\omega_o \boldsymbol{A} t} \right]_{ij} \right| \leq \frac{1}{\omega_o^{n+1}} \tag{5-45}$$

因此，

$$\left| \left[e^{\omega_o At} \boldsymbol{B} \right]_i \right| \leqslant \frac{1}{\omega_o^{n+1}} \tag{5-46}$$

对所有的 $t \geqslant T_1$，i，$j = 1$，2，$\cdots$，$n+1$ 成立。T_1 取决于 $\omega_o \boldsymbol{A}$。

令 $\boldsymbol{A}^{-1} = \begin{bmatrix} s_{11} & \cdots & s_{1,n+1} \\ \vdots & & \vdots \\ s_{n+1,1} & \cdots & s_{n+1,n+1} \end{bmatrix}$，并且 $e^{\omega_o At} = \begin{bmatrix} d_{11} & \cdots & d_{1,n+1} \\ \vdots & & \vdots \\ d_{n+1,1} & \cdots & d_{n+1,n+1} \end{bmatrix}$，于是有

$$\left| \left(\boldsymbol{A}^{-1} e^{\omega_o At} \boldsymbol{B} \right)_i \right| \leqslant \frac{\mu}{\omega_o^{n+1}} \tag{5-47}$$

对所有 $t \geqslant T_1$，$i = 1$，2，$\cdots$，$n+1$，$\mu = \max\limits_{i=2,\cdots,n+1} \left\{ \dfrac{1}{\alpha_{n+1}}, 1 + \dfrac{\alpha_{i-1}}{\alpha_{n+1}} \right\}$，由式（5-43）、式（5-44）、式（5-47）可得

$$\left| p_i(t) \right| \leqslant \frac{\delta \upsilon}{\omega_o^{n+1}} + \frac{\delta \mu}{\omega_o^{2n+2}} \tag{5-48}$$

对所有 $t \geqslant T_1$，$i = 1$，2，$\cdots$，$n+1$ 成立。令

$\varepsilon_{\mathrm{sum}}(0) = \left| \varepsilon_1(0) \right| + \left| \varepsilon_2(0) \right| + \cdots + \left| \varepsilon_{n+1}(0) \right|$，于是有

$$\left| \left[e^{\omega_o At} \varepsilon(0) \right]_i \right| \leqslant \frac{\varepsilon_{\mathrm{sum}}(0)}{\omega_o^{n+1}} \tag{5-49}$$

根据式（5-41），可以得到

$$\left| \varepsilon_i(t) \right| \leqslant \left| \left[e^{\omega_o At} \varepsilon(0) \right]_i \right| + \left| p_i(t) \right| \tag{5-50}$$

令 $\tilde{x}_{\mathrm{sum}}(0) = \left| \tilde{x}_1(0) \right| + \left| \tilde{x}_2(0) \right| + \cdots + \left| \tilde{x}_{n+1}(0) \right|$，根据 $\varepsilon_i = \dfrac{\tilde{x}_i}{\omega_o^{i-1}}$ 以及式（5-48）~ 式（5-50）有

$$\left| \tilde{x}_i(t) \right| = \left| \frac{\tilde{x}_{\mathrm{sum}}(0)}{\omega_o^{n+1}} \right| + \frac{\delta \upsilon}{\omega_o^{n-i+2}} + \frac{\delta \mu}{\omega_o^{2n-i+3}} = \sigma_i \tag{5-51}$$

对所有 $t \geqslant T_1$，$i = 1$，2，$\cdots$，$n+1$ 成立，证毕。

此时线性扩张状态观测器的观测误差是有界稳定的，而且扩张状态观测器估计误差随 ω_o 增大而单调减小，但增大到一定程度会使系统发生振荡，因此需要选取合适的观测器带宽 ω_o，使系统稳定并能精确估计系统各状态变量[15-18]。

前面证明了扩张状态观测器的稳定性，下面我们来证明一下基于扩张状态观测器的自抗扰控制器的稳定性。通常控制器设计的目的是使式（5-24）的输出跟随一个已知的有界的信号 r，其中 $\dot{r}$、$\ddot{r}$、$\cdots$、$r^{(n)}$ 也是有界的。令 $\left[r_1, r_2, \cdots, r_n, r_{n+1} \right]^{\mathrm{T}} = \left[r, \dot{r}_1, \cdots, \dot{r}_{n-1}, \dot{r}_n \right]^{\mathrm{T}}$。针对式（5-25）描述的系统，利用式（5-26）或式（5-38）形式的 LESO 观测器，ADRC 的控制律可以写为：

$$u = \left[k_1(r_1 - \hat{x}_1) + k_2(r_2 - \hat{x}_2) + \cdots + k_n(r_n - \hat{x}_n) - \hat{x}_{n+1} + r_{n+1} \right] / b \tag{5-52}$$

k_i，$i = 1$，2，$\cdots$，n，为能使 $s^n + k_n s^{n-1} + \cdots + k_1$ 满足 Hurwitz 条件的增益参数。这个闭环系统变为

$$y^{(n)}(t) = (f - \hat{x}_{n+1}) + k_1(r_1 - \hat{x}_1) + k_2(r_2 - \hat{x}_2) + \cdots + k_n(r_n - \hat{x}_n) + r_{n+1} \tag{5-53}$$

对于一个设计得比较好的 ESO 观测器，式（5-53）等号右边的第一项是可以忽略的，等号右边的其余项构成一个广义上的具有前馈补偿项的 PD 控制器。它在应用中可以工作得很好，但现在需要解决的问题有：① 证明闭环系统的稳定性；② 确定系统跟踪误差的界。接下来我们来解决这些问题。

引理 5.1[18]：针对如下系统

$$\dot{\boldsymbol{\eta}}(t) = \boldsymbol{N}\boldsymbol{\eta}(t) + \boldsymbol{g}(t) \tag{5-54}$$

这里 $\boldsymbol{\eta}(t) = [\eta_1(t), \eta_2(t), \cdots, \eta_n(t)]^{\mathrm{T}} \in \mathbf{R}^n$，$\boldsymbol{g}(t) = [g_1(t), g_2(t), \cdots, g_n(t),]^{\mathrm{T}} \in \mathbf{R}^n$，并且 $\boldsymbol{N}$ 为一个 $n \times n$ 的矩阵。

如果 $\boldsymbol{N}$ 是 Hurwitz 的并且 $\lim\limits_{t \to \infty} \|\boldsymbol{g}(t)\| = 0$，则 $\lim\limits_{t \to \infty} \|\boldsymbol{\eta}(t)\| = 0$。

定理 5.3：假设 $h(\boldsymbol{x}, w)$ 对于 $\boldsymbol{x}$ 是广义的 Lipschitz 函数，则存在一个常数 $\omega_{\mathrm{o}} > 0$，并且 $\omega_{\mathrm{c}} > 0$，则由式（5-53）描述的闭环系统是渐近稳定的。

证明：定义 $e_i = r_i - x_i$，$i = 1, 2, \cdots, n$，由式（5-52）知

$$u = [k_1(e_1 + \tilde{x}_1) + \cdots + k_n(e_n + \tilde{x}_n) - (x_{n+1} - \tilde{x}_{n+1}) + r_{n+1}]/b \tag{5-55}$$

这个式子满足

$$\dot{e}_1 = \dot{r}_1 - \dot{x}_1 = r_2 - x_2 = e_2,$$
$$\vdots$$
$$\dot{e}_{n-1} = \dot{r}_{n-1} - \dot{x}_{n-1} = r_n - x_n = e_n$$
$$\dot{e}_n = \dot{r}_n - \dot{x}_n = r_{n+1} - (x_{n+1} + bu)$$
$$= -k_1(e_1 + \tilde{x}_1) - \cdots - k_n(e_n + \tilde{x}_n) - \tilde{x}_{n+1}$$

令 $\boldsymbol{e} = [e_1, e_2, \cdots e_n]^{\mathrm{T}} \in \mathbf{R}^n$，$\tilde{\boldsymbol{x}} = [\tilde{x}_1, \tilde{x}_2, \cdots, \tilde{x}_{n+1}]^{\mathrm{T}} \in \mathbf{R}^{n+1}$ 有

$$\dot{\boldsymbol{e}}(t) = \boldsymbol{A}_e \boldsymbol{e}(t) + \boldsymbol{A}_{\tilde{x}} \tilde{\boldsymbol{x}}(t) \tag{5-56}$$

其中 $\boldsymbol{A}_e = \begin{bmatrix} 0 & 1 & 0 & \cdots & 0 \\ 0 & 0 & 1 & \cdots & 0 \\ \vdots & \vdots & \vdots & & \vdots \\ 0 & 0 & \cdots & 0 & 1 \\ -k_1 & -k_2 & \cdots & -k_{n-1} & -k_n \end{bmatrix}$，并且 $\boldsymbol{A}_{\tilde{x}} = \begin{bmatrix} 0 & 0 & 0 & \cdots & 0 \\ 0 & 0 & 0 & \cdots & 0 \\ \vdots & \vdots & \vdots & & \vdots \\ 0 & 0 & \cdots & 0 & 0 \\ -k_1 & -k_2 & \cdots & -k_n & -1 \end{bmatrix}$。

因为从特征多项式 $s^n + k_n s^{n-1} + \cdots + k_1$ 中选择的 k_i，$i = 1, 2, \cdots, n$ 是 Hurwitz 的，所以 $\boldsymbol{A}_e$ 也是 Hurwitz 的。为了方便调整，我们只需要令 $s^n + k_n s^{n-1} + \cdots + k_1 = (s + \omega_{\mathrm{c}})^n$，这里 $\omega_{\mathrm{c}} > 0$，并且 $k_i = \dfrac{n!}{(i-1)!(n+1-i)!} \omega_{\mathrm{c}}^{n+1-i}$，$i = 1, 2, \cdots, n$。这使得控制器带宽 ω_{c} 成为调整控制器唯一的可变参数。

根据定理 5.1，我们知道如果 $h(\boldsymbol{x}, w)$ 是关于 $\boldsymbol{x}$ 的广义 Lipschitz 函数，则 $\lim\limits_{t \to \infty} \|\boldsymbol{A}_{\tilde{x}} \tilde{\boldsymbol{x}}(t)\| = 0$。因为 $\boldsymbol{A}_e$ 是 Hurwitz 的，根据定理 5.1 和引理 5.1，我们可以得到如下结论：如果 $h(\boldsymbol{x}, w)$ 是关于 $\boldsymbol{x}$ 的广义 Lipschitz 函数，则存在一个常量 $\omega_{\mathrm{o}} > 0$，$\omega_{\mathrm{c}} > 0$，使得 $\lim\limits_{t \to \infty} e_i(t) = 0$，$i = 1, 2, \cdots, n$，证毕。

前面证明分析了被控对象动态特性已知情况下控制器的稳定性，下面来证明分析一下被

控对象动态性能未知情况下控制器的稳定性。

定理 5.4：假设 $h(\boldsymbol{x}, w)$ 是有界的，存在一个常量 $\rho_i > 0$ 和一个有限的时间 $T_5 > 0$，使得 $|e_i(t)| \leqslant \rho_i$，$i = 1, 2, \cdots, n$，$\forall t \geqslant T_5 > 0$，$\omega_o > 0$，$\omega_c > 0$，此外对于一些正整数 j，$\rho_i = O\left(\dfrac{1}{\omega_c^j}\right)$。

证明：对于式 (5-56)，有

$$\boldsymbol{e}(t) = e^{A_e t} e(0) + \int_0^t e^{A_e(t-\tau)} \boldsymbol{A}_{\tilde{x}} \tilde{\boldsymbol{x}}(\tau) \mathrm{d}\tau \tag{5-57}$$

根据式 (5-56) 和定理 5.2，有

$$\begin{aligned} \left[\boldsymbol{A}_{\tilde{x}} \tilde{\boldsymbol{x}}(\tau)\right]_{i=1, \cdots, n-1} &= 0 \\ \left|\left[\boldsymbol{A}_{\tilde{x}} \tilde{\boldsymbol{x}}(\tau)\right]_n\right| &\leqslant k_s \sigma_i = \gamma, \forall t \geqslant T_1 \end{aligned} \tag{5-58}$$

这里 $k_s = 1 + \sum\limits_{i=1}^n k_i$，与定理 5.3 相似，取 $k_i = \dfrac{n!}{(i-1)!(n+1-i)!}\omega_c^{n+1-i}$，$i = 1, 2, \cdots, n$ 使得 $\boldsymbol{A}_e$ 是 Hurwitz 的。定义 $\boldsymbol{\psi} = \begin{bmatrix} 0 & 0 & 0 & \cdots & \gamma \end{bmatrix}^{\mathrm{T}}$，令 $\boldsymbol{\varphi}(t) = \int_0^t e^{A_e(t-\tau)} \boldsymbol{A}_{\tilde{x}} \tilde{\boldsymbol{x}}(\tau) \mathrm{d}\tau$，满足

$$|\varphi_i(t)| \leqslant |(\boldsymbol{A}_e^{-1} \boldsymbol{\psi})_i| + |(\boldsymbol{A}_e^{-1} e^{A_e t} \boldsymbol{\psi})_i| \tag{5-59}$$

并且

$$\begin{cases} \left|(\boldsymbol{A}_e^{-1} \boldsymbol{\psi})_1\right| = \dfrac{\gamma}{k_1} = \dfrac{\gamma}{\omega_c^n} \\ \left|(\boldsymbol{A}_e^{-1} \boldsymbol{\psi})_i\right|_{i=2, \cdots, n} = 0 \end{cases} \tag{5-60}$$

因为 $\boldsymbol{A}_e$ 是 Hurwitz 的，所以存在一个有限的时间 $T_4 > 0$ 使得

$$\left|\left[e^{A_e t}\right]_{ij}\right| \leqslant \dfrac{1}{\omega_c^{n+1}} \tag{5-61}$$

对所有 $t \geqslant T_4$，$i, j = 1, 2, \cdots, n$ 成立，T_4 取决于 $\boldsymbol{A}_e$。令 $T_5 = \max\{T_1, T_4\}$，于是有

$$\left|(e^{A_e t} \boldsymbol{\psi})_i\right| \leqslant \dfrac{\gamma}{\omega_c^{n+1}} \tag{5-62}$$

对所有 $t \geqslant T_5$，$i = 1, 2, \cdots, n$ 成立，并且

$$\left|(\boldsymbol{A}_e^{-1} e^{A_e t} \boldsymbol{\psi})_i\right| \leqslant \begin{cases} \dfrac{1 + \sum\limits_{i=2}^n k_i}{\omega_c^n} \dfrac{\gamma}{\omega_c^{n+1}}\bigg|_{i=1} \\ \dfrac{\gamma}{\omega_c^{n+1}}\bigg|_{i=2, \cdots, n} \end{cases} \tag{5-63}$$

对所有 $t \geqslant T_5$ 成立。结合式 (5-59)、式 (5-60)、式 (5-63)，可以得到

$$|\varphi_i(t)| \leqslant \begin{cases} \dfrac{\gamma}{\omega_c^n} + \dfrac{1 + \sum\limits_{i=2}^n k_i}{\omega_c^n} \dfrac{\gamma}{\omega_c^{n+1}}\bigg|_{i=1} \\ \dfrac{\gamma}{\omega_c^{n+1}}\bigg|_{i=2, \cdots, n} \end{cases} \tag{5-64}$$

对所有 $t \geqslant T_5$ 成立。令 $\mathrm{e}^{A_e t} = \begin{bmatrix} o_{11} & \cdots & o_{1n} \\ \vdots & & \vdots \\ o_{n1} & \cdots & o_{nn} \end{bmatrix}$，并且 $e_\mathrm{s}(0) = |e_1(0)| + |e_2(0)| + \cdots +$

$|e_n(0)|$ 满足

$$\left| \left[\mathrm{e}^{A_e t} e(0) \right]_i \right| \leqslant \frac{e_\mathrm{s}(0)}{\omega_\mathrm{c}^{n+1}} \tag{5-65}$$

结合式（5-57），有

$$|e_i(t)| \leqslant \left| \left[\mathrm{e}^{A_e t} e(0) \right]_i \right| + |\varphi_i(t)| \tag{5-66}$$

结合式（5-58）及式（5-64）~式（5-66），有

$$|e_i(t)| \leqslant \begin{cases} \left. \dfrac{e_\mathrm{s}(0)}{\omega_\mathrm{c}^{n+1}} + \dfrac{k_\mathrm{s}\sigma_i}{\omega_\mathrm{c}^n} + \dfrac{\left(1 + \sum\limits_{i=2}^n k_i\right) k_\mathrm{s}\sigma_i}{\omega_\mathrm{c}^{2n+1}} \right|_{i=1} \\[6mm] \left. \dfrac{e_\mathrm{s}(0) + k_\mathrm{s}\sigma_i}{\omega_\mathrm{c}^{n+1}} \right|_{i=2,\,\cdots,\,n} \end{cases} \tag{5-67}$$

$$\leqslant \rho_i$$

对所有 $t \geqslant T_5$，$i = 1,\ 2,\ \cdots,\ n$，$\rho_i = \max \left\{ \dfrac{e_\mathrm{s}(0)}{\omega_\mathrm{c}^{n+1}} + \dfrac{k_\mathrm{s}\sigma_i}{\omega_\mathrm{c}^n} + \dfrac{\left(1 + \sum\limits_{i=2}^n k_i\right) k_\mathrm{s}\sigma_i}{\omega_\mathrm{c}^{2n+1}}, \right.$

$\left. \dfrac{e_\mathrm{s}(0) + k_\mathrm{s}\sigma_i}{\omega_\mathrm{c}^{n+1}} \right\}$ 成立，证毕。

上面的两个证明表明了：① 对于被控对象模型已知的情况，闭环系统是渐近稳定的；② 对于被控对象模型动态特性未知的情况，跟踪误差和它高达 $n-1$ 阶的导数均是有界的，并且由式（5-67）可以看出，它们的上界是随着控制器带宽单调递减的。

5.2　火箭炮随动系统自抗扰控制

通过前面的介绍，可以看出自抗扰控制的核心思想是通过将系统的各类模型不确定性，包括参数不确定性和不确定性非线性统一为系统匹配的集中干扰，并将其扩张为系统的冗余状态，设计扩张状态观测器（ESO），估计系统的集中干扰并在控制器中予以补偿。

对于绝大多数电动伺服控制系统，其电气的放大与部分伺服控制的功能均由成熟的驱动器完成。通常情况下，驱动器配置在速度环工作模式下，其控制示意图如图 5-2 所示。

在速度环工作模式下，电机驱动系统的数学模型发生较大变化，利用拉普拉斯变化及传递函数的等效原理，可得电机系统的速度环数学模型。通常，通过适当地选取电流环 PID 控制器的参数及速度环 PID 控制器参数，可使得位置环控制器的控制输入 u 与系统的速度输出近似成比例关系或一阶动态关系。当系统的动态需求较慢时，比例环节可以获得较为理想的近似关系，基于此设计的控制器可以满足系统的伺服控制需求；当系统的动态需求较快时，比例环节的近似效果将变差，此时将系统的动态近似为一阶惯性环节，以提高系统的近

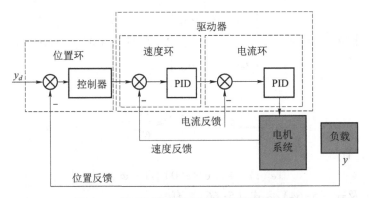

图 5-2　基于驱动器速度环的控制系统框图

似精度，进而设计满意的控制策略，满足系统的性能指标需求。下面将针对两种不同的近似策略，设计自抗扰控制器，提高系统对燃气流冲击扰动的抑制能力。

5.2.1　简化模型的抗干扰控制器设计

当系统的速度输出可与控制输入 u 近似简化为比例环节时，系统的位置输出 x_1 的动态过程可描述如下：

$$\dot{x}_1 = bu + f(t) \tag{5-68}$$

式中，$f(t)$ 为系统的各项建模误差及燃气流冲击的总效益。

由上式可知，影响系统控制性能的关键因素在于干扰项 $f(t)$，若 $f(t)$ 实时可知，则可轻易设计如下的反馈控制器

$$u = \frac{u_0 - f(t)}{b} \tag{5-69}$$

式中，u_0 为反馈控制器，以使系统获得优良的随动控制效果。一个典型的反馈控制器可设计成 PID 控制器。

然而，事实上，上述控制器是不可实现的，其根本原因在于干扰信号 $f(t)$ 几乎不可能实时测量。尽管上述设计的控制器不可实现，但仍给我们很大的启发，如果能够设计一个合理而巧妙的估计算法，能够实时在线地估计干扰信号 $f(t)$，则我们可以在控制器的实现中使用干扰信号的估计值，仍然可以获得很好的控制效果[19]。为实现上述的估计目的，扩张状态观测器为我们提供了强有力的估计工具，其设计过程如下。

定义一个新的状态 $x_2 = f(t)$ 作为系统的扩张状态，并令其时间微分为 $H(t)$，则经此扩张后的系统状态方程可描述为：

$$\begin{cases} \dot{x}_1 = bu + x_2 \\ \dot{x}_2 = H(t) \end{cases} \tag{5-70}$$

观察上式的结构，可设计如下的龙伯格观测器以估计系统的状态 x_2，即

$$\begin{cases} \dot{\hat{x}}_1 = bu + \hat{x}_2 + l_1(x_1 - \hat{x}_1) \\ \dot{\hat{x}}_2 = l_2(x_1 - \hat{x}_1) \end{cases} \tag{5-71}$$

式中，l_1、l_2 分别为龙伯格观测器的增益，且令 $l_1 = 2\omega$，$l_2 = \omega^2$，ω 为观测器频宽。

由线性控制理论可知，上述设计的龙伯格观测器是稳定的，即当 ω 足够大时，观测器可以保证：

$$\hat{x}_1 \to x_1, \quad \hat{x}_2 \to x_2 \tag{5-72}$$

由此，我们设计的自抗扰控制器可变更为：

$$u = \frac{u_0 - \hat{x}_2}{b} \tag{5-73}$$

结合观测器，设计的抗干扰控制器是可执行的，且执行该控制器仅需测量位置信息即可。将控制器代入系统模型，可得

$$\dot{x}_1 = u_0 + \tilde{x}_2 \tag{5-74}$$

式中，$\tilde{x}_2 = x_2 - \hat{x}_2$ 为干扰估计误差。

由上式可知，当 ω 足够大时可确保干扰估计误差很小，因此可以设计合理的反馈控制策略提升系统的跟踪性能而免受系统干扰尤其是燃气射流的冲击干扰的影响。

5.2.2　惯性近似模型的控制器设计

当系统的速度输出可与控制输入 u 近似简化为一阶惯性环节时，系统的位置输出 x_1 的动态过程可描述如下：

$$x_1(s) = \frac{bu(s) + f(s)}{s(\tau s + 1)} \tag{5-75}$$

式中，τ 为一阶惯性环节的时间常数；$f(s)$ 为未建模干扰及燃气射流冲击干扰的总影响效应。

定义系统的状态 $\boldsymbol{x} = [x_1, x_2]^{\mathrm{T}}$ 分别表征系统的位置及速度输出，则由上式可得系统的状态空间方程为：

$$\begin{cases} \dot{x}_1 = x_2 \\ \tau \dot{x}_2 + x_2 = bu + f(t) \end{cases} \tag{5-76}$$

将其适当变换，可得如下的系统方程：

$$\begin{cases} \dot{x}_1 = x_2 \\ \dot{x}_2 = \dfrac{b}{\tau} u + \dfrac{f(t) - x_2}{\tau} \end{cases} \tag{5-77}$$

由于时间常数 τ 很难准确获知，因此定义系统的名义增益为 b_0，即 b_0 为参数 b/τ 的近似估计，则系统的状态方程可重写为：

$$\begin{cases} \dot{x}_1 = x_2 \\ \dot{x}_2 = b_0 u + \dfrac{f(t) - x_2 + bu - \tau b_0 u}{\tau} \end{cases} \tag{5-78}$$

由上式可知，若系统的总干扰项可知，则可以很方便地设计出优良的反馈控制器。类似前面的设计过程，我们仍然可以利用扩张状态观测器来设计满足此需求的控制器。

定义一个新的状态 $x_3 = \dfrac{f(t) - x_2 + bu - \tau b_0 u}{\tau}$ 作为系统的扩张状态，并令其时间微分为 $h(t)$，

则经此扩张后的系统状态方程可描述为：

$$\begin{cases} \dot{x}_1 = x_2 \\ \dot{x}_2 = b_0 u + x_3 \\ \dot{x}_3 = h(t) \end{cases} \tag{5-79}$$

观察上式的结构，可设计如下的龙伯格观测器以估计系统的状态 x_3，即

$$\begin{cases} \dot{\hat{x}}_1 = \hat{x}_2 + l_1(x_1 - \hat{x}_1) \\ \dot{\hat{x}}_2 = b_0 u + \hat{x}_3 + l_2(x_1 - \hat{x}_1) \\ \dot{\hat{x}}_3 = l_3(x_1 - \hat{x}_1) \end{cases} \tag{5-80}$$

式中，l_1、l_2、l_3 分别为龙伯格观测器的增益，且令 $l_1 = 3\omega$，$l_2 = 3\omega^2$，$l_3 = \omega^3$，ω 为观测器频宽。

由线性控制理论可知，上述设计的龙伯格观测器是稳定的，即当 ω 足够大时，观测器可以保证：

$$\hat{x}_1 \rightarrow x_1, \quad \hat{x}_2 \rightarrow x_2, \quad \hat{x}_3 \rightarrow x_3 \tag{5-81}$$

由此，则设计的抗干扰控制器可设计为：

$$u = \frac{u_0 - \hat{x}_3}{b_0} \tag{5-82}$$

结合观测器，设计的抗干扰控制器是可执行的，且执行该控制器仅需测量位置信息即可。将控制器代入系统模型，可得

$$\ddot{x}_1 = u_0 + \tilde{x}_3 \tag{5-83}$$

式中，$\tilde{x}_3 = x_3 - \hat{x}_3$ 为干扰估计误差。

由上式可知，当 ω 足够大时可确保干扰估计误差很小，因此可以设计合理的反馈控制策略提升系统的跟踪性能而免受系统干扰尤其是燃气射流的冲击干扰的影响。

5.2.3 反馈控制器 u_0 的设计

由上述抗干扰控制器的设计过程可知，不论是针对比例简化模型还是一阶惯性模型，我们都将控制器的抗干扰设计问题转变成了反馈控制器的设计问题[20]。不论是哪一种近似策略，都需要设计反馈控制器 u_0 以完成最终的控制策略的设计。

实际上，不论是哪种近似结果下的反馈控制器 u_0 的设计，我们都可以采用如下的比例微分（PD）控制器结构，即：

$$u_0 = k_p e + k_d \dot{e} \tag{5-84}$$

式中，k_p、k_d 分别为 PD 控制器的比例增益和微分增益；e 为跟踪误差，即 $e = r - x_1$，r 为期望跟踪的位置指令。

可得

$$\begin{cases} \dot{x}_1 = k_p(r - x_1) + k_d(\dot{r} - \dot{x}_1) + \tilde{x}_2 \\ \ddot{x}_1 = k_p(r - x_1) + k_d(\dot{r} - \dot{x}_1) + \tilde{x}_3 \end{cases} \tag{5-85}$$

经拉普拉斯变换并整理，可得

$$\begin{cases} x_1 s + (k_p + k_d s)x_1 = (k_p + k_d s)r + \tilde{x}_2 \\ x_1 s^2 + (k_p + k_d s)x_1 = (k_p + k_d s)r + \tilde{x}_3 \end{cases} \tag{5-86}$$

即系统的输入输出传递函数

$$\begin{cases} x_1 = \dfrac{k_p + k_d s}{(1 + k_d)s + k_p}r + \dfrac{\tilde{x}_2}{(1 + k_d)s + k_p} \\ x_1 = \dfrac{k_p + k_d s}{s^2 + k_p + k_d s}r + \dfrac{\tilde{x}_3}{s^2 + k_p + k_d s} \end{cases} \tag{5-87}$$

由上式可知，系统的输出传递函数是稳定的，因此不论是针对哪一种近似，设计的 PD 控制均可保证系统稳定运行，且可以通过适当地选择 PD 控制器的增益，获得优良的伺服控制效果[21]。

5.2.4　微分跟踪器设计

由设计的 PD 控制器，可知控制器的运行需要指令及采集信号的微分信号，这在实际操作中往往遭受很大的噪声干扰，而使设计的控制器可操作性差，为克服这一困难，设计如下的微分跟踪器[22]：

$$\begin{cases} \dot{v}_1 = v_2 \\ \dot{v}_2 = -R\,\mathrm{sign}\left(v_1 - v + \dfrac{v_2 |v_2|}{2R}\right) \end{cases} \tag{5-88}$$

式中，R 为可供选择的变化速率参数；v 为微分跟踪器的输入信号。

当给定信号 v 并设定 R 后，经微分跟踪器的运算，使得输出信号 v_1、v_2 具有如下特性：

$$v_1 \rightarrow v, \qquad v_2 \rightarrow \dot{v} \tag{5-89}$$

由上式可知，微分跟踪器实现了对输出信号 v 的近似微分操作，即 v_2，同时又避免了测量噪声对信号质量的影响。

经由微分跟踪器，分别以期望跟踪的位置指令 r 和系统的位置输出 x_1 为输入信号，我们就可以得到其各自的微分信号，进而使得反馈控制器具备很强的可操作性[23,24]。

5.3　仿真分析

为了验证设计的控制算法的有效性，我们需要对自抗扰控制器作用下的火箭炮随动系统在 MATLAB/Simulink 仿真环境下进行仿真分析。系统仿真时参数选取如表 5-1 所示。

表 5-1　系统仿真参数

系统参数	取值
转动惯量 $J/(\mathrm{kg \cdot m^2})$	0.015 8
电压力矩参数 $k_u/(\mathrm{N \cdot m \cdot V^{-1}})$	20
阻尼系数 $B/(\mathrm{rad \cdot s^{-1}})$	0.2
常值干扰 $d_n/(\mathrm{N \cdot m})$	1

火箭炮随动系统工作在三种工况下：① 给出调炮指令，也就是输入阶跃信号；② 给出匀速运动指令，也就是输入斜坡信号；③ 给出正弦运动指令。每种工况下系统的仿真结果如下所示。每种工况下给出的干扰信号为缓变的正弦信号叠加周期性的冲击信号。仿真结果如下所示。

5.3.1 阶跃响应

当给定位置信号为阶跃信号时，干扰估计和干扰估计误差曲线如图 5-3 所示。从图中可以看出干扰估计在有冲击扰动的情况下估计误差比较大，当冲击扰动消失后干扰估计误差变得很小并能收敛，可以达到 10^{-3} 数量级，说明扩张状态观测器可以较好地估计缓变的信号，对于突变的信号响应较慢，估计效果稍差。

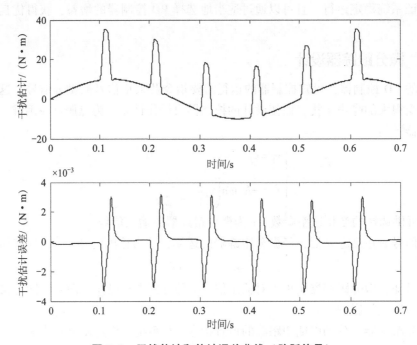

图 5-3 干扰估计和估计误差曲线（阶跃信号）

指令信号与跟踪曲线和跟踪误差曲线如图 5-4 所示。从图中可以看出指令信号平稳后跟踪误差快速减小，稳定在 10^{-4} 数量级，只有当冲击扰动出现的时候跟踪误差才有所波动，扰动消失后又迅速变小，说明自抗扰控制器具有良好的抗干扰能力，提高了火箭炮随动系统的跟踪性能。

5.3.2 斜坡跟踪

当给定位置信号为斜坡信号时，干扰估计和干扰估计误差曲线如图 5-5 所示。从图中可以看出干扰估计仍然是在有冲击扰动的情况下估计误差比较大，当冲击扰动消失后干扰估计误差变得很小并能收敛，可以达到 10^{-3} 数量级，说明扩张状态观测器可以较好地估计缓变的信号，对于突变的信号响应较慢，估计效果稍差。

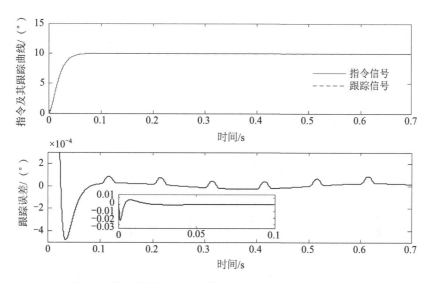

图 5-4 指令信号与跟踪曲线和跟踪误差曲线（阶跃信号）

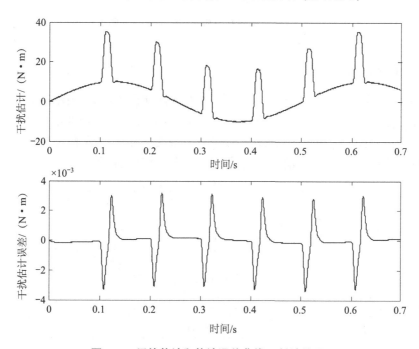

图 5-5 干扰估计和估计误差曲线（斜坡信号）

指令信号与跟踪曲线和跟踪误差曲线如图 5-6 所示。从图中可以看出系统跟踪误差比第一种工况下的误差有所增加，可以稳定在 10^{-3} 数量级，在指令信号拐点处跟踪误差最大。当冲击扰动出现的时候跟踪误差有所波动，扰动消失后跟踪误差又迅速变小，说明了自抗扰控制器具有很好的鲁棒性。

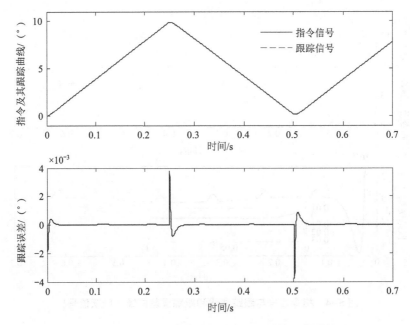

图 5-6　指令信号与跟踪曲线和跟踪误差曲线（斜坡信号）

5.3.3　正弦跟踪

当给定位置信号为正弦信号时，干扰估计和干扰估计误差曲线如图 5-7 所示。从图中可以看出干扰估计仍然是在有冲击扰动的情况下估计误差比较大，当冲击扰动消失后干扰估计误差变得很小并能收敛，可以达到 10^{-3} 数量级，说明扩张状态观测器对缓变信号的估计具有较好的一致性，对于突变的信号仍然是响应较慢，估计效果稍差。

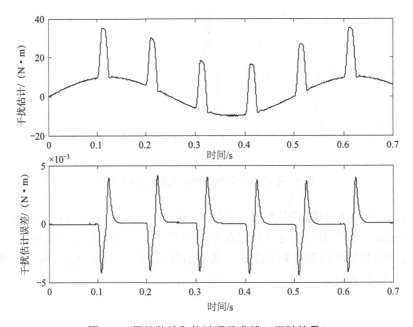

图 5-7　干扰估计和估计误差曲线（正弦信号）

指令信号与跟踪曲线和跟踪误差曲线如图 5-8 所示。从图中可以看出系统稳定后跟踪误差可以达到 10^{-4} 数量级，随着指令信号呈现小幅波动，当冲击扰动出现的时候跟踪误差变大，扰动消失后跟踪误差又迅速变小，说明了自抗扰控制器在各种工况下均具有很好的鲁棒性。

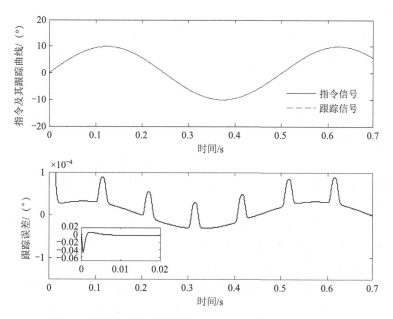

图 5-8　指令信号与跟踪曲线和跟踪误差曲线（正弦信号）

5.4　本章小结

本章介绍了自抗扰控制理论相关概念和原理，包括自抗扰控制器的组成和稳定性证明。在此基础上，针对火箭炮随动系统设计了自抗扰控制器，并进行了多种工况下的仿真分析，仿真结果表明了自抗扰控制器的有效性，特别显著地提高了系统对燃气流冲击的抗干扰能力，提升了系统的鲁棒性和稳定性。

参考文献

［1］韩京清. 自抗扰控制技术［M］. 北京：国防工业出版社，2009.

［2］韩京清，从 PID 技术到"自抗扰控制"技术［J］. 控制工程，2002，9（3）：13-18.

［3］黄一，张文革，自抗扰控制器的发展［J］. 控制理论与应用，2002，19（4）：485-492.

［4］B. Sun, and Z. Gao, A DSP－based active disturbance rejection control design for a 1－kW H－bridge DC－DC power converter［J］. IEEE Transactions on Industrial Electronics，2005，52（5）：1271-1277.

［5］J. Su, W. Qiu, and H. Ma. Calibration－free robotic eye－hand coordination based on an autodisturbance rejection controller［J］. IEEE Transactions on Robotics，2004，20（5）：

899-907.

[6] 苏位峰, 孙旭东, 李发海, 基于自抗扰控制器的异步电机矢量控制 [J]. 清华大学学报（自然科学版）, 2004, 44(10): 1329-1332.

[7] 夏长亮, 俞卫, 李志强. 永磁无刷直流电机转矩波动的自抗扰控制 [J]. 中国电机工程学报, 2006, 26(24): 137-142.

[8] 郑颖, 马大为, 姚建勇, 胡健. 火箭炮两轴耦合位置伺服系统线性自抗扰控制 [J]. 兵工学报, 2015, 36(6): 987-993.

[9] 郑颖, 马大为, 姚建勇, 乐贵高. 基于自抗扰技术的火箭炮伺服系统解耦控制 [J]. 火炮发射与控制学报, 2014, 35(4): 6-10.

[10] 郑颖, 马大为, 姚建勇, 胡健, 火箭炮位置伺服系统自抗扰控制 [J]. 兵工学报, 2014, 35(5): 597-603.

[11] W. Xue, and Y. Huang. The active disturbance rejection control for a class of MIMO block lower-triangular system [C]. Proceedings of the 30th Chinese Control Conference, Yantai, 2011: 6362-6367.

[12] G. Tian, and Z. Gao. From poncelet's invariance principle to active disturbance rejection[C]. Proceedings of the American Control Conference, 2009: 2451-2457.

[13] Z. Gao. On disturbance rejection paradigm in control engineering [C]. Proceedings of the 29th Chinese Control Conference, Bei Jing, 2010: 6071-6076.

[14] B. Guo, and Z. Zhao. On convergence of the nonlinear active disturbance rejection control for MIMO systems [J]. Society for Industrial and Applied Mathematics, 2013, 51(2): 1727-1757.

[15] Y. Xia, P. Shi, and G. Liu. Active disturbance rejection control for uncertain multivariable systems with time-delay [J]. IET Control Theory Applications, 2007, 1(1): 75-81.

[16] Q. Zheng, and Z. GAO. On practical applications of active disturbance rejection control [C]. Proceedings of the Proceedings of the 29th Chinese Control Conference, 2011: 6095-6100.

[17] J. Vincent, D. Morris, N. Usher, et al. On active disturbance rejection based control design for superconducting RF cavities [J]. Nuclear Instruments and Methods in Physics Research A, 2011, 11-16.

[18] Q. Zheng, L. Gao, and Z. Gao. On stability analysis of active disturbance rejection control for nonlinear time-varying plant with unknown dynamics [C]. Proceedings of the 46th IEEE Conference on Decision and Control, 2007, 3501-3506.

[19] 邵立伟, 廖晓钟, 张宇河. 基于时间尺度的感应电机自抗扰控制器的参数整定 [J]. 控制理论与应用, 2008, 25(2): 205-209.

[20] Y. Xia, P. Shi, and G. Liu. Active disturbance rejection control for uncertain multivariable systems with time-delay [J]. IET Control Theory and Applications, 2007, 1(1): 75-81.

[21] S. Li, X. Yang, and D. Yang. Active disturbance rejection control for high pointing accuracy and rotation speed [J]. Automatica, 2009, 45(8): 1854-1860.

[22] D. Wu, and K. Chen. Design and analysis of precision active disturbance rejection control for noncircular turning process [J]. IEEE Transactions on Industrial Electronics, 2009, 56(7): 2746-2753.

[23] Y. Su, B. Duan, and C. Zheng. Disturbance rejection high-precision motion control of a stewart platform [J]. IEEE Trans. on Control Systems Technology, 2004, 12(3): 364-374.

[24] D. Wu, K. Chen, and X. Wang. Tracking control and active disturbance rejection with application to noncircular machining [J]. International Journal of Machine Tools and Manufacture, 2007, 47(15): 2207-2217.

第6章

火箭炮随动系统自适应鲁棒控制策略设计

自适应鲁棒控制（Adaptive Robust Control，ARC）方法[1-3]是针对具有模型不确定性的非线性系统控制问题而提出的一种基于数学模型的先进非线性控制方法。其核心思想是将系统的诸多模型不确定性分为两类，即参数不确定性和不确定性非线性，针对参数不确定性，设计恰当的在线参数估计策略进行参数估计，并通过前馈方法加以补偿，针对可能发生的外干扰等不确定性非线性，通过强增益非线性反馈控制予以抑制，从而获得较强的鲁棒性和较好的控制精度。自适应鲁棒控制保留了直接鲁棒控制和自适应控制的优点，同时克服了双方的缺点。其克服了自适应控制瞬态性能不明确，以及对不确定性非线性的鲁棒性差的缺点，同时克服了直接鲁棒控制稳态跟踪性能差的缺点，因此其具有更优异的控制性能。与此同时，自适应鲁棒控制的底层控制律是直接鲁棒控制类型的鲁棒控制律，自适应回路可以在任何时候关闭，而不影响系统闭环稳定性。

火箭炮随动系统正是一个既包含参数不确定性又包含不确定性非线性的复杂系统，其参数不确定性包括变化的负载质量、随温度及磨损而变化的黏性摩擦系数、电气增益等，其不确定性非线性包括燃气流冲击等不能精确建模的外部干扰及内动态。因此自适应鲁棒控制器正是解决这样一个复杂系统控制问题的有力工具。本章主要介绍根据自适应鲁棒控制的设计思想如何设计火箭炮位置伺服系统自适应鲁棒控制律，并说明自适应鲁棒控制对火箭炮随动系统抗参数摄动、燃气流冲击扰动具有良好的鲁棒性，同时可以获得较高的控制精度和控制性能。

6.1 自适应鲁棒控制理论

6.1.1 问题描述

考虑如下提出的一个不确定性非线性问题：

$$\dot{x} = f(x,t) + u, \quad f = \varphi(x)^{\mathrm{T}}\theta + \Delta(x,t) \tag{6-1}$$

其中，$x \in \mathbf{R}$，$u \in \mathbf{R}$ 分别代表系统的输出和输入，f 是一个未知的非线性函数。在实际情况中，非线性函数 $f(x, t)$ 的确切形式很难去确定，因此，式（6-1）中使用两部分来表示该函数。第一部分采用一组含有未知权重 θ 和已知函数 $\varphi(x)$ 的乘积来近似它，其中，$\varphi(x) \in \mathbf{R}^p$，$\theta \in \mathbf{R}^p$，从物理意义上而言，这一部分通常代表了某一物理定律或者是某些形式已知但是具体数值事先未知的一些确定量的近似。第二部分则代表了近似误差。

在开始设计控制器之前，很有必要对以往的系统信息做一些合理的假设。我们对系统知道得越多，假设的限制也就越大，理论上所能达到的控制性能也越好。然而，如果假设的条件过于严格，它将与实际的物理系统不太符合，这会使得理论研究失去使用的价值。考虑到这些因素，我们提出了如下合理且实用的假设：

A1. 参数不确定性和不确定性非线性的程度已知，并由下式给定：

$$\begin{cases} \boldsymbol{\theta} \in \Omega_\theta \triangleq \{\boldsymbol{\theta}: \ \theta_{\min} < \boldsymbol{\theta} < \theta_{\max}\} \\ \Delta \in \Omega_\Delta \triangleq \{\Delta: \ |\Delta(x,t)| \leqslant \delta(x,t)\} \end{cases} \tag{6-2}$$

式中，$\theta_{\min}$ 和 $\theta_{\max}$ 是向量 $\boldsymbol{\theta}$ 已知的下边界和上边界，并且 $\delta(x, t)$ 是一已知的函数。此处默认所有函数关于时间 t 都有界（例如，对于函数 $\delta(x, t)$，存在函数 $\delta_p(x)$，使得 $\forall t$，$|\delta(x, t)| \leqslant \delta_p(x)$）。此外，当这些函数的自变量除 t 以外皆为有限值时，相应的函数值也均为有限值（例如，$x \in L_\infty \Rightarrow \delta(x, t) \in L_\infty$）。

设 $x_d(t)$ 为期望的输出轨迹，并且该函数自身有界且导数有界。定义 $z = x - x_d(t)$，控制器设计的目的是为 u 设计有界的控制律，使得跟踪误差 $z(t)$ 尽可能地小。

6.1.2 反馈线性化

在介绍具有不确定性的系统的控制方法之前，首先来考虑系统没有任何不确定性的理想情况：假设式（6-1）中的 $\Delta = 0$，且 $\boldsymbol{\theta}$ 是完全已知的，在此假设下，反馈线性化技术[4-6]可以被用来设计系统控制律，它利用非线性反馈控制项来消除过程中的所有非线性效应，使得到的闭环系统表现为线性系统。利用反馈线性化的思想设计如下的控制律：

$$u = -\boldsymbol{\varphi}(x)^{\mathrm{T}} \boldsymbol{\theta} + v \tag{6-3}$$

在此式中，第一项被用来消除式（6-1）中的非线性，而 v 可以设想为是一个新的虚拟控制输入量。通过上述工作，从虚拟输入 v 到输出的闭环系统如下所示：

$$\dot{x} = f(x,t) + u = v \tag{6-4}$$

该系统是线性时不变的。为了实现对时变的期望轨迹 $x_d(t)$ 的准确跟踪（即对于 $\forall t$，$x(t) = x_d(t)$），系统动力学方程式（6-4）决定了控制动作中必须需要有 $v = v_m = \dot{x}_d(t)$。然而，简单地使用这个动作是不够的，因为闭环系统的动力学特性是由方程 $\dot{z} = 0$ 来描述的，这是不稳定的。因此还需要一些稳定反馈 v_s 来解决非零初始跟踪误差的影响。为了简单起见，我们令 $v_s = -kz$，反馈量 z 的比例系数 k 是任意的正数。v 的最终的控制律由下式给定：

$$v = v_m + v_s, \quad v_m = \dot{x}_d(t), \quad v_s = -kz, \quad k > 0 \tag{6-5}$$

由以上定义可以导出如下指数稳定的误差动力学方程：

$$\dot{z} = -kz \Rightarrow z(t) = z(0) \exp(-kt) \tag{6-6}$$

结合控制律形式（6-3）和式（6-5），最终的控制输入 u 的形式如下：

$$u = u_m + u_s, \ u_m = \dot{x}_d(t) - \boldsymbol{\varphi}(x)^{\mathrm{T}} \boldsymbol{\theta}, \ u_s = -kz \tag{6-7}$$

其中，u_m 可以认为是由式（6-1）所描述的系统为了能够完全跟踪时变的轨迹 $x_d(t)$ 所需的精确的模型补偿，u_s 是一个稳定的反馈控制量，它能够保证含有模型补偿量 u_m 的跟踪误差动力学方程是全局稳定的。

6.1.3 自适应控制

现在我们来讨论系统模型只具有参数不确定的情况，即假设 $\Delta(x, t)=0$，在这种情况下，自适应控制（AC）[7,11]可以被应用于控制器的设计当中，其示意图如图6-1所示。

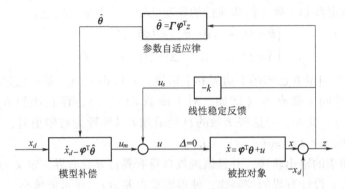

图6-1 自适应控制示意图

自适应控制寻求在线识别未知参数 $\boldsymbol{\theta}$，以便最终可以消除模型不确定性的影响，实现稳态跟踪误差为零。当使用在线估计参数 $\hat{\boldsymbol{\theta}}(t)$ 时，系统控制律的生成是在系统没有任何模型不确定的情况下完成的。基于这种设计理念，如图6-1所示，除了以 $\hat{\boldsymbol{\theta}}$ 代替 $\boldsymbol{\theta}$ 外，控制律的形式与式（6-7）完全相同：

$$u=u_m+u_s, \quad u_m=\dot{x}_d(t)-\boldsymbol{\varphi}(x)^{\mathrm{T}}\hat{\boldsymbol{\theta}}, \quad u_s=-kz \tag{6-8}$$

当 $\Delta(x, t)=0$ 时，上式会有如下的跟踪误差动力学方程：

$$\dot{z}+kz=-\boldsymbol{\varphi}(x)^{\mathrm{T}}\tilde{\boldsymbol{\theta}}(t) \tag{6-9}$$

式中，$\tilde{\boldsymbol{\theta}}(t)=\hat{\boldsymbol{\theta}}(t)-\boldsymbol{\theta}$，表示参数估计的误差向量。如果使用如下的参数自适应律去更新参数估计向量 $\hat{\boldsymbol{\theta}}(t)$，那么式（6-9）右侧的项便可以被消去：

$$\dot{\hat{\boldsymbol{\theta}}}(t)=\boldsymbol{\Gamma}\boldsymbol{\varphi}(x)z, \quad \hat{\boldsymbol{\theta}}(0)\in\Omega_\theta \tag{6-10}$$

式中，$\boldsymbol{\Gamma}$ 是任意对称正定的自适应率矩阵。在此自适应律下，结合 Barbalat 引理[8]，非负函数 $V_a=\frac{1}{2}z^2+\frac{1}{2}\tilde{\boldsymbol{\theta}}^{\mathrm{T}}\boldsymbol{\Gamma}\tilde{\boldsymbol{\theta}}$ 很容易满足如下定理[1]。

定理 6.1：在仅存在参数不确定性（即 $\Delta=0$）的情况下，如果具有式（6-8）所示的自适应控制律和式（6-10）所示的参数自适应律，且系统中的所有信号都是有界的，则跟踪误差渐近收敛到零，即当 $t\to\infty$ 时，$z\to0$。

此外，如果期望的轨迹满足如下的持续激励（PE）条件：

$$\exists T, t_0, \varepsilon_p>0, \quad \int_{t-T}^{t}\boldsymbol{\varphi}(x_d(v))\boldsymbol{\varphi}(x_d(v))^{\mathrm{T}}\mathrm{d}v\geq\varepsilon_pI_p, \quad \forall t\geq t_0 \tag{6-11}$$

那么，参数估计值 $\hat{\boldsymbol{\theta}}$ 将会渐近收敛到它们的真值（即当 $t\to\infty$ 时，$\tilde{\boldsymbol{\theta}}\to0$）。

6.1.4 鲁棒控制

确定性鲁棒控制[13,24]利用精确已知的系统特性（例如，基于反馈测量的开关函数的符号和滑模控制（SMC）[13] 中模型不确定性的已知上界）去生成非线性反馈，克服了各种类型的模型不确定性的影响，不仅达到了鲁棒稳定，而且使得系统具有一定的鲁棒性能。对于式（6-1）中给出的系统，因为设计的目标是使 z 尽可能地小，所以需要着重讨论控制输入如何影响 z：

$$\dot{z} = \dot{x} - \dot{x}_d(t) = \boldsymbol{\varphi}(x)^{\mathrm{T}}\boldsymbol{\theta} + \Delta(x,t) + u - \dot{x}_d(t) \tag{6-12}$$

考虑到理想控制律形式（6-7），当模型不确定性形式（6-2）存在时，对于由式（6-1）描述的系统，很自然会使用如下控制结构：

$$u = u_m + u_s, \ u_m = \dot{x}_d(t) - \boldsymbol{\varphi}(x)^{\mathrm{T}}\hat{\boldsymbol{\theta}}_o, \ u_s = u_{s1} + u_{s2}, \ u_{s1} = -kz \tag{6-13}$$

式中，$\hat{\boldsymbol{\theta}}_o \in \Omega_\theta$ 是 $\boldsymbol{\theta}$ 的离线估计值，u_{s2} 是为了实现鲁棒稳定以及使系统具有一定的鲁棒性的附加反馈项，结合式（6-13），误差动力学方程式（6-12）可以写成：

$$\dot{z} + kz = u_{s2} - [\boldsymbol{\varphi}(x)^{\mathrm{T}}\tilde{\boldsymbol{\theta}}_o - \Delta(x,t)] \tag{6-14}$$

式中，$\tilde{\boldsymbol{\theta}}_o = \hat{\boldsymbol{\theta}}_o - \boldsymbol{\theta}$，式（6-14）的左侧表示稳定的标称闭环动力学特性，右侧括号内的项表示所有的模型不确定性的影响，这些项虽然是未知的，但通过假设 A1 可知，它们以一些已知函数 $h(x,t)$ 为界：

$$|\boldsymbol{\varphi}(x)^{\mathrm{T}}\tilde{\boldsymbol{\theta}}_o - \Delta(x,t)| \leqslant h(x,t) \tag{6-15}$$

例如，令 $h(x,t) = |\boldsymbol{\varphi}(x)|^{\mathrm{T}}|\boldsymbol{\theta}_{\max} - \boldsymbol{\theta}_{\min}| + \delta(x,t)$，其中 $|\cdot|$ 对于一个向量而言是按照其分量形式定义的。有了这些已知的系统特性以后，鲁棒反馈项 u_{s2} 可以选择为如下形式：

$$u_{s2} = -h(x,t)\,\mathrm{sign}(z) \tag{6-16}$$

式中，$\mathrm{sign}(\cdot)$ 表示不连续的符号函数，其定义如下：

$$\mathrm{sign}(\cdot) = \begin{cases} 1, & \cdot > 0 \\ \text{介于} -1 \text{和} 1 \text{之间的待定数值}, & \cdot = 0 \\ -1, & \cdot < 0 \end{cases} \tag{6-17}$$

这种反馈可以控制所有的模型不确定性的影响，因为：

$$\begin{aligned} z\{u_{s2} - [\boldsymbol{\varphi}(x)^{\mathrm{T}}\tilde{\boldsymbol{\theta}}_o - \Delta(x,t)]\} &\leqslant -h(x,t)|z| + |z||\boldsymbol{\varphi}(x)^{\mathrm{T}}\tilde{\boldsymbol{\theta}}_o - \Delta(x,t)| \\ &\leqslant -h(x,t)|z| + |z|h(x,t) \\ &\leqslant 0 \end{aligned} \tag{6-18}$$

这种类型的控制律通常被称为理想的滑模控制律，下面的定理总结了这种反馈控制律的理论控制性能。

定理 6.2：若具备式（6-13）给定的滑模控制律，则式（6-1）给定的系统其所有信号都是有界的，并且输出跟踪误差 z 能够指数渐近收敛到 0。

由式（6-16）给定的理想的滑模控制律将会带来严重的执行器抖振问题，并且在实际情况中可能导致系统不稳定[13]，因为它包含了不连续的函数 $\mathrm{sign}(z)$。为了克服这个问题，可以用一个连续逼近函数 $S(h\mathrm{sign}(z))$ 来代替不连续的控制动作 $h\mathrm{sign}(z)$，该连续函数需要满足以下两个条件：

$$\begin{cases} (\text{i}) & zS(h\mathrm{sign}(z)) \geqslant 0 \\ (\text{ii}) & z[h\mathrm{sign}(z) - S(h\mathrm{sign}(z))] \leqslant \varepsilon(t) \end{cases} \tag{6-19}$$

式中，$\varepsilon(t)$ 为任意有界时变正标量（即 $0 \leqslant \varepsilon(t) \leqslant \varepsilon_M$），该标量可以被认为是逼近函数 $S(h\mathrm{sign}(z))$ 的近似程度的度量。式（6-19）中的第一个条件保证了鲁棒反馈的稳定特性，第二个条件表示逼近精度的要求。对式（6-16）所表示的滑模控制项进行光滑处理以后可变成如下形式：

$$\begin{cases} u = u_m + u_s, & u_m = \dot{x}_d(t) - \boldsymbol{\varphi}(x)^{\mathrm{T}} \hat{\boldsymbol{\theta}}_o \\ u_s = u_{s1} + u_{s2}, & u_{s1} = -kz, \quad u_{s2} = -S(h\mathrm{sign}(z)) \end{cases} \tag{6-20}$$

这种控制律的原理图如图 6-2 所示。

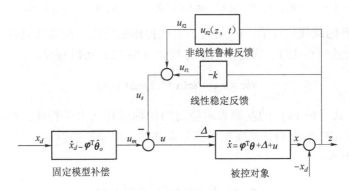

图 6-2　确定性鲁棒控制原理图

下面的定理总结了这种连续鲁棒反馈控制律的理论控制性能。

定理 6.3：具有式（6-20）所示的连续鲁棒控制律，由式（6-1）所给定的系统中的所有信号都是有界的，则可以保证输出跟踪具有规定的瞬态和稳态性能，即跟踪误差 z 以一已知函数为上界，该函数能够指数收敛到指定的精度，即

$$|z(t)|^2 \leqslant |z(0)|^2 \exp(-2kt) + 2\int_0^t \exp(-2k(t-v))\varepsilon(v)\mathrm{d}v$$

$$\leqslant |z(0)|^2 \exp(-2kt) + \frac{\varepsilon_M}{k}[1 - \exp(-2kt)] \tag{6-21}$$

备注 1：下面给出了满足式（6-19）的一些具体逼近函数。

方案 1：就像大多数对滑模控制进行平滑处理的方案[1,11]一样，可以用连续饱和函数 $\mathrm{sat}\left(\dfrac{z}{\phi_z}\right)$ 代替 $\mathrm{sign}(z)$，得到理想不连续控制动作 $h\mathrm{sign}(z)$ 的连续近似。考虑到 $h(x,t)$ 的时变特性以及不连续强度，由 $\phi_z = \dfrac{4\varepsilon}{h}$ 给定的时变边界层厚度可以被使用。在这种近似下

$$S(h\mathrm{sign}(z)) = h(x,t)\mathrm{sat}\left(\frac{h}{4\varepsilon}z\right) \tag{6-22}$$

很显然，式（6-22）满足式（6-19）的条件（i），当 $|z| \geqslant \phi_z$ 时，$h|z| - zh\mathrm{sat}\left(\dfrac{z}{\phi_z}\right) = 0$，当 $|z| \leqslant \phi_z$，有

$$h|z| - zh\mathrm{sat}\left(\frac{h}{4\varepsilon}z\right) = h|z| - \frac{h^2}{4\varepsilon}z^2 = \varepsilon - \left[\frac{1}{2\sqrt{\varepsilon}}h|z| - \sqrt{\varepsilon}\right]^2 \leqslant \varepsilon \tag{6-23}$$

因此，式（6-19）的条件（ii）也是满足的。

方案 2：继而，当该方法从相对阶数为一阶的系统扩展到更高阶的系统时，将会使用到反推设计的过程，它需要每个控制部分的元素的递归。在这种情况下，需要对其进行足够平滑的修正。为了达到此目的，可以利用光滑函数 $\tanh(\cdot)$ 来近似 $\text{sign}(\cdot)$，进一步而言，很容易验证 $\tanh(\cdot)$ 函数具有如下性质：

$$
\begin{cases}
\tanh(0)=0,\tanh(\infty)=1,\tanh(-\infty)=-1 \\
0\leqslant|u|-u\tanh\left(\dfrac{u}{\varepsilon_s}\right)\leqslant k\varepsilon_s, \quad \forall u\in\mathbf{R},\text{且 }\varepsilon_s>0
\end{cases}
\tag{6-24}
$$

其中 $k=0.278\,5$，因此，令 $\varepsilon_s=\dfrac{\varepsilon}{kh}$，并且定义

$$
S(h\text{sign}(z))=h(x,t)\tanh\left(\frac{kh}{\varepsilon}z\right)
\tag{6-25}
$$

从式（6-24）可以直接看出，式（6-25）满足式（6-19）的条件（i）和条件（ii）。

方案 3：为了数学上简便起见，可以使用如下的简单近似平滑：

$$
S(h\text{sign}(z))=\frac{1}{4\varepsilon}h^2z
\tag{6-26}
$$

很显然，其满足式（6-19）的条件（i），通过使用完全平方的形式，式（6-19）的条件（ii）也满足：

$$
z[h\text{sign}(z)-S(h\text{sign}(z))]=h|z|-\frac{1}{4\varepsilon}h^2z^2=\varepsilon-\left[\frac{1}{2\sqrt{\varepsilon}}h|z|-\sqrt{\varepsilon}\right]^2\leqslant\varepsilon
\tag{6-27}
$$

需要注意的是，对于较大的 z，上述方案会有一个相对于 z 有大致 $\dfrac{1}{4\varepsilon}h^2$ 的等效局部增益。但是方案 1 和方案 2 的局部等效增益接近于 0，从这个角度看方案 1 和方案 2 的近似方法在处理执行器饱和方面可能具有更好的性能。

6.1.5　自适应鲁棒控制

前面的分析表明，自适应控制可以渐近地消除参数不确定性的影响（即式（6-9）中，当 $t\to\infty$ 时，$\boldsymbol{\varphi}(x)^{\mathrm{T}}\tilde{\boldsymbol{\theta}}(t)\to0$），通过在线参数自适应，在不使用无限高增益反馈的情况下，可以实现零稳态跟踪误差；如定理 6.1 所示，对式（6-8）中的任意增益 k 可以实现渐近输出跟踪。然而，这种自适应控制律存在两个实际问题。首先，闭环系统的瞬态性能没有得到明确界定，当系统受到小的有界干扰时，可能会出现很大跟踪误差，即误差爆炸现象。其次，设计中未考虑未知非线性 $\Delta(x,t)$ 的影响，如外部扰动。众所周知，积分型自适应定律式（6-10）即使在存在小扰动或测量噪声的情况下，不满足持续激励条件式（6-11）时[10]，也可能存在参数漂移和破坏系统稳定的问题。考虑到每个物理系统总是受到一些不确定的非线性扰动的影响，上述自适应控制器在实际应用中能否安全执行还值得商榷。与自适应控制相比，直接鲁棒控制即使在存在不确定性非线性的情况下，也能通过强非线性鲁棒反馈实现既定的瞬态性能和稳态跟踪精度。这一结果使得直接鲁棒控制设计在实际应用中具有优势。然而，除非所设计的控制律被允许是不连续的，或者控制律中的一些等价增益接近无穷大[1]，否则系统就不能实现渐近跟踪。上述这两种方法都是不实用的，因为它们不可

避免地会激发系统被忽略的高频未建模动态特性，由于直接鲁棒控制和自适应控制的独特好处和实际局限性，传统上而言，它们被认为是两种相互竞争的控制设计方法[5,9]。

在这里，我们需要对这两种方法的基本工作机制进行更深入的研究。直接鲁棒控制的跟踪误差动力学方程式（6-14）可以改写成如下形式：

$$\dot{z}+kz+S(h\,\mathrm{sign}(z))=-\left[\boldsymbol{\varphi}(x)^{\mathrm{T}}\tilde{\boldsymbol{\theta}}_o-\Delta(x,t)\right] \tag{6-28}$$

其中左侧表示名义上的闭环动力学特性，右侧纯粹是由于各种建模不确定性造成的模型补偿误差。式（6-28）可以视为非线性滤波器，跟踪误差 z 为输出，建模补偿误差为输入。因此，直接鲁棒控制设计的本质是构造一个适当的非线性滤波器结构（由式（6-28）中的第三项反映），它将各种建模不确定性的影响衰减至一个可接受的程度（由定理6.3中的 ε_{M} 来度量）。从理论上来讲，通过选择越来越小的 $\varepsilon(t)$ 值，可以任意减小跟踪误差。然而，这将不可避免地增加函数 $S(h\,\mathrm{sign}(z))$ 在 $z=0$ 附近的斜率，因为当 z 从一个小负值变化到一个正值时，它在本质上而言需要从 $-h$ 变为 h。例如，近似方案1的式（6-22）、方案2的式（6-25）、方案3的式（6-26）在 $z=0$ 处分别具有 $\frac{1}{4\varepsilon}h^2$、$\frac{k}{\varepsilon}h^2$、$\frac{1}{4\varepsilon}h^2$ 的等效局部误差。

继而，由此产生的跟踪误差动态特性的带宽增加如下：在 $z=0$ 附近，式（6-28）的左侧接近一阶系统，其传递函数为 $\frac{1}{s+k_{\mathrm{eq}}}$，其中 $k_{\mathrm{eq}}=k+S'(0)$，其中 $S'(0)$ 表示 $S(h\,\mathrm{sign}(z))$ 在 $z=0$ 处的斜率，并且对于近似方法1到方案3，其数量级大致为 $\frac{1}{4\varepsilon}h^2$。因此，极小的 ε 值肯定会导致过大的 k_{eq}，所产生的系统的带宽可能变得非常高，以至于在执行器中被忽略的未知高频动态特性可能导致系统不稳定（类似于理想滑模控制的控制输入抖动问题）。在实际应用中，这就意味着在选择 ε 时总是存在一个下界，因此，直接鲁棒控制的可实现跟踪精度是有限的，因为没有采取任何措施来减少式（6-28）右侧的项。与之相反，式（6-9）所展示的自适应控制没有尝试使用直接的强反馈作用来提高闭环系统衰减建模不确定性的能力。取而代之的是它使用了间接反馈手段，如式（6-10）所示的在线参数自适应的方法，以此来减少建模不确定性的影响（例如，在只存在参数不确定性的理想情况下，通过使用式（6-10）所示的参数自适应律使得当 $t\to\infty$ 时，$\boldsymbol{\varphi}(x)^{\mathrm{T}}\tilde{\boldsymbol{\theta}}(t)\to0$）。上述分析表明，直接鲁棒控制和自适应控制的基本工作机制是相当不同的，但事实上是二者相辅相成的。控制带有不确定性系统的一个更好的方法便是去有效地整合两者基本工作机制，这就是自适应鲁棒控制的由来[1,19,20]。

自适应鲁棒控制相较于直接鲁棒控制，除了使用 $\boldsymbol{\theta}$ 的在线估计值替换其固定估计以外，二者有着相同的结构形式。其形式为：

$$u=u_m+u_s,\quad u_m=\dot{x}_d(t)-\boldsymbol{\varphi}(x)^{\mathrm{T}}\hat{\boldsymbol{\theta}}(t),\quad u_s=u_{s1}+u_{s2},\quad u_{s1}=-kz \tag{6-29}$$

式中，u_m 表示在没有不确定性非线性的情况下，为实现完美跟踪所需的可调模型补偿，而 u_{s2} 是要合成的反馈，这样即使存在各种模型不确定性，系统也可以获得一定程度上既定的鲁棒性能。在这种控制规律下，跟踪误差动力学方程变为：

$$\dot{z}+kz=u_{s2}-\left[\boldsymbol{\varphi}(x)^{\mathrm{T}}\tilde{\boldsymbol{\theta}}(t)-\Delta(x,t)\right] \tag{6-30}$$

因此，与直接鲁棒控制一样，如果可以生成一个鲁棒反馈项 u_{s2}，则应满足以下条件：

$$\begin{cases} (\text{i}) & z u_{s2} \leqslant 0 \\ (\text{ii}) & z \{ u_{s2} - [\boldsymbol{\varphi}(x)^{\mathrm{T}} \tilde{\boldsymbol{\theta}}(t) - \Delta(x,t)] \} \leqslant \varepsilon(t) \end{cases} \tag{6-31}$$

然后，可以得到与定理 6.3 相同的理论结果。此外，如果参数估计值 $\hat{\boldsymbol{\theta}}(t)$ 可以通过类似于式（6-10）所示的自适应律来更新，那么在只存在参数不确定性的情况下，参数不确定性影响可以渐近消除（即当 $\Delta=0$，$t\rightarrow\infty$ 时，$\boldsymbol{\varphi}^{\mathrm{T}}\tilde{\boldsymbol{\theta}}\rightarrow0$），这样就在自适应控制中实现了一种改进的稳态跟踪，即渐近输出跟踪。因此，有必要找到一个自适应律和一个鲁棒反馈项，以同时满足这些要求。

式（6-10）所示的传统自适应律在存在扰动的情况下可能导致参数估计没有边界[10]，因此，它不能直接用于式（6-29）所示的自适应鲁棒控制律，因为在式（6-31）中找不到有界鲁棒控制项 u_{s2} 来衰减无界的模型不确定性。为了解决这一问题，应采用一些协调机制来对传统的参数自适应律进行调整，以便只使用有界在线参数估计去调整式（6-29）中的模型补偿，同时又不影响其名义的估计能力。实现这一设想的两种方法如下。

（一）基于平滑投影的自适应鲁棒控制设计

第一种方法是在鲁棒控制律中只使用参数估计的有界光滑投影[15,19,20]，具体结构组成如图 6-3 所示，令 $\hat{\boldsymbol{\theta}}_{\pi} = \boldsymbol{\pi}(\hat{\boldsymbol{\theta}})$，其中 $\boldsymbol{\pi}$ 是有界光滑投影映射[12,19]的向量，稍后对其进行定义，用 $\hat{\boldsymbol{\theta}}_{\pi}$ 代替式（6-29）中的 $\hat{\boldsymbol{\theta}}$ 可得：

$$u = u_m + u_s, \quad u_m = \dot{x}_d(t) + \boldsymbol{\varphi}(x)^{\mathrm{T}} \hat{\boldsymbol{\theta}}_{\pi}(t), \quad u_s = u_{s1} + u_{s2}, \quad u_{s1} = -kz \tag{6-32}$$

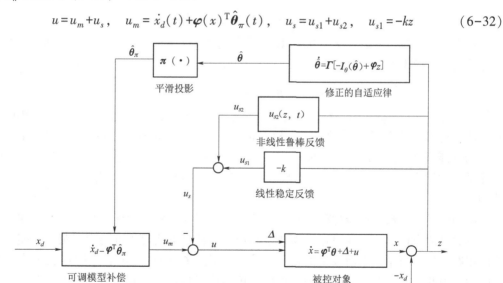

图 6-3　基于平滑投影的自适应鲁棒控制

基于这样的控制律可以导出如下误差动力学方程：

$$\dot{z} + kz = u_{s2} - [\boldsymbol{\varphi}(x)^{\mathrm{T}} \tilde{\boldsymbol{\theta}}_{\pi}(t) - \Delta(x,t)] \tag{6-33}$$

式中，$\tilde{\boldsymbol{\theta}}_{\pi} = \hat{\boldsymbol{\theta}}_{\pi} - \boldsymbol{\theta}$，表示投影参数估计误差。令 $\boldsymbol{\varepsilon}_{\theta} = [\varepsilon_{\theta 1}, \cdots, \varepsilon_{\theta p}]^{\mathrm{T}}$ 为一任意小的正实数向量。如图 6-4 所示，对于每一个参数估计值 $\hat{\theta}_i$，都存在唯一实数值与之对应。足够平滑的

非递减函数 π_i 具有如下特性：

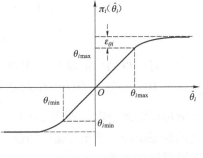

$$\begin{cases} \pi_i(\hat{\theta}_i) = \hat{\theta}_i, & \forall \hat{\theta}_i \in \Omega_{\theta i} = \{v : \theta_{imin} \leqslant v \leqslant \theta_{imax}\} \\ \pi_i(\hat{\theta}_i) \in \Omega_{\hat{\theta} i} = \{v : \theta_{imin} - \varepsilon_{\theta i} \leqslant v \leqslant \theta_{imax} + \varepsilon_{\theta i}\}, & \forall \hat{\theta}_i \in \mathbf{R} \end{cases}$$
$$(6-34)$$

且其足够高阶的导数都有界。

图 6-4 非递减足够平滑的投影图

现在我们定义 $\mathbf{R}^p \to \mathbf{R}^p$ 的平滑投影映射向量 $\boldsymbol{\pi}$，对于参数估计向量 $\hat{\boldsymbol{\theta}} = [\hat{\theta}_1, \cdots, \hat{\theta}_p]^{\mathrm{T}}$ 有：

$$\boldsymbol{\pi}(\hat{\boldsymbol{\theta}}) = [\pi_1(\hat{\theta}_1), \cdots, \pi_p(\hat{\theta}_p)]^{\mathrm{T}} \qquad (6-35)$$

继而有：

$$\begin{cases} \boldsymbol{\pi}(\hat{\boldsymbol{\theta}}) = \hat{\boldsymbol{\theta}}, & \forall \hat{\boldsymbol{\theta}} \in \Omega_{\theta} = \{v : \boldsymbol{\theta}_{min} \leqslant v \leqslant \boldsymbol{\theta}_{max}\} \\ \boldsymbol{\pi}(\hat{\boldsymbol{\theta}}) \in \Omega_{\hat{\theta}} = \{v : \boldsymbol{\theta}_{min} - \boldsymbol{\varepsilon}_{\theta} \leqslant v \leqslant \boldsymbol{\theta}_{max} + \boldsymbol{\varepsilon}_{\theta}\}, & \forall \hat{\boldsymbol{\theta}} \in \mathbf{R}^p \end{cases}$$
$$(6-36)$$

通过使用平滑投影，无论参数估计值 $\hat{\boldsymbol{\theta}}$ 的有界性的类别或要使用的参数自适应律的类型如何，$\hat{\boldsymbol{\theta}}_{\pi}$ 总是保持在已知的有界范围内。因此，可以使用与直接鲁棒控制相同的方式生成有界鲁棒反馈项 u_{s2}，以满足以下鲁棒性要求：

$$\begin{cases} (\text{i}) & zu_{s2} \leqslant 0 \\ (\text{ii}) & z\{u_{s2} - [\boldsymbol{\varphi}(x)^{\mathrm{T}} \tilde{\boldsymbol{\theta}}_{\pi}(t) - \Delta(x,t)]\} \leqslant \varepsilon(t) \end{cases}$$
$$(6-37)$$

具体而言，由于 $\boldsymbol{\pi}(\hat{\boldsymbol{\theta}}) \in \Omega_{\hat{\theta}}$，$\forall \hat{\boldsymbol{\theta}} \in \mathbf{R}^p$，结合假设 A1，所以总是存在一个已知函数 $h(x, t)$，它是总的在线模型补偿误差的边界：

$$|\boldsymbol{\varphi}(x)^{\mathrm{T}} \tilde{\boldsymbol{\theta}}_{\pi}(t) - \Delta(x,t)| \leqslant h(x,t) \qquad (6-38)$$

例如，令 $h(x,t) = |\boldsymbol{\varphi}(x)|^{\mathrm{T}} |\boldsymbol{\theta}_{max} - \boldsymbol{\theta}_{min} + \boldsymbol{\varepsilon}_{\theta}| + \delta(x, t)$，因此，很显然，备注 1 中的任何近似方法都可以用来获得所需的 $u_{s2} = -S(h\,\text{sign}(z))$。这样的控制律的理论性能与直接鲁棒控制的性能（即定理 6.3 所示的）相同。换句话说，无论要使用的参数自适应律如何，闭环系统的所有物理信号都是有界的，并且对于输出跟踪而言获得了既定的瞬态和稳态性能。

我们已经在参数自适应过程中获得了一定的鲁棒性，剩下的任务是重点研究如何选择合适的参数自适应律，从而在只存在参数不确定性的情况下获得改进的稳态跟踪性能——渐近输出跟踪。如下所示，平滑投影的使用不会干扰式（6-10）所示的原始自适应律的名义学习能力。因此，对于渐近输出跟踪，可以简单地选择与式（6-10）相同参数的自适应律。但是，通过对实际参数所在范围的提前了解，可以进行额外的调整，以提高对生成式（6-10）所示的参数自适应律过程中所忽略的因素（例如不确定性非线性 Δ）的鲁棒性。具体而言，令 $\boldsymbol{I}_{\theta}(\hat{\boldsymbol{\theta}}) \in \mathbf{R}^p$，它是满足下列条件的任意函数向量：

$$\begin{cases} (\text{i}) & \boldsymbol{I}_{\theta}(\hat{\boldsymbol{\theta}}) = \mathbf{0}, & \hat{\boldsymbol{\theta}} \in \overline{\Omega}_{\theta} \\ (\text{ii}) & \tilde{\boldsymbol{\theta}}_{\pi}^{\mathrm{T}} \boldsymbol{I}_{\theta}(\hat{\boldsymbol{\theta}}) \geqslant \mathbf{0}, & \text{其他情况} \end{cases}$$
$$(6-39)$$

式中，$\overline{\Omega}_{\theta}$ 为集合 Ω_{θ} 的闭包。继而可以将式（6-10）所示的自适应律改写为如下形式：

$$\dot{\hat{\boldsymbol{\theta}}} = \boldsymbol{\Gamma}\left[-\boldsymbol{I}_\theta(\hat{\boldsymbol{\theta}}) + \boldsymbol{\varphi}(x)z\right] \tag{6-40}$$

本质上，式（6-39）的条件（i）是为了确保当参数估计处于实际参数所在的已知区间时不对其进行修改，以保持原始参数自适应律的学习能力。式（6-39）的条件（ii）说明这样一个事实，被修正的是参数估计误差的非线性阻尼项，通过消除或减少式（6-10）中参数自适应律的纯积分类型的漂移问题来增强参数估计过程的鲁棒性。

对式（6-2）中定义的立方型量 $\boldsymbol{\Omega}_\theta$，令 $l_{\theta i}(\hat{\theta}_i)$ 是任意具有如图 6-5 所示形状的函数，继而，$\boldsymbol{I}_\theta(\hat{\boldsymbol{\theta}}_i) = [l_{\theta 1}(\hat{\theta}_1), \cdots, l_{\theta p}(\hat{\theta}_p)]^{\mathrm{T}}$ 满足式（6-39）。

下面的定理表明，所有这些修改都不会改变原始参数自适应律的名义学习能力。

定理 6.4：根据式（6-29）所示的自适应鲁棒控制律和式（6-40）所示的参数自适应律，以下结果成立：

A：一般情况下，系统中的所有物理信号都是有界的，并能得到定理 6.3 中的所有结果，即保证

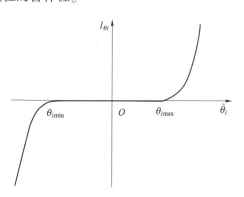

图6-5　非线性阻尼类自适应率修正

输出跟踪具有既定的瞬态和稳态性能，也就是说，跟踪误差是以一个按照已知的指数收敛到球面 $\left\{z(\infty):\ |z(\infty)|<\sqrt{\dfrac{\varepsilon_{\mathrm{M}}}{k}}\right\}$ 的函数为边界的，且其收敛速率不小于 k。

B：如果经过有限时间后，系统只受到参数不确定性的影响（即经过有限时间以后 $\Delta(x,\ t)=0$），那么除了 A 中所述的结果外，定理 6.1 中的所有结果都可以获得，也就是说跟踪误差渐近收敛到零。此外，当式（6-11）所示的 PE 条件满足时，参数估计值能够收敛到它们的真值。

定理 6.4 表明自适应鲁棒控制保留了直接鲁棒控制和自适应控制的理论结果，它自然也就克服了双方的缺点。定理 6.4 的结果 A 克服了自适应控制的主要缺点——未定义的瞬态性能和对不确定性非线性的非鲁棒性。定理 6.4 的结果 B 中的渐近跟踪性能克服了直接鲁棒控制的缺点——稳态跟踪性能差。从这个意义上来说，自适应鲁棒控制是直接鲁棒控制和自适应控制设计的结合。值得注意的是，自适应鲁棒控制的一个很好的特点是其底层控制律是直接鲁棒控制类型的鲁棒控制律。自适应回路可以在任何时候关闭，而不影响闭环稳定性，因为得到的控制律是属于直接鲁棒控制的，定理 6.4 中 A 部分的结果仍然有效。

（二）基于非连续投影的自适应鲁棒控制设计

在上一小节中提出的基于平滑投影的自适应鲁棒控制设计的缺点是，当存在不确定性非线性时，内部参数估计 $\hat{\boldsymbol{\theta}}(t)$ 仍然可能成为无界的。虽然这不会影响实际闭环系统的稳定性，但最好是使参数自适应过程对不确定性非线性具有更强的鲁棒性，这可以通过平滑 σ 调制的一些变形[1]来实现，也可以通过自适应鲁棒控制的不连续投影（RAC）[1,16]的方法来实现。σ 修正法的变形[1,6]存在着参数估计 $\hat{\boldsymbol{\theta}}$ 的界不能预先知道的问题，因此不具有预先指定 ε 的鲁棒控制律可以满足式（6-37），这样也就无法预先指定可实现的瞬态性能。与之相反，不连续投影的方法保证了 $\hat{\boldsymbol{\theta}}(t)$ 在任何时候都停留在已知的有界区域。因此，它不存

在与上一小节中基于平滑投影的自适应鲁棒控制设计相关联的参数无界问题。此外，当自适应率矩阵 $\boldsymbol{\Gamma}$ 被选择为对角矩阵时，它可以很容易地被实现。基于上述这些实际优点，在随后所有自适应鲁棒控制的设计和应用[14,17,18,21,22]中都采用了不连续投影法。经此修改以后，自适应律变为：

$$\dot{\hat{\boldsymbol{\theta}}} = \text{Proj}_{\hat{\theta}}(\boldsymbol{\Gamma}\boldsymbol{\varphi} z) \tag{6-41}$$

其中对角自适应率矩阵 $\boldsymbol{\Gamma}$ 的投影 $\text{Proj}_{\hat{\theta}}(\cdot)$ 是由向量 $\mathbf{Proj}_{\hat{\theta}}(\cdot) = [\text{Proj}_{\hat{\theta}1}(\cdot_1), \cdots, \text{Proj}_{\hat{\theta}p}(\cdot_p)]^T$ 定义的分量，并且有

$$\text{Proj}_{\hat{\theta}i}(\cdot_i) = \begin{cases} 0, & \hat{\theta}_i = \hat{\theta}_{i\max} \quad \text{且} \quad \cdot_i > 0 \\ 0, & \hat{\theta}_i = \hat{\theta}_{i\min} \quad \text{且} \quad \cdot_i < 0 \\ \cdot_i, & \text{否则} \end{cases} \tag{6-42}$$

性质1：式（6-41）所示的投影映射具有如下性质[1]：

$$\begin{cases} \text{P1}: & \hat{\boldsymbol{\theta}}(t) \in \overline{\boldsymbol{\Omega}}_\theta = \{\hat{\boldsymbol{\theta}} : \boldsymbol{\theta}_{\min} \leq \hat{\boldsymbol{\theta}} \leq \boldsymbol{\theta}_{\max}\}, \forall t \\ \text{P2}: & \tilde{\boldsymbol{\theta}}^T[\boldsymbol{\Gamma}^{-1}\text{Proj}_{\hat{\theta}}(\boldsymbol{\Gamma}\boldsymbol{\tau}) - \boldsymbol{\tau}] \leq 0, \forall \boldsymbol{\tau} \end{cases} \tag{6-43}$$

性质 P1 意味着 $\hat{\boldsymbol{\theta}}$ 可以直接用于控制律的生成。因此，当 u_{s2} 用与直接鲁棒控制相同的方式选定时，可以使用式（6-29）给出的直接鲁棒控制律，以满足式（6-31）所指定的鲁棒性。具体而言，令 $u_{s2} = -S(h\text{sign}(z))$，其中 h 是总的非线性模型补偿误差的任意有界函数，即

$$|\boldsymbol{\varphi}(x)^T \tilde{\boldsymbol{\theta}}(t) - \Delta(x,t)| \leq h(x,t) \tag{6-44}$$

例如，令 $h(x,t) = |\boldsymbol{\varphi}(x)|^T |\boldsymbol{\theta}_{\max} - \boldsymbol{\theta}_{\min}| + \delta(x,t)$，其控制律如图 6-6 所示，并可以导出式（6-30）给出的误差动力学方程。

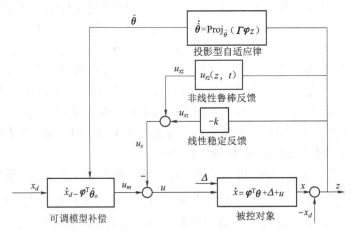

图 6-6　基于非连续投影的自适应鲁棒控制

定理 6.5：根据式（6-29）的自适应鲁棒控制律和式（6-41）基于不连续投影的参数自适应律，以下结果成立：

A. 一般情况下，系统中的所有物理信号都是有界的，并能得到定理 6.3 中的所有结果，

即保证输出跟踪具有既定的瞬态和稳态性能，也就是说，跟踪误差是以一个按照已知的指数

收敛到球面 $\left\{ z(\infty): |z(\infty)| < \sqrt{\dfrac{\varepsilon_M}{k}} \right\}$ 的函数为边界的，且其收敛速率不小于 k。

B. 如果经过有限时间后，系统只受到参数不确定性的影响（即经过有限时间以后 $\Delta(x,t)=0$），那么除了 A 中所述的结果外，定理 6.1 中的所有结果都可以获得，也就是说跟踪误差渐近收敛到零。此外，当式（6-11）所示的 PE 条件满足时，参数估计值能够收敛到它们的真值。

备注 2： 在式（6-42）所示不连续投影的情况下，式（6-41）的参数自适应定律成为一组微分方程，该方程右侧包含了关于 $\dot{\boldsymbol{\theta}}$ 的不连续函数。由 $\dot{x}=f(x,t)$ 描述的微分方程具有其解的局部存在性和唯一性的唯一已知充分条件是函数 $f(x,t)$ 在 x 上局部符合 Lipschitz 条件（即至少在 x 上是连续的），有人可能会担心基于不连续投影的自适应鲁棒控制设计解的存在性和唯一性问题，基于以下的讨论，我们可以发现这种担心是没有必要的。

S1： 尽管上面（一）中描述的连续或平滑投影可能很受纯理论家的青睐，但是所生成的控制器无法实现与提及的基于不连续投影的自适应鲁棒控制设计相同的性能水平，详情如下。

（1）目前，几乎所有先进的非线性控制律都必须由数字计算机近似实现，因为没有合适的硬件在连续的时间域里来真实地实现复杂的非线性控制律。数字计算机的本质在于它能够以直接的方式实现复杂的逻辑决策，相比之下，复杂非线性函数的计算值可能需要很长的计算时间。除了计算时间问题以外，实现一个由一组在等号右侧具有严格非线性的微分方程所描述的控制器可能会有显著的数值逼近误差问题。从这个角度来看，使用数字计算机实现基于不连续投影的控制器在某种意义上比基于连续或平滑投影的控制器更直接更可行。为了凸显这一点，我们仔细看看这两类控制器是如何由数字计算机实际实现的。当式（6-34）和式（6-39）中的连续投影和修正用于式（6-40）中的参数自适应律时，由此导出的控制器将由一组微分方程描述，等号右侧包含了那些连续或平滑的修正项。这些修正项除了存在实时计算所需时间方面的复杂性外，由于平滑的边界层厚度（例如，式（6-36）中的 ε_θ）必须非常小，以便在一般情况下获得更好的既定理论控制性能，当其处于快要超出它们已知范围 Ω_θ 的过渡期时，这些修正项的刚性会很大，因此得到的控制器通常由一组在右侧具有严格非线性的微分方程来描述。众所周知，这类系统很难用数字计算机很好地实现。例如，当使用欧拉离散法（在实际应用中会经常使用，因为需要的在线计算时间要少得多）时，式（6-40）所示的参数自适应律将会按如下形式执行：

$$\hat{\boldsymbol{\theta}}((k+1)T) = \hat{\boldsymbol{\theta}}(kT) + \boldsymbol{\Gamma}\left[-\boldsymbol{I}_\theta(\hat{\boldsymbol{\theta}}) + \boldsymbol{\varphi}(x)z\right]\Big|_{t=kT} T \tag{6-45}$$

其中 T 是采样周期，$\hat{\boldsymbol{\theta}}((k+1)T)$ 和 $\hat{\boldsymbol{\theta}}(kT)$ 分别是在 $(k+1)T$ 和 kT 采样时刻的参数估计值，$\cdot|_{t=kT}$ 表示在 kT 采样时刻 $\cdot$ 的值。如前所述，当参数估计开始超出已知有界范围 Ω_θ 时（即实际上错误的参数自适应），修正项 $\boldsymbol{I}_\theta(\hat{\boldsymbol{\theta}})$ 是刚性的，也就是说 $\dfrac{\partial \boldsymbol{I}_\theta(\hat{\boldsymbol{\theta}})}{\partial \hat{\boldsymbol{\theta}}}$ 是相当大的，因为为了得到更好的理论控制性能，使用了非常小的边界层厚度。由于硬件设施的能力限制，实际中的采样周期 T 不能选择任意小。考虑到这一点，当这些修正项开始作用时，

式（6-40）所示的离散化以后的参数自适应律在执行过程中存在的数值近似误差要大得多。当修正项 $I_\theta(\hat{\boldsymbol{\theta}})$ 开始作用时，很容易导致我们不希望看到的边界上参数估计抖动问题。此外，也无法保证所得到的参数估计值实际上处于对连续时域参数自适应律进行连续或平滑修正所期望达到的预定范围内。另外，上述提出的不连续投影定律的数字实现是通过右侧没有刚性的非线性微分方程的近似组合以及和连续时域中不连续投影的逻辑运算来实现的。因此，它在边界上不存在参数估计的抖动问题，所得到的参数估计精确地保持在预先指定的 $\overline{\Omega}_\theta$ 范围内。具体而言，我们需要明确使用修正的参数自适应律的根本原因是使用修正后的参数自适应律可以保持参数估计结果不超出其已知有界范围 $\overline{\Omega}_\theta$。式（6-41）所示的基于不连续投影的参数自适应律的数字化实现方法如下所示：

$$\hat{\boldsymbol{\theta}}_u((k+1)T) = \hat{\boldsymbol{\theta}}(kT) + \boldsymbol{\Gamma}\boldsymbol{\varphi}z\big|_{t=kT}T$$

$$\hat{\theta}_i((k+1)T) = \begin{cases} \theta_{i\max}, & \hat{\theta}_{iu}((k+1)T) > \theta_{i\max}, i=1,\cdots,p \\ \theta_{i\min}, & \hat{\theta}_{iu}((k+1)T) < \theta_{i\min}, i=1,\cdots,p \\ \hat{\theta}_{iu}((k+1)T), & \text{否则} \end{cases} \qquad (6\text{-}46)$$

其中，$\hat{\boldsymbol{\theta}}_u = [\hat{\theta}_{1u}, \cdots, \hat{\theta}_{pu}]^T$，这一执行过程不仅可以准确保证 $\hat{\theta} \in \overline{\Omega}_\theta$，而且在使用刚性连续或平滑修正项时可以避免在边界上参数估计的抖动问题。此外，由于避免了复杂的连续或平滑修正项的显式计算，可以大大减少所需的在线计算时间。

（2）基于不连续投影的适应律除了有很强的实施鲁棒性之外，与基于连续或平滑投影的反推自适应鲁棒控制设计[1,19,20]或基于广义 σ 修正的反推自适应鲁棒控制设计[3] 相比，基于不连续投影的反推自适应鲁棒控制设计在实现中有更好的适应性。具体地讲，反推自适应鲁棒控制设计[19,20]或自适应鲁棒控制设计是在自适应反推设计的基础上巧妙地结合调节函数而展开的[5]，它需要在每个中间步骤的控制功能设计中包含自适应规律。因此，中间控制函数涉及刚性光滑修正项及其较高阶导数的显式计算，这在实现时将存在与上述基于平滑投影的参数自适应律完全相同的问题。相反，基于不连续投影的自适应鲁棒控制设计[16]，例如本节中详细介绍的设计，认识到了与复杂平滑修正项有关的实现问题，并明确避免在中间控制函数设计中直接取消参数自适应律。因此，所得到的控制律不仅变得更加简单，而且不存在与刚性光滑修正项及其高阶导数有关的数值逼近误差。

（3）所提出的基于间断投影的自适应鲁棒控制设计解的存在性和唯一性也不是一个显著的问题。从以上对各种控制律的数字实现的说明来看，对于所提出的基于不连续投影的控制律，在每个采样时刻计算控制输出 $u(kT)$ 没有困难或歧义。在与数字实现相关的零阶保持（ZOH）电路中，被控物理系统的实际输入始终存在，并由 $u(t) = u(kT)$，$\forall t \in [kT, (k+1)T]$ 唯一确定。物理系统对这种控制输入的响应的存在性和唯一性也不会有任何问题。

综上所述，与基于不连续投影的自适应律相比，基于连续投影或光滑投影的自适应律在实际应用中花费了大量的时间，但除了在连续时间域中推导的数学完备性外，在实际实现中却得不到任何好处。控制工程师不应该把注意力集中在解决方案的存在性和唯一性这一实际意义不大的问题上，而应该直接处理实际执行中的实际问题，并提供切实可行的解决方案。在这方面，参数自适应律修正中的不连续投影是首选。还值得提及的是，基于不连续投影的自适应鲁棒控制设计已经在各种场合中被成功地使用和验证[2,6,14,18,23]。

（三）ARC 控制器参数选择和调优

选择和调整控制器参数以优化其在实践中可实现的性能，这一普遍准则应该是任何设计方法都不可缺少的部分。然而，在开发新的非线性自适应和鲁棒控制器时，它们往往被忽略。本小节试图探索自适应鲁棒控制设计各个部分的主要物理意义，以生成一些有关选择 ARC 控制器各种参数的具体准则。

如定理 6.5 所示，ε 的选择应该尽可能地小，以获得更好的既定稳态跟踪性能。然而，在本节开始时的简单分析表明，它不应太小，因为产生的等效增益应保持在一定范围以内，以避免由于在任何实际系统中存在的被忽略的高频动态特性而引起局部不稳定性，或防止测量噪声的影响。考虑到这两个相互冲突的要求，可以系统地确定如下准则：

T1：首先，我们需要进行一些实验测试，以找出可用于小信号激励和/或跟踪误差的等效局部增益的允许范围。这一过程类似于传统的齐格勒-尼科尔斯 PID 整定规则中使用的鉴别实验测试，其中比例增益逐渐增加，直到持续振荡（即产生的闭环系统在局部变得不稳定）发生。设 k_M 是最大的比例反馈增益，通过这些实验测试可以在实际中安全地使用。有了这些信息，就可以确定 ε，使得在 $z=0$ 处得到的等效增益在这个极限附近，即选择 ε，使得 $k_{eq}=k+S'(0)\approx k_M$，其中 $S'(0)$ 代表 $S(h\,\mathrm{sign}(z))$ 在 $z=0$ 处的斜率，且其数量级大约是 $\dfrac{1}{4\varepsilon}h^2$。例如，令

$$\varepsilon=\frac{1}{4(k_M-k)}h_M^2,\quad h_M=\sup\{h(x,t)\} \tag{6-47}$$

类似于直接鲁棒控制中式（6-28），得到的自适应鲁棒控制关于 z 的误差动力学方程是

$$\dot{z}+kz+S(h\,\mathrm{sign}(z))=-[\boldsymbol{\varphi}(x)^{\mathrm{T}}\tilde{\boldsymbol{\theta}}-\Delta(x,t)] \tag{6-48}$$

在 $z=0$ 且有一个较大的 $k_{eq}=k_M$ 时，z 的误差动态变化非常快，且 z 通常很小。因此，在分析快速闭环系统动力学特性时，假设 $\boldsymbol{\varphi}(x)\sim\boldsymbol{\varphi}_d(t)=\boldsymbol{\varphi}(x_d(t))$ 是缓慢变化的。根据这一思路，式（6-41）所示的参数自适应律当参数估计在已知范围内时，可以认为是 z 的如下积分反馈：

$$\hat{\boldsymbol{\theta}}(t)=\hat{\boldsymbol{\theta}}(0)+\int_0^t \boldsymbol{\Gamma}\boldsymbol{\varphi}(x)z\mathrm{d}\tau\approx\hat{\boldsymbol{\theta}}(0)+\boldsymbol{\Gamma}\boldsymbol{\varphi}_d\int_0^t z\mathrm{d}\tau \tag{6-49}$$

因此，结合式（6-29）、式（6-30）及式（6-49）可以得到关于较小 z 的跟踪误差动力学方程的基本结构：

$$\dot{z}+k_{eq}k_P z+\frac{\boldsymbol{\varphi}_d^{\mathrm{T}}\boldsymbol{\Gamma}\boldsymbol{\varphi}_d}{k_I}\int_0^t z\mathrm{d}\tau=-[\boldsymbol{\varphi}(x)^{\mathrm{T}}\tilde{\boldsymbol{\theta}}(0)-\Delta] \tag{6-50}$$

这是 z 的二阶动力学方程，因为在自适应鲁棒控制实际运用中 $x\approx x_d(t)$，所以式（6-50）的右侧通常是缓慢时变的。很明显，当调节规则（三）生效且有 $k_{eq}\approx k_M$ 时，一个小的 $\boldsymbol{\Gamma}$ 或者 k_I 将导致一个过阻尼的二阶系统，其快极点接近于直接鲁棒控制中的极点（即 $-k_{eq}$ 处的极点），其在原点附近有一个非常慢的极点，使得参数自适应响应太慢而无法实际使用。这种自适应鲁棒控制方法在本质上与直接鲁棒控制方法中对应部分的表现相同。另外，过大的 $\boldsymbol{\Gamma}$ 或者 k_I 会产生一个非常轻微的二阶阻尼系统，将导致过大的振荡瞬态响应。因此，应该

根据 k_{eq} 选择 $\boldsymbol{\Gamma}$。例如，当目标阻尼比为 ζ_d，由 $k_P = k_{eq}$ 可以导出一个无阻尼自然频率 $\omega_d = \dfrac{k_{eq}}{2\zeta_d}$，所以 $\boldsymbol{\Gamma}$ 应该被选择为：

$$\boldsymbol{\varphi}_d^{\mathrm{T}}\boldsymbol{\Gamma}\boldsymbol{\varphi}_d = k_I \approx \omega_d^2 = \frac{k_{eq}^2}{4\zeta_d^2} \tag{6-51}$$

考虑到各参数的不确定性程度不同，以下加权对角矩阵的结构应为 $\boldsymbol{\Gamma}$ 的一种恰当选择：

$$\boldsymbol{\Gamma} = \gamma \boldsymbol{W}_\theta^2, \quad \boldsymbol{W}_\theta^2 = \mathrm{diag}\{\boldsymbol{\theta}_{\max} - \boldsymbol{\theta}_{\min}\} \tag{6-52}$$

由式（6-51）和式（6-52）可以推导出自适应率矩阵的下列系统性调整规则。

T2：由 T1 中的 $k_{eq} \approx k_{\mathrm{M}}$，且目标阻尼比为 $\zeta_d \approx 0.707$ 到 1.414，可以使得式（6-51）成立的一个较为保守的 γ 可以选择如下：

$$\gamma = \frac{k_{\mathrm{M}}^2}{4\zeta_d s_{\overline{\varphi}}}, \quad s_{\overline{\varphi}} = \sup\{\boldsymbol{\varphi}_d^{\mathrm{T}}\boldsymbol{W}_\theta^2\boldsymbol{\varphi}_d\} \tag{6-53}$$

然后从式（6-52）中确定适当的 $\boldsymbol{\Gamma}$。

（四）期望补偿自适应鲁棒控制

在之前的直接自适应鲁棒控制（Direct Adaptive Robust Control, DARC）设计中，模型补偿式（6-29）中的 u_m 和参数自适应律式（6-41）中的回归项 $\boldsymbol{\varphi}(x)$ 都取决于状态量 x。这种自适应结构可能存在若干潜在的执行问题。首先，在线回归项 $\boldsymbol{\varphi}(x)$ 的计算通常是基于受到测量噪声污染的 x 的反馈信号开展的。测量噪声很严重时，可能必须使用缓慢的自适应率，这又会降低参数自适应的有效性，特别是当跟踪误差降低到与测量噪声相同的数量级时。因此，式（6-41）的右侧可能包含二次测量噪声项，这就导致了式（6-41）所示的积分型自适应律会产生参数估计的漂移问题。其次，尽管模型补偿引入了 u_m，但由于 $\boldsymbol{\varphi}(x)$ 的存在，它还是取决于状态的实际反馈。理论上而言，在式（6-31）所示的鲁棒控制律设计中考虑了这种隐式反馈回路的影响，而实际上，模型补偿 u_m 与鲁棒控制 u_s 之间存在一定的相互干扰。这可能会使现实中的控制器增益调优过程复杂化。为了绕过这些潜在的问题，引入了期望补偿 ARC（Desired Compensation ARC, DCARC）[17]。

为了简单起见，将所需的回归项表示为 $\boldsymbol{\varphi}_d(t) = \boldsymbol{\varphi}(x_d(t))$，令回归误差为 $\widetilde{\boldsymbol{\varphi}} = \boldsymbol{\varphi}(x) - \boldsymbol{\varphi}_d$，注意到式（6-2）中 $\boldsymbol{\theta}$ 有界的假设，存在一个已知的函数 $\delta_\phi(x, t)$ 使得

$$|\widetilde{\boldsymbol{\varphi}}^{\mathrm{T}}\boldsymbol{\theta}| = |\boldsymbol{\varphi}(x)^{\mathrm{T}}\boldsymbol{\theta} - \boldsymbol{\varphi}(x_d)^{\mathrm{T}}\boldsymbol{\theta}| \leqslant \delta_\phi(x,t)|z| \tag{6-54}$$

DCARC 律和自适应律具有与 DARC 相同的形式，但用期望的回归项 $\boldsymbol{\varphi}_d(t)$ 取代了 $\boldsymbol{\varphi}(x)$，并包含了一个用于保证名义闭环稳定的增强型鲁棒控制项 u_s。

$$\begin{cases} u = u_m + u_s, \quad u_m = \dot{x}_d(t) - \boldsymbol{\varphi}_d^{\mathrm{T}}(t)\hat{\boldsymbol{\theta}}, \quad u_s = u_{s1} + u_{s2}, \quad u_{s1} = -k_{s1}z \\ \dot{\hat{\boldsymbol{\theta}}} = \mathrm{Proj}_{\hat{\theta}}(\boldsymbol{\Gamma}\boldsymbol{\tau}), \quad \boldsymbol{\tau} = \boldsymbol{\varphi}_d(t)z \end{cases} \tag{6-55}$$

式中，k_{s1} 是满足如下条件的任意非线性增益：

$$k_{s1} \geqslant k + \delta_\phi(x,t) \tag{6-56}$$

u_{s2} 需要满足类似于式（6-31）所示的鲁棒性条件，其中 $\boldsymbol{\varphi}(x)$ 被 $\boldsymbol{\varphi}_d(t)$ 所取代，即

$$\begin{cases} (\mathrm{i}) \quad zu_{s2} \leqslant 0 \\ (\mathrm{ii}) \quad z\{u_{s2} - [\boldsymbol{\varphi}(x_d)^{\mathrm{T}}\widetilde{\boldsymbol{\theta}}(t) - \Delta(x,t)]\} \leqslant \varepsilon(t) \end{cases} \tag{6-57}$$

例如，令 $u_{s2} = -S(h\,\text{sign}(z))$，其中 h 是任意的有界函数，且满足 $h \geq |\boldsymbol{\varphi}(x_d)|^{\text{T}}|\boldsymbol{\theta}_{\max} - \boldsymbol{\theta}_{\min}| + \delta(x,t)$。

定理 6.6：利用式（6-55）所示的 DCARC 律，可以得到与定理 6.5 所述的相同理论结果。

虽然上述 DCARC 律取得了与先前提出的 DARC 律相同的理论性能，但因为式（6-55）中的自适应函数相对于反馈信号而言是线性的，积分型自适应定律将导致参数估计 $\hat{\boldsymbol{\theta}}$ 和 u_m 对测量噪声不敏感。

6.2　基于状态方程的火箭炮随动系统数学模型

6.2.1　火箭炮随动系统非线性数学模型

火箭炮随动系统由方位框架和俯仰框架两部分组成，两者数学模型基本一致，因此以方位伺服系统为对象进行控制器设计及仿真研究。为了进一步提高系统的跟踪性能，系统建模时必须考虑黏性摩擦、框架间耦合干扰力矩等诸多非线性因素的影响。此外，由于电气响应的速度远远高于机械响应，建模时可忽略电流的动态特性，而只考虑机械动态特性。综合以上考虑，工作在转矩模式下的方位伺服系统数学模型如式（6-58）所示，工作在速度模式下的伺服系统可以转换为等效的形式，具体说明参见附录，这里不再赘述。

$$J\ddot{y} = k_u u - B\dot{y} - d_n - c_1\omega - c_2\dot{\omega} - f(t) \tag{6-58}$$

式中，J 为系统负载折算到电机端的转动惯量；y 为方位轴位置输出；k_u 为电压力矩系数；u 为控制量；$k_u u$ 为电机产生的转矩；B 为系统折算到电机端的黏性阻尼系数；ω 和 $\dot{\omega}$ 分别为俯仰框架的角速度和角加速度；c_1、c_2 为对应于 ω 和 $\dot{\omega}$ 的框架间耦合的干扰系数；d_n 为常值干扰；$f(t)$ 为其他未补偿干扰及建模误差。

为了便于控制器的设计，在不降低系统控制性能的前提下，不妨做如下假设。

A：

（1）系统各参数 J、k_u、B、d_n、c_1、c_2 为随时间变化缓慢或不变的未知量，即

$$\dot{J} = \dot{k}_u = \dot{B} = \dot{d}_n = \dot{c}_1 = \dot{c}_2 = 0 \tag{6-59}$$

（2）$f(t)$ 为随时间变化的未知量，即 $\dot{f}(t) \neq 0$，且上界已知。

（3）系统各参数 J、k_u、B、d_n、c_1、c_2 的上下界已知。

6.2.2　系统状态空间模型

通常，由于 J、k_u、B、d_n、c_1、c_2 难以获知其精确值，且系统运行中不可避免地会出现变化，为了便于使用参数自适应律来减小参数不确定性，以改善系统的性能，有必要对状态空间方程进行参数线性化操作。为此，我们定义参数向量 $\boldsymbol{\theta} = [\theta_1,\ \theta_2,\ \theta_3,\ \theta_4,\ \theta_5]^{\text{T}}$，其中，$\theta_1 = J/k_u$，$\theta_2 = B/k_u$，$\theta_3 = d_n/k_u$，$\theta_4 = c_1/k_u$，$\theta_5 = c_2/k_u$。则模型转换为：

$$\theta_1\ddot{y} = u - \theta_2\dot{y} - \theta_3 - \theta_4\omega - \theta_5\dot{\omega} - \tilde{d} \tag{6-60}$$

式中，$\tilde{d}(t) = f(t)/k_u$ 可以表征系统的未补偿干扰及建模误差。令 $\boldsymbol{x} = [x_1,\ x_2]^{\text{T}} = [y,\ \dot{y}]^{\text{T}}$ 为系统状态，则参数线性化后的系统状态空间模型为：

$$\begin{cases} \dot{x}_1 = x_2 \\ \theta_1\,\dot{x}_2 = u - \theta_2 x_2 - \theta_3 - \theta_4 \omega - \theta_5 \dot{\omega} - \tilde{d} \\ y = x_1 \end{cases} \tag{6-61}$$

则由假设 A，我们可以得到：

$$\begin{cases} \boldsymbol{\theta} \in \boldsymbol{\Omega}_\theta \triangleq \{\boldsymbol{\theta} : \boldsymbol{\theta}_{\min} < \boldsymbol{\theta} < \boldsymbol{\theta}_{\max}\} \\ |\,\tilde{d}\,| \leq \delta_d \end{cases} \tag{6-62}$$

其中，$\boldsymbol{\theta}_{\min} = [\,\theta_{1\min}, \ \theta_{2\min}, \ \theta_{3\min}, \ \theta_{4\min}, \ \theta_{5\min}\,]^{\mathrm{T}}$，$\boldsymbol{\theta}_{\max} = [\,\theta_{1\max}, \ \theta_{2\max}, \ \theta_{3\max}, \ \theta_{4\max},$ $\theta_{5\max}\,]^{\mathrm{T}}$ 分别为位置参数的已知上下界，且 δ_d 已知。

6.3 火箭炮随动系统自适应鲁棒控制

自适应鲁棒控制理论体系以建立被控对象的非线性数学模型为基础，同时将所建立的被控对象模型的不确定性分为参数不确定性和不确定性非线性两类。针对参数不确定性以及常值干扰设计自适应参数估计器以估计系统中不确定的参数和常值干扰，并利用模型前馈技术加以补偿。为避免参数在自适应过程中发散，采用了不连续映射的方法以保证参数估计有界。针对不确定性非线性包括系统时变外干扰等设计强增益非线性鲁棒反馈项以抵消这部分不确定性所造成的影响。

图 6-7 所示为自适应鲁棒控制器原理框图。

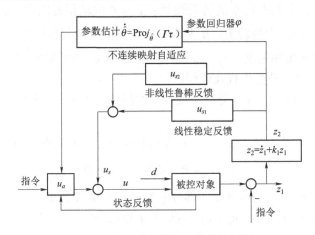

图 6-7　自适应鲁棒控制器原理框图

由于轻质受控发射系统弹炮质量比大，在运行过程中不可避免地存在转动惯量的大范围波动，同时强大的燃气射流冲击力矩、其他参数的大范围摄动以及方位框架和俯仰框架之间不可避免的耦合干扰作用，很大程度上增加了轻质受控发射系统位置伺服系统控制器的设计难度，传统的 PID 控制越来越难以满足系统指标的要求。本书针对上述因素，开展轻质变结构发射系统响应控制方法研究。

6.3.1　自适应律的不连续映射

对于自适应控制，一个广为人知的现象是当系统存在较大外干扰时，系统不确定性参数的自适应过程有发散的危险，因此，各种受控的自适应过程被广泛研究，其中不连续映射是非常简单且有效的手段之一。定义向量 $\hat{\boldsymbol{\theta}}$ 表示位置参数 $\boldsymbol{\theta}$ 的自适应估计，$\tilde{\boldsymbol{\theta}}$ 表示估计误差，即 $\tilde{\boldsymbol{\theta}} = \hat{\boldsymbol{\theta}} - \boldsymbol{\theta}$，由式（6-42），一个简单的不连续映射可以定义如下：

$$\mathrm{Proj}_{\hat{\theta}}(\ \cdot\ ) = \begin{cases} 0, & \hat{\theta}_i = \theta_{i\max}\text{且}\cdot_i > 0 \\ 0, & \hat{\theta}_i = \theta_{i\min}\text{且}\cdot_i < 0 \\ \cdot_i, & \text{否则} \end{cases} \tag{6-63}$$

式中，$i=1$，2，3，4，5。设计如下自适应律：

$$\dot{\hat{\boldsymbol{\theta}}} = \mathrm{Proj}_{\hat{\theta}}(\boldsymbol{\Gamma\tau}), \quad \hat{\boldsymbol{\theta}}(0) \in \Omega_{\theta} \tag{6-64}$$

式中，$\boldsymbol{\Gamma}$ 为正定对角矩阵；$\boldsymbol{\tau}$ 为参数自适应函数，将在之后的控制器设计中给出。

由上式可知，不连续映射使得参数自适应是一个受控的过程，其意义在于使得估计的参数不超过预先给定的参数范围。对于任意的参数自适应函数 $\boldsymbol{\tau}$，可以保证下式成立：

$$\textbf{P1：}\ \hat{\boldsymbol{\theta}} \in \overline{\Omega}_{\theta} \triangleq \{ \hat{\boldsymbol{\theta}} : \boldsymbol{\theta}_{\min} \leqslant \hat{\boldsymbol{\theta}} \leqslant \boldsymbol{\theta}_{\max} \},$$

$$\textbf{P2：}\ \tilde{\boldsymbol{\theta}}^{\mathrm{T}}(\boldsymbol{\Gamma}^{-1}\mathrm{Proj}_{\hat{\theta}}(\boldsymbol{\Gamma\tau}) - \boldsymbol{\tau}) \leqslant 0, \forall \boldsymbol{\tau} \tag{6-65}$$

6.3.2　控制器设计

定义如下变量：

$$z_2 = \dot{z}_1 + k_1 z_1 = x_2 - x_{2\mathrm{eq}}$$
$$x_{2\mathrm{eq}} \triangleq \dot{x}_{1d} - k_1 z_1 \tag{6-66}$$

式中，$z_1 = x_1 - x_{1d}$ 为系统跟踪误差，这里 x_{1d} 是方位轴期望跟踪的位置指令信号，k_1 是任意的正反馈增益。由上式可知，如果 z_2 很小或者指数趋近于零，由于 $G(s) = \dfrac{z_1(s)}{z_2(s)} = \dfrac{1}{s+k_1}$ 是稳定的，那么输出跟踪误差 z_1 也将很小或者指数趋近于零。因此，在接下来的控制器设计中，目标是使 z_2 尽可能地小。可得：

$$\theta_1 \dot{z}_2 = \theta_1 \dot{x}_2 - \theta_1 \dot{x}_{2\mathrm{eq}}$$
$$= u - \theta_1 \dot{x}_{2\mathrm{eq}} - \theta_2 x_2 - \theta_3 - \theta_4 \omega - \theta_5 \dot{\omega} - \tilde{d} \tag{6-67}$$

式中，$\dot{x}_{2\mathrm{eq}} = \ddot{x}_{1d} - k_1 \dot{z}_1$ 是可计算的。

根据自适应鲁棒控制理论，可设计控制量如下：

$$u = \hat{\theta}_1 \dot{x}_{2\mathrm{eq}} + \hat{\theta}_2 x_2 + \hat{\theta}_3 + \hat{\theta}_4 \omega + \hat{\theta}_5 \dot{\omega} + u_s - k_2 z_2 \tag{6-68}$$

式中，u_s 表示鲁棒控制器参数，将在之后的控制器设计中给出，k_2 是任意正的待设计参数。可得：

$$\theta_1 \dot{z}_2 = -k_2 z_2 + u_s - \tilde{\boldsymbol{\theta}}^{\mathrm{T}} \boldsymbol{\varphi} - \tilde{d} \tag{6-69}$$

式中，$\boldsymbol{\varphi} = [-\dot{x}_{2\mathrm{eq}}, -x_2, -1, -\omega, -\dot{\omega}]^{\mathrm{T}}$ 为自适应参数回归器的描述形式。可知，若想获得优良的跟踪性能，应将 u_s 设计成满足以下条件的鲁棒控制器：

$$\begin{cases} (\text{i}) & z_2[u_s - \tilde{\boldsymbol{\theta}}^{\mathrm{T}} \boldsymbol{\varphi} - \tilde{d}] \leqslant \varepsilon \\ (\text{ii}) & z_2 u_s \leqslant 0 \end{cases} \tag{6-70}$$

式中，ε 为可任意小的正常数。

通过分析条件（i）可知，通过 u_s 的设计可以克服由不确定参数 $\tilde{\boldsymbol{\theta}}$ 和位置非线性 $\tilde{d}$ 引起的模型不确定性，条件（ii）可确保 u_s 不影响后续自适应律的设计。

对满足上式的鲁棒控制律 u_s，可设计为：

$$u_s = -\frac{h^2}{4\varepsilon} z_2 \tag{6-71}$$

式中，$h \geqslant \|\boldsymbol{\theta}_{\mathrm{M}}\| \|\boldsymbol{\varphi}\| + \delta_d$，$\boldsymbol{\theta}_{\mathrm{M}} = \boldsymbol{\theta}_{\max} - \boldsymbol{\theta}_{\min}$ 为参数向量 $\boldsymbol{\theta}$ 的上下界之差。为了证明所设计的控制器的稳定性，定义如下 Lyapunov 函数：

$$V_1 = \frac{1}{2} \theta_1 z_2^2 \tag{6-72}$$

可得：

$$\begin{aligned} \dot{V}_1 &= \theta_1 z_2 \dot{z}_2 \\ &= -k_2 z_2^2 + z_2[u_s - \tilde{\boldsymbol{\theta}}^{\mathrm{T}} \boldsymbol{\varphi} - \tilde{d}] \end{aligned} \tag{6-73}$$

可知：

$$\dot{V}_1 \leqslant -k_2 z_2^2 + \varepsilon = -k_2\left(\frac{2V_1}{\theta_1}\right) + \varepsilon \leqslant -\lambda V_1 + \varepsilon \tag{6-74}$$

式中，$\lambda = 2k_2/\theta_{1\min}$。可得：

$$V_1(t) \leqslant V_1(0) \exp(-\lambda t) + \frac{\varepsilon}{\lambda}[1 - \exp(-\lambda t)] \tag{6-75}$$

易知，随着时间 t 的增大，逐渐收敛于某一常值 ε/λ，且收敛的速度可由 λ 决定。即当 $t \to \infty$ 时，可使得 $V_1 = \varepsilon/\lambda$，又由 V_1 的定义可知 z_2 的稳态值满足：

$$|z_2| = \sqrt{\frac{2\varepsilon}{\lambda \theta_1}} \leqslant \sqrt{\frac{2\varepsilon}{\lambda \theta_{1\min}}} \tag{6-76}$$

可知，z_1 的稳态值满足：

$$|z_1| \leqslant \frac{1}{k_1} \sqrt{\frac{2\varepsilon}{\lambda \theta_{1\min}}} \tag{6-77}$$

由上可知，z_1 和 z_2 是有界的，系统位置和速度输出均有界，信号 $x_{2\mathrm{eq}}$ 也有界；由不连续映射性质 P1 可知参数估计有界，从而控制器 u 信号也有界。至此，可以得出结论，即闭环控制器中所有信号均是有界的。

对于各参数估计值 $\hat{\theta}_1$、$\hat{\theta}_2$、$\hat{\theta}_3$、$\hat{\theta}_4$、$\hat{\theta}_5$，可设计如下自适应律：

$$\boldsymbol{\tau} = \boldsymbol{\varphi} z_2 \tag{6-78}$$

若在某一时刻 t_0 之后，系统只存在参数不确定性，即 $\tilde{d} = 0$。定义 Lyapunov 函数为：

$$V_2 = \frac{1}{2} \theta_1 z_2^2 + \frac{1}{2} \tilde{\boldsymbol{\theta}}^{\mathrm{T}} \boldsymbol{\Gamma}^{-1} \tilde{\boldsymbol{\theta}} \tag{6-79}$$

可得：

$$\dot{V}_2 = z_2 \left[-k_2 z_2 + u_s - \tilde{\boldsymbol{\theta}}^{\mathrm{T}} \boldsymbol{\varphi} \right] + \tilde{\boldsymbol{\theta}}^{\mathrm{T}} \boldsymbol{\Gamma}^{-1} \dot{\hat{\boldsymbol{\theta}}}$$

$$= -k_2 z_2^2 + u_s z_2 + \tilde{\boldsymbol{\theta}}^{\mathrm{T}} \left[\boldsymbol{\Gamma}^{-1} \mathrm{Proj}_{\hat{\boldsymbol{\theta}}}(\boldsymbol{\Gamma}\boldsymbol{\tau}) - \boldsymbol{\tau} \right] \tag{6-80}$$

故可得：

$$\dot{V}_2 \leqslant -k_2 z_2^2 \triangleq -W \tag{6-81}$$

式中，W 恒为非负，且 $W \in L_2$，$\dot{W}$ 有界，因此 W 是一致连续的，由 Barbalat 引理可知，随着 $t \to \infty$，$W \to 0$，从而使得 $z_2 \to 0$，$z_1 \to 0$，也即 $x_1 \to x_{1d}$，所设计的自适应控制律可使系统获得渐近稳定性，最终可实现位置的精确跟踪。

6.3.3　输出微分观测器

系统数学模型表达式（6-58）右侧的变量 ω 和 $\dot{\omega}$ 分别代表俯仰轴的角速度和角加速度。理想情况下，ω 和 $\dot{\omega}$ 可以通过对俯仰输出角度 α_1 进行微分运算得到。然而由于微分运算对噪声极为敏感，容易造成噪声被放大，激发系统的未建模特性，从而严重影响控制器精度。所以不宜直接对输出位置信号进行微分操作。本处采用输出微分观测器来估计俯仰轴的角速度和角加速度值。

微分观测器如下式所示：

$$\begin{cases} \dot{\hat{\alpha}}_1 = \hat{\alpha}_2 + a_1(\alpha_1 - \hat{\alpha}_1) \\ \dot{\hat{\alpha}}_2 = \hat{\alpha}_3 + a_2(\alpha_1 - \hat{\alpha}_1) \\ \dot{\hat{\alpha}}_3 = a_3(\alpha_1 - \hat{\alpha}_1) \end{cases} \tag{6-82}$$

把俯仰位置信号 α_1 作为输入，$\hat{\alpha}_1$ 作为输出，则微分观测器的传递函数可写为：

$$\frac{\hat{\alpha}_1(s)}{\alpha_1(s)} = \frac{a_1 s^2 + a_2 s + a_3}{s^3 + a_1 s^2 + a_2 s + a_3} \tag{6-83}$$

可通过极点配置法调整其带宽，从而使得 $\hat{\alpha}_1$ 按照要求快速精确跟踪 α_1，同时，$\hat{\alpha}_2$ 和 $\hat{\alpha}_3$ 也将分别按要求快速精确跟踪 ω 和 $\dot{\omega}$。

6.3.4　仿真结果与分析

结合系统模型，各参数（折算到电机端）取值如下：$k_u = 53.6\ \mathrm{N \cdot m/V}$，$J = 0.013\ 8\ \mathrm{kg \cdot m^2}$，$B = 0.2\ (\mathrm{N \cdot m})/(\mathrm{rad \cdot s^{-1}})$，$d_n = 0.3\ \mathrm{N \cdot m}$，$c_1 = 0.14\ (\mathrm{N \cdot m})/(\mathrm{rad \cdot s^{-1}})$，$c_2 = 0.13\ (\mathrm{N \cdot m})/(\mathrm{rad \cdot s^{-2}})$，$\delta_d = 0.3\ \mathrm{N \cdot m}$。

参数存在一定范围的摄动，取向量 $\boldsymbol{\theta}$ 的范围为：

$$\boldsymbol{\theta}_{\min} = [1.43 \times 10^{-4},\ 0.001\ 4,\ 0.001\ 4,\ -0.003\ 6,\ -0.003\ 6]^{\mathrm{T}},$$

$$\boldsymbol{\theta}_{\max} = [6.67 \times 10^{-3},\ 0.016\ 7,\ 0.016\ 7,\ 0.008\ 3,\ 0.008\ 3]^{\mathrm{T}}$$

各控制律参数选择如下：

（1）PID：$k_P = 500$，$k_I = 1\ 400$，$k_D = 3$。

（2）常规 ARC，即控制器（6-29）：$k_1 = 10$，$k_2 = 2$，$\varepsilon = 0.3$，$\boldsymbol{\Gamma} = \mathrm{diag}\{0.1,\ 0.05,\ 0.1,\ 0.1,\ 0.01\}$。其 ω 和 $\dot{\omega}$ 直接由位置信号微分运算得到。

（3）含微分观测器 ARC：$k_1 = 10$，$k_2 = 2$，$\varepsilon = 0.3$，$\boldsymbol{\Gamma} = \mathrm{diag}\{0.1,\ 0.05,\ 0.1,\ 0.01,$ $0.01\}$，微分观测器参数 $a_1 = 200$，$a_2 = 20\,000$，$a_3 = 800\,000$。

系统方位框架指令信号取 $x_{1d} = \sin(2\pi t)$ rad，噪声选取幅值为 2×10^{-4} rad 的随机噪声，在 Simulink 中建模仿真，可得仿真结果如图 6-8~图 6-11 所示。

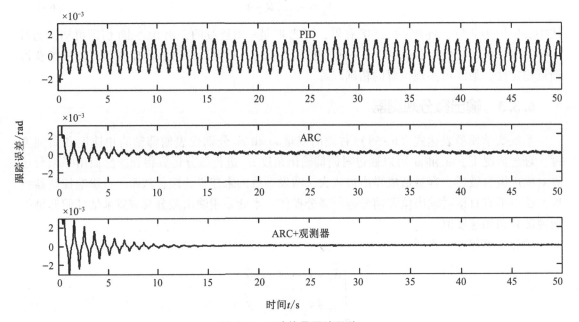

图 6-8　正弦信号跟踪误差

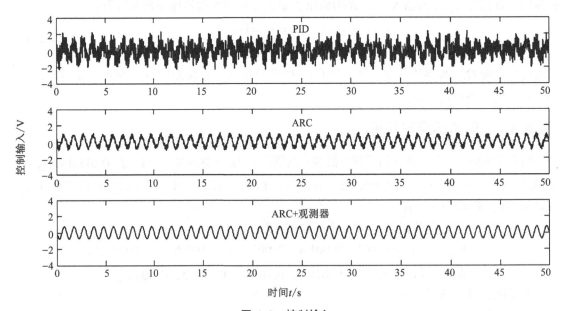

图 6-9　控制输入

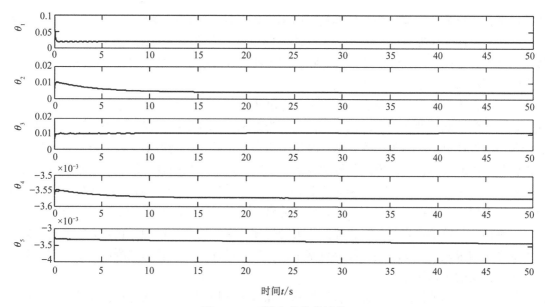

图 6-10　系统各参数估计值

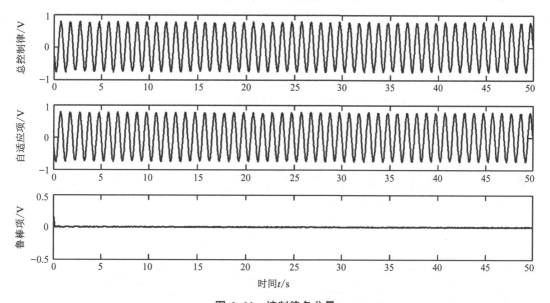

图 6-11　控制律各分量

6.4　基于线性扩张状态观测器的自适应鲁棒控制器设计

火箭炮随动系统运行时存在参数不确定性和外部扰动，前面设计了自适应鲁棒控制器来解决参数摄动和干扰扰动的问题，针对参数不确定性，通过设计恰当的在线参数估计策略，以提高系统的跟踪性能；对可能发生的外干扰等不确定性非线性，通过强增益非线性反馈控制予以抑制。由于强增益非线性反馈控制往往导致较强的保守性（即高增益反馈），在工程使用中有一定困难，因此在实际操作时往往以线性反馈取代非线性反馈，此时所设计的自适应鲁棒控制器实质是一个基于模型的自适应控制器。尽管经过替代后系统的全局稳定性不再能被保证，但至少在跟踪指令的局部范围内仍可以保证系统的跟踪性能[25,26]。然而，当外干扰等不确定性非线性逐渐增大时，所设计的自适应鲁棒控制器的保守性就逐级暴露出来，甚至出现不稳定现象。较强的外干扰意味着较差的跟踪性能，这是非线性自适应鲁棒控制器在实际使用时暴露出来的保守性问题。

第 5 章介绍了自抗扰控制器，自抗扰控制的核心思想是通过将系统的各类模型不确定性，包括参数不确定性和不确定性非线性统一为系统匹配的集中干扰，并将其扩张为系统的冗余状态，设计扩张状态观测器，估计系统的集中干扰并在控制器中予以补偿。其中基于线性扩张状态器的自抗扰控制方法很好地解决了未知非线性干扰的补偿问题，对系统各类建模不确定性（参数不确定性和/或不确定性非线性、内干扰和/或外干扰）均具有良好的补偿效果，大大增强了被控对象对各类干扰的鲁棒性[27,28]。尤其难能可贵的是该策略具备良好的可实现性，参数整定容易。尽管如此，火箭炮随动系统的参数可能存在较大的变化，此不但增加系统的未建模干扰，还可能导致基于固定参数设计的扩张状态观测器过于保守，甚至引起不能接受的跟踪误差。

综上所述，本节拟结合自适应鲁棒控制器和自抗扰控制器各自的优点，设计基于线性扩张状态观测器的自适应鲁棒控制器对火箭炮随动系统进行控制，以提高系统的综合控制性能。具体的控制策略如图 6-12 所示，设计恰当的在线参数估计策略估计参数，利用扩张状态观测器估计外部扰动，利用前馈补偿方法对系统的参数不确定性和外干扰进行补偿，设计非线性鲁棒项克服补偿误差，通过这样的方式降低非线性鲁棒项的增益，提高系统的鲁棒性和稳定性[29,30]。

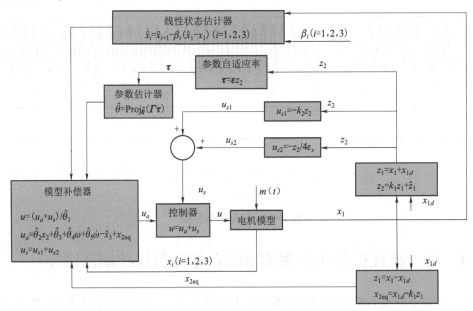

图 6-12 基于线性状态观测器的自适应鲁棒控制策略图

（期望状态下的位置：x_{1d}；实际状态下的位置：x_1；虚拟控制量：x_{2eq}，x_{2eq} 作为对应于 x_2 理想状态下的输入；

跟踪误差项：z_1，z_2，$\hat{x}_i$ 为 x_i 的观测值（$i=1$，2，3）；参数自适应率：τ；自适应矩阵 $\boldsymbol{\Gamma}$；

控制量：u；系统的模型补偿项：u_a；鲁棒项：u_s；线性鲁棒项：u_{s1}；非线性鲁棒项：u_{s2}；

观测器增益系数：$\beta_i(i=1$，2，3）；反馈增益：k_1，k_2；时变扰动：$m(t)$）

6.4.1 线性扩张状态观测器设计

为了方便设计扩张状态观测器，我们将系统的状态空间方程改写为如下形式：

$$
\begin{cases}
\dot{x}_1 = x_2 \\
\dot{x}_2 = \hat{\theta}_1 u - \hat{\theta}_2 x_2 - \hat{\theta}_3 - \hat{\theta}_4 \omega - \hat{\theta}_5 \dot{\omega} - \tilde{\boldsymbol{\theta}} \boldsymbol{\varepsilon} - d(t)
\end{cases}
\tag{6-84}
$$

式中，$\theta_1 = k_u / J$，$\theta_2 = B / J$，$\theta_3 = d_n / J$，$\theta_4 = c_1 / J$，$\theta_5 = c_2 / J$；$\hat{\boldsymbol{\theta}} = [\hat{\theta}_1, \ \hat{\theta}_2, \ \hat{\theta}_3, \ \hat{\theta}_4, \ \hat{\theta}_5]$ 表示对真实参数向量 $\boldsymbol{\theta} = [\theta_1, \ \theta_2, \ \theta_3, \ \theta_4, \ \theta_5]$ 的估计，令 $\tilde{\boldsymbol{\theta}} = \hat{\boldsymbol{\theta}} - \boldsymbol{\theta}$，$\tilde{\boldsymbol{\theta}} = [\tilde{\theta}_1, \ \tilde{\theta}_2, \ \tilde{\theta}_3, \ \tilde{\theta}_4, \ \tilde{\theta}_5]$，$\boldsymbol{\varepsilon} = [u, \ -x_2, \ -1, \ -\omega, \ -\dot{\omega}]^{\mathrm{T}}$，引入扩张状态 $x_3 = f(t)$，$f(t)$ 可微，$f(t) = -\tilde{\boldsymbol{\theta}} \boldsymbol{\varepsilon} - d(t)$，且 $\dot{f}(t) = h(t)$，它表示了系统参数估计误差和外干扰引起的集中不确定性，由式（6-84）可得系统的扩张状态空间方程为：

$$
\begin{cases}
\dot{x}_1 = x_2 \\
\dot{x}_2 = \hat{\theta}_1 u - \hat{\theta}_2 x_2 - \hat{\theta}_3 - \hat{\theta}_4 \omega - \hat{\theta}_5 \dot{\omega} + x_3 \\
\dot{x}_3 = h(t)
\end{cases}
\tag{6-85}
$$

在 $f(t)$ 未知，无法利用干扰模型的情况下，设定 $\hat{\boldsymbol{x}} = [\hat{x}_1, \ \hat{x}_2, \ \hat{x}_3]$ 为对 $\boldsymbol{x} = [x_1, \ x_2, \ x_3]$ 的估计，$\tilde{\boldsymbol{x}} = \boldsymbol{x} - \hat{\boldsymbol{x}}$ 为状态估计误差，$\tilde{\boldsymbol{x}} = [\tilde{x}_1, \ \tilde{x}_2, \ \tilde{x}_3]$。根据扩张状态观测器的设计思路，针对上述系统设计如下扩张状态观测器：

$$
\begin{cases}
\tilde{x}_1 = x_1 - \hat{x}_1 \\
\dot{\hat{x}}_1 = \hat{x}_2 + \beta_1 \tilde{x}_1 \\
\dot{\hat{x}}_2 = \hat{\theta}_1 u - \hat{\theta}_2 x_2 - \hat{\theta}_3 - \hat{\theta}_4 \omega - \hat{\theta}_5 \dot{\omega} + \hat{x}_3 + \beta_2 \tilde{x}_1 \\
\dot{\hat{x}}_3 = \beta_3 \tilde{x}_1
\end{cases}
\tag{6-86}
$$

6.4.2 控制器设计

1. 设计虚拟控制率

定义：

期望状态下的位置：x_{1d}；实际状态下的位置：x_1；虚拟控制量：$x_{2\mathrm{eq}}$，$x_{2\mathrm{eq}}$ 作为对应于 x_2 理想状态下的输入；跟踪误差项：z_1，z_2；反馈增益：k_1，k_2。

由上面设计的变量可知：

$$
z_1 = x_1 - x_{1d}
\tag{6-87}
$$

$$
z_2 = x_2 - x_{2\mathrm{eq}}
\tag{6-88}
$$

设计：

$$
x_{2\mathrm{eq}} = \dot{x}_{1d} - k_1 z_1
\tag{6-89}
$$

由式（6-87）~式（6-89）可得：

$$
\dot{z}_1 = \dot{x}_1 - \dot{x}_{1d} = x_2 - (x_{2\mathrm{eq}} + k_1 z_1) = -k_1 z_1 + z_2
\tag{6-90}
$$

需要设计控制器的误差最小，以保证跟踪的精度。这样，由式（6-90）可以看出，当

z_2 趋于 0 时，z_1 也趋于 0。z_1 是之前定义的位置误差，所以只需要设计 $z_2 \to 0$，就能保证机电伺服系统的跟踪精度达到要求。

2. 设计控制量 u

由式（6-85）与式（6-88）可得：

$$\dot{z}_2 = \dot{x}_2 - \dot{x}_{2eq} = \hat{\theta}_1 u - \hat{\theta}_2 x_2 - \hat{\theta}_3 - \hat{\theta}_4 \omega - \hat{\theta}_5 \dot{\omega} + x_3 - \dot{x}_{2eq} \tag{6-91}$$

根据前面的分析，如果要求 $z_1 \to 0$，必须使 $z_2 \to 0$。所以设计控制量 u 的形式如下：

$$\begin{cases} u = (u_a + u_s)/\hat{\theta}_1 \\ u_a = \hat{\theta}_2 x_2 + \hat{\theta}_3 + \hat{\theta}_4 \omega + \hat{\theta}_5 \dot{\omega} - \hat{x}_3 + \dot{x}_{2eq} \\ u_s = u_{s1} + u_{s2} \end{cases} \tag{6-92}$$

式中，$\hat{x}_3$ 为扩张状态观测器对于状态变量 x_3 的观测值，$\hat{\boldsymbol{\theta}} = [\hat{\theta}_1, \hat{\theta}_2, \hat{\theta}_3, \hat{\theta}_4, \hat{\theta}_5]$ 是系统参数 $\boldsymbol{\theta} = [\theta_1, \theta_2, \theta_3, \theta_4, \theta_5]$ 的估计值。对于控制量 u 可以分为两个部分。u_a 是系统的模型补偿项，由上面等式可以看出这一部分主要是利用设计的参数自适应律在线估计系统参数并补偿，以及利用估计值 $\hat{x}_3$ 来补偿系统扰动带来的影响。由于真实值与估计值总是有误差的，所以为了解决误差的不确定性设计了另一个鲁棒项 u_s。u_s 又被分为线性鲁棒项 u_{s1} 和非线性鲁棒项 u_{s2}，u_{s2} 会在本小节第三部分进行详细说明。

线性鲁棒项 u_{s1} 可以设计为：

$$u_{s1} = -k_2 z_2 \tag{6-93}$$

将式（6-92）、式（6-93）代入式（6-91）中可得到：

$$\dot{z}_2 = -k_2 z_2 + \tilde{x}_3 + u_{s2} \tag{6-94}$$

由式（6-92）可知，控制量中用到了参数的估计值。系统的外干扰有可能导致参数估计的过程发散，因此这里采用不连续投影映射来进一步完善系统参数的自适应律。参数不连续映射的定义如下：

$$\text{Proj}_{\hat{\boldsymbol{\theta}}}(\tau_i) = \begin{cases} 0, & \hat{\theta}_i = \theta_{i\max} \text{ 且 } i > 0 \\ 0, & \hat{\theta}_i = \theta_{i\min} \text{ 且 } i < 0 \\ \tau_i, & \text{否则} \end{cases} \tag{6-95}$$

在式（6-95）中，$i = 1, 2, 3$，且 $\boldsymbol{\tau}$ 是一个合成的自适应率。参数自适应率如下：

$$\hat{\boldsymbol{\theta}} = \text{Proj}_{\hat{\boldsymbol{\theta}}}\{\boldsymbol{\Gamma}\boldsymbol{\tau}\} \quad \text{且} \quad \boldsymbol{\theta}_{\min} \leqslant \hat{\boldsymbol{\theta}}(0) \leqslant \boldsymbol{\theta}_{\max} \tag{6-96}$$

设计的自适应率 $\boldsymbol{\tau}$ 如下：

$$\boldsymbol{\tau} = \boldsymbol{\varepsilon} z_2 \tag{6-97}$$

式（6-97）的 $\boldsymbol{\varepsilon} = [u, -x_2, -1, -\omega, -\dot{\omega}]^{\text{T}}$。对于不连续映射，式（6-96）满足以下两个性质：

$$\begin{cases} \hat{\boldsymbol{\theta}} : \boldsymbol{\theta}_{\min} \leqslant \hat{\boldsymbol{\theta}} \leqslant \boldsymbol{\theta}_{\max} \\ \tilde{\boldsymbol{\theta}}^{\text{T}} [\boldsymbol{\Gamma}^{-1} \text{Proj}_{\hat{\boldsymbol{\theta}}}\{\boldsymbol{\Gamma}\boldsymbol{\tau}\} - \boldsymbol{\tau}] < 0, \forall \boldsymbol{\tau} \end{cases} \tag{6-98}$$

3. 设计非线性鲁棒项

引理 1[31]：假设 $h(t)$ 是有界的，则估计的状态总是有界的，并且存在一个常数 $\gamma_i > 0$，正整数 n 和一个有限的时间 $T_1 > 0$ 使得下式成立：

$$|\tilde{x}_i| \leqslant \gamma_i, \quad \gamma_i = O\left(\frac{1}{\omega_0^n}\right), \quad i=1,2,3, \forall t \geqslant T_1 \tag{6-99}$$

在本小节第二部分中通过不连续投影映射法估计了系统参数，针对系统扰动也通过状态观测器进行估计并补偿，但是估计的参数与真值还是有一定的误差。为了提高系统的抗干扰特性，需要设计一个非线性鲁棒项 u_{s2}。由式（6-94）可设计 u_{s2} 满足以下条件：

$$z_2(u_{s2}+\tilde{x}_3) \leqslant \varepsilon_s \gamma_3^2 \tag{6-100}$$

在式（6-100）中，ε_s 是一个可以设计为任意小的参数，γ_3 可以式（6-99）得出。由于缺少 γ_3 的控制精度，所以相对来说，u_{s2} 的设计条件更为宽松一点，所以，为了满足式（6-100）的限制条件，在这里给出一个 u_{s2} 的形式：

$$u_{s2}=-\frac{z_2}{4\varepsilon_s} \tag{6-101}$$

由式（6-99）可知，当 $u_{s2}=-\dfrac{z_2}{4\varepsilon_s}$ 时：

$$\begin{aligned}
z_2(u_{s2}+\tilde{x}_3) &= z_2\left(-\frac{z_2}{4\varepsilon_s}+\tilde{x}_3\right) \\
&= -\frac{z_2^2}{4\varepsilon_s}+z_2\tilde{x}_3-\varepsilon_s\tilde{x}_3^2+\varepsilon_s\tilde{x}_3^2 \\
&= -\left(\frac{z_2}{2\sqrt{\varepsilon_s}}-\sqrt{\varepsilon_s}\,\tilde{x}_3\right)^2+\varepsilon_s\tilde{x}_3^2 \leqslant \varepsilon_s\gamma_3^2
\end{aligned}$$

所以，所设计的 u_{s2} 满足式（6-100），符合要求。

4. 系统的稳定性证明

定理 6.7：对于由式（6-84）描述的机电伺服系统，通过不连续投影映射描述式（6-95）来估计参数的不确定性，参数由式（6-97）中 τ 的自适应率去更新 $\hat{\boldsymbol{\theta}}$。通过线性扩张状态观测器描述式（6-86）扩张出来的一个状态变量来估计机电伺服系统的系统扰动。设计的由式（6-94）描述的控制器具有如下性质：

所设计的控制器可以保证系统按照规定的位置进行跟踪，系统处于有界稳定状态，系统的稳定性能得到了极大的保证。

证明：

（1）当 $t<T_1$ 时，将式（6-101）代入式（6-94）得：

$$\dot{z}_2=-\left(k_2+\frac{1}{4\varepsilon_s}\right)z_2+\tilde{x}_3 \tag{6-102}$$

系统状态估计误差 $\tilde{x}_3$ 总是有界的，由上面微分方程式（6-102）求解可知，当 $t<T_1$ 时，z_2 有界。

（2）当 $t \geqslant T_1$ 时，基于式（6-99），式（6-101）所设计控制器定义的 Lyapunov 函数为：

$$V=\frac{1}{2}z_2^2$$

$$\dot{V}=z_2\dot{z}_2 \tag{6-103}$$

将式（6-94）、式（6-100）代入式（6-103）中得：

$$z_2(-k_2z_2+u_{s2}+\tilde{x}_3)=-k_2z_2^2+z_2(\tilde{x}_3+u_{s2}) \leqslant -k_2z_2^2+\varepsilon_s\gamma_3^2$$

$$\dot{V} + \lambda V \leqslant \varepsilon_s \gamma_3^2 \quad (\lambda = 2k_2) \tag{6-104}$$

求解微分方程可得：

$$V(t) = \exp(-\lambda T) V(t) + \frac{\varepsilon_s \gamma_3^2}{\lambda} \left[1 - \exp(-\lambda T) \right] \tag{6-105}$$

在式（6-105）中，$T = t - T_1$。

所以当 $t \to \infty$ 时，

$$\frac{1}{2} z_2^2 = \frac{\varepsilon_s \gamma^2}{\lambda}$$

$$z_2 = \sqrt{\frac{2\varepsilon_s \gamma^2}{\lambda}} \tag{6-106}$$

将式（6-90）代入式（6-106）中得：

$$z_1 = \frac{1}{k_1} \sqrt{\frac{2\varepsilon_s \gamma_3^2}{\lambda}}$$

由以上李雅普诺夫稳定性证明定理可以看出，该控制器实现了系统的有界稳定，跟踪精度进一步提高。

6.4.3 仿真结果与分析

本小节在 MATLAB/Simulink 仿真环境下，将上述基于线性扩张状态观测器的自适应鲁棒控制算法进行仿真分析，火箭炮随动系统模型如下：

$$\begin{cases} \dot{x}_1 = x_2 \\ J\dot{x}_2 = k_u u - Bx_2 - d_n - c_1 \omega - c_2 \dot{\omega} - d(t) \end{cases} \tag{6-107}$$

由于 $u_{s1} = \lambda_1 z_2$，$u_{s2} = \lambda_2 z_2$ 都是关于 z_2 的一次性函数，为了仿真方便，将两项合并，在仿真过程中只调节一个参数 k_2，选取的控制增益 $k_1 = 100$，$k_2 = 50$。设置参数的上界为：$\boldsymbol{\theta}_{\max} = [5\,000,\ 50,\ 500,\ 50,\ 50]^{\mathrm{T}}$，参数的下界为：$\boldsymbol{\theta}_{\min} = [10,\ 0,\ 0,\ 1,\ 1]^{\mathrm{T}}$，参数的更新速率为：$\boldsymbol{\Gamma} = [50\,000,\ 2,\ 10,\ 200,\ 200]^{\mathrm{T}}$。基带宽 $\omega_0 = 50$。

系统仿真时参数选取如表 6-1 所示。

表 6-1　系统仿真参数

系统参数	取值
转动惯量 $J/(\mathrm{kg \cdot m^2})$	0.013 8
电压力矩参数 $k_u/(\mathrm{N \cdot m \cdot V^{-1}})$	20
阻尼系数 $B/(\mathrm{rad \cdot s^{-1}})$	0.2
常值干扰 $d_n/(\mathrm{N \cdot m})$	1
干扰系数 c_1	0.14
干扰系数 c_2	0.13

假设系统以如下的指令信号验证系统性能：

$$x_{1d} = A\sin(\omega t)$$

则系统的角速度曲线为：

$$\dot{x}_{1d} = A\omega\cos(\omega t)$$

系统的角加速度曲线为：

$$\ddot{x}_{1d} = -A\omega^2\sin(\omega t)$$

由系统的性能指标可知，最大角速度 $A\omega = 20°/s$，最大角加速度 $A\omega^2 = 40°/s^2$，可以得到 $A = 10$，$\omega = 2$。所以指令信号可以设置为 $x_{1d} = 10\sin(2t)[1-\exp(-0.5t)]$，系统俯仰轴角速度 $\omega = 0.02\cos t$，角加速度 $\dot{\omega} = -0.02\sin t$。

为了验证线性状态观测器的自适应鲁棒控制算法对于参数不确定性以及外部扰动的处理能力，对控制算法进行下面两种情况的仿真。仿真时间定为 40 s，下面分别对两种工况进行仿真说明。

1. 无时变干扰

当系统只存在常值干扰时，选取的常值干扰 $d_n = 1$，取仿真时间为 40 s，指令信号为：$x_{1d} = 10\sin(2t)[1-\exp(-0.5t)]$，系统的仿真结果如图 6-13~图 6-17 所示。

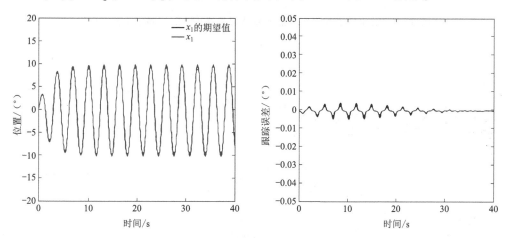

图 6-13　基于线性状态观测器的自适应鲁棒控制跟踪误差曲线图

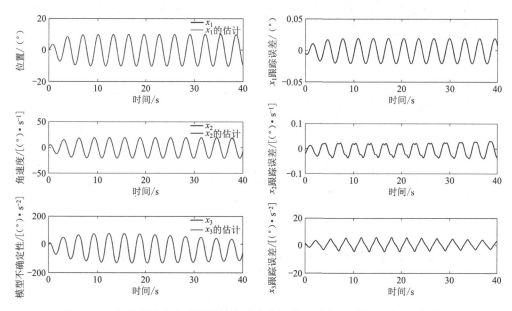

图 6-14　基于线性状态观测器的自适应鲁棒控制状态观测和观测误差曲线图

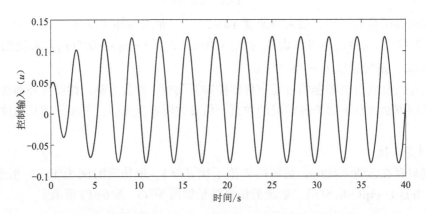

图 6-15　基于线性状态观测器的自适应鲁棒控制的控制量 u 曲线图

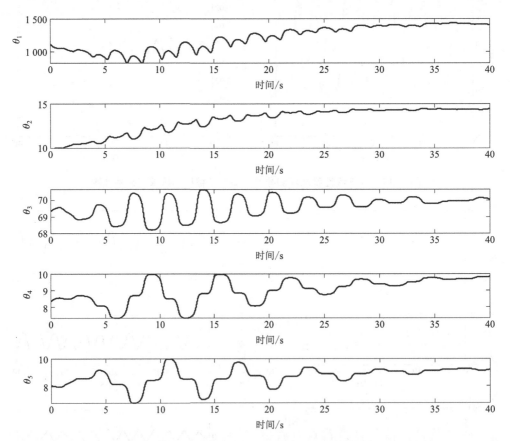

图 6-16　基于线性状态观测器的自适应鲁棒控制的参数自适应曲线图

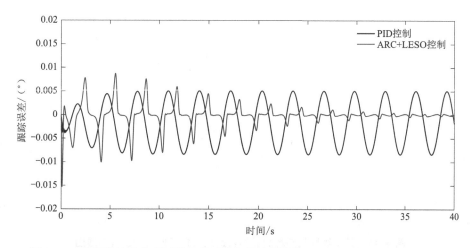

图 6-17　基于线性状态观测器的自适应鲁棒控制器与 PID 控制器位置误差对比图

图 6-13 中第一张图的两条线是实际位置输出和期望位置输出图，通过这张图可以看出，实际输出能够稳定地跟踪到期望输出。第二张图是对实际和期望输出做了误差分析，由这两幅图可以看出线性状态观测器的自适应鲁棒控制器能够实现稳定的位置跟踪，其跟踪精度均值为 $-1.667\ 2\mathrm{e}{-04}°$，标准差为 $0.002\ 6°$。图 6-14 中分别是位置、角速度和系统扰动的实际输出与观测器观测输出跟踪图以及两者的误差图。从跟踪图中可以看出观测器相对来说能够准确地估计出输出值，从误差图中可以看出实际两者之间还是有误差的，同时随着阶数的增加，观测误差精度会越来越低。x_1 的观测误差精度均值为 $2.385\ 8\mathrm{e}{-04}°$，x_2 的观测误差精度均值为 $-0.001\ 4°$，x_3 的观测误差精度均值为 $0.371\ 5°$。图 6-15 表示控制输入 u 的曲线图。图 6-16 为线性状态观测器自适应鲁棒控制的参数自适应曲线图，可以看出系统参数最后稳定在某个值附近，参数估计良好。图 6-17 为线性状态观测器的自适应鲁棒控制算法与 PID 控制算法的位置跟踪误差对比图，它是通过实际位置输出和期望位置输出的误差进行对比的。可以看出，线性状态观测器自适应鲁棒控制算法性能是优于 PID 控制算法的。总的来说，这些仿真结果都很好地证明了在只有常值干扰的情况下该算法的有效性。

2. 存在时变干扰

当系统既存在常值干扰又存在时变扰动时，由于时变扰动的非线性，取时变扰动为 $m(t)=2\sin(0.5t)[1-\exp(-0.5t)]$，系统的控制器增益、带宽、指令信号等都与第一种情况保持一致。系统的仿真结果如图 6-18~图 6-22 所示。

由图 6-18 可以看出，第一张图的两条线是实际位置输出和期望位置输出图，通过这张图可以看出实际输出能够稳定地跟踪到期望输出。第二张图是对实际和期望输出做了误差分析。由分析可以得出，当系统同时存在参数不确定性和时变干扰时，对比图 6-13 中只存在参数不确定性的性能有所下降，其跟踪精度均值为 $-2.667\ 2\mathrm{e}{-04}°$，标准差为 $0.004\ 5°$。图 6-19 分别是位置、角速度和系统扰动的实际输出与观测器观测输出跟踪图以及两者之间的误差图。由仿真图可以很好地看出观测器的观测性能，x_1 的观测误差精度均值为 $2.205\ 1\mathrm{e}{-04}°$，x_2 的观测误差精度均值为 $-0.004\ 1°$，x_3 的观测误差精度均值为 $0.439\ 2°$。图 6-20 为控制输入 u 的曲线图。图 6-21 为控制器的参数自适应图，可以看出，只要调好自适应率，随着时间的推移，参数最后会趋于某个常值。图 6-22 为线性状态观测器的自适应鲁棒控制器与 PID

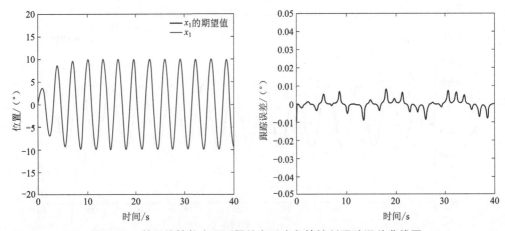

图 6-18　基于线性状态观测器的自适应鲁棒控制跟踪误差曲线图

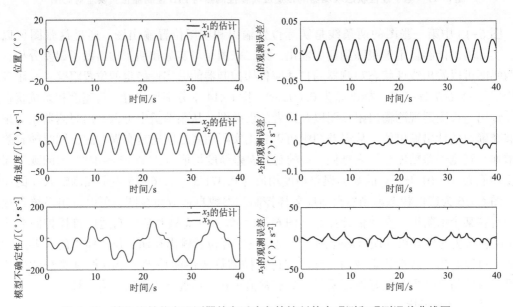

图 6-19　基于线性状态观测器的自适应鲁棒控制状态观测和观测误差曲线图

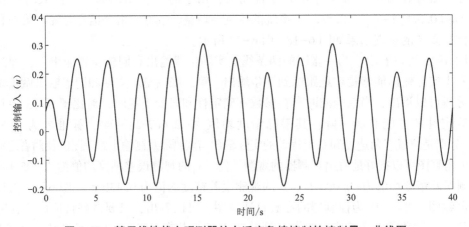

图 6-20　基于线性状态观测器的自适应鲁棒控制的控制量 u 曲线图

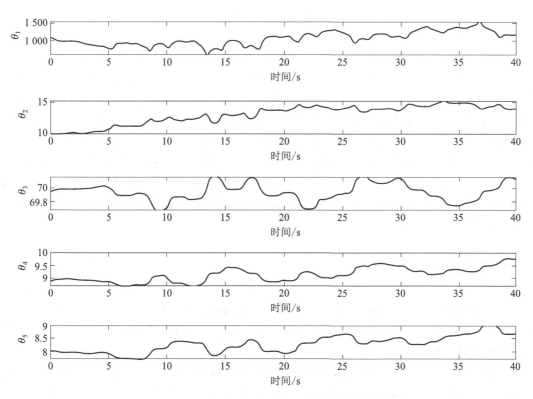

图 6-21　基于线性状态观测器的自适应鲁棒控制的参数自适应曲线图

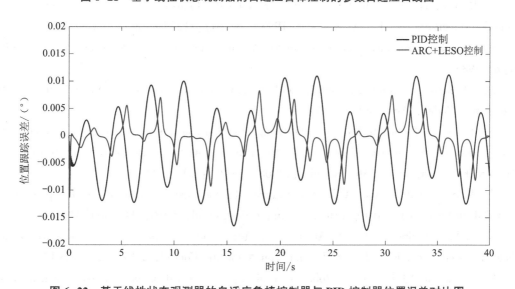

图 6-22　基于线性状态观测器的自适应鲁棒控制器与 PID 控制器位置误差对比图

控制器位置误差对比图，其通过位置跟踪误差对比来体现出 PID 控制器与线性状态观测器自适应鲁棒控制器性能的优劣，可以看出加入时变扰动后，线性状态观测器自适应鲁棒控制器的性能优势还是能够显示出来的。

6.5　本章小结

本章详细介绍了自适应鲁棒控制理论的由来、发展、控制器设计过程和稳定性证明方法。在此基础上，建立了基于状态方程的火箭炮随动系统数学模型，针对火箭炮随动系统数学模型，设计了自适应鲁棒控制器，并进行了仿真分析，仿真结果表明了自适应鲁棒控制器的有效性。考虑到当外干扰等不确定性非线性逐渐增大时，自适应鲁棒控制器的保守性也会逐渐增强，甚至出现不稳定现象，引入线性扩张状态观测器，对外部干扰进行估计并加以补偿，从而可以降低自适应鲁棒控制器非线性反馈项增益，以降低它的保守性。仿真结果表明了这种控制方法由于结合了自适应鲁棒控制器和自抗扰控制器的优点，因此具有较好的鲁棒性和稳定性。

参考文献

［1］B. Yao, and M. Tomizuka. Smooth robust adaptive sliding mode control of robot manipulators with guaranteed transient performance ［J］. Trans. ASME, J. Dyn. Syst., Meas. Control, vol, 1996: 764-775.

［2］F. Bu, and H. S. Tan. Pneumatic brake control for precision stopping of heave-duty vehicles ［J］. IEEE Transactions on Control System Technology, 2007, 15(1): 53-64.

［3］R. A. Freeman, M. Krstic, and P. V. Kokotovic. Robustness of adaptive nonlinear control to bounded uncertainties ［J］. Automatica, 1998, 34(10): 1227-1230.

［4］A. Isidori. Nonlinear control systems: An introduction ［M］. Springer Verlag, Berlin, Geman, 1989.

［5］M. Krstic, I. Kanellakopoulos, and P. V. Kokotovic. Nonlinear and adaptive control design ［M］. Wiley, New York, 1995.

［6］L. Lu, Z. Chen, B. Yao, and Q. Wang. Desired compensation adaptive robust control of a linear motor driven precision industrial gantry with improved cogging force compensation ［J］. IEEE/ASME Transactions on Mechatronics, 2008, 13(6): 617-624.

［7］K. S. Narendra, and A. M. Annaswamy. Robust adaptive control in the presence of bounded disturbance ［J］. IEEE Trans. on Automatic Control, 1986, 31: 306-316.

［8］K. S. Narendra, and A. M. Annaswamy. A new adaptive law for robust adaptive control without persistent excitation ［J］. IEEE Trans. on Automatic Control, 1987, 32: 134-145.

［9］Z. Qu, and J. F. Dorsey. Robust control of generalized dynamic systems without matching conditions ［J］. ASME Journal of Dynamic Systems, Measurement, and Control, 1991, 113: 582-589.

［10］C. Rohrs, L. Valavani, M. Athans, and G. Stein. Robustness of continuous-time adaptive control algorithms in the presence of unmodeled dynamics ［J］. IEEE Trans. on Automatic Control, 1985, 30: 881-889.

［11］J. J. E. Slotine, and W. P. Li. Applied nonlinear control ［M］. Prentice Hall, Englewood

Cliffs, New Jersey, 1991.

[12] A. R. Teel. Adaptive tracking with robust stability [C]. In Proc. 32nd Conf. on Decision and Control, 1993: 570−575.

[13] V. I. Utkin. Variable structure systems with sliding modes [J]. IEEE Trans. On Automatic Control, 1977, 22(2): 212−222.

[14] L. Xu, and B. Yao. Adaptive robust precision motion control of linear motors with negligible electrical dynamics: theory and experiments [J]. IEEE/ASME Transactions on Mechatronics, 2001, 6(4): 444−452.

[15] B. Yao. Adaptive robust control of nonlinear systems with application to control of mechanical systems, PhD thesis [D]. University of California at Berkeley, Berkeley, USA, 1996.

[16] B. Yao. High performance adaptive robust control of nonlinear systems: a general framework and new schemes [C]. In Proc. of IEEE Conference on Decision and Control, 1997: 2489−2494.

[17] B. Yao. Desired compensation adaptive robust control [C]. In the ASME International Mechanical Engineers Congress and Exposition (IMECE), DSC−Vol. 64, 1998: 569−575.

[18] B. Yao, F. Bu, J. Reedy, and G. T. C. Chiu. Adaptive robust control of single − rod hydraulic actuators: theory and experiments [J]. IEEE/ASME Transactions on Mechatronics, 2000, 5(1): 79−91.

[19] B. Yao, and M. Tomizuka. Adaptive robust control of SISO nonlinear systems in a semi− strict feedback form [J]. Automatica, 1997, 33(5): 893−900.

[20] B. Yao, and M. Tomizuka. Adaptive robust control of MIMO nonlinear systems in semi− strict feedback forms [J]. Automatica, 2001, 37(9): 1305−1321.

[21] B. Yao, and L. Xu. Observer based adaptive robust control of a class of nonlinear systems with dynamic uncertainties [J]. International Journal of Robust and Nonlinear Control, 2001, 15(11): 335−356.

[22] B. Yao, and L. Xu. Output feedback adaptive robust control of uncertain linear systems with disturbances [J]. ASME Journal of Dynamic Systems, Measurement, and Control, 2006, 128(4): 1−9.

[23] X. Zhu, G. Tao, B. Yao, and J. Cao. Adaptive robust posture control of a pneumatic muscle driven parallel manipulator [J]. Automatica, 2008, 44(9): 2248−2257.

[24] A. S. I. Zinober. Deterministic control of uncertain control system [M]. Peter Peregrinus Ltd., London, United Kingdom, 1990.

[25] J. Hu, Y. Qiu, and H. Lu. Adaptive robust nonlinear feedback control of chaos in PMSM system with modeling uncertainty [J]. Applied Mathematical Modeling, 2016: 8265−8275.

[26] J. Hu, Y. Wang, L. Liu, and Z. Xie. High−accuracy robust adaptive motion control of a torque−controlled motor servo system with friction compensation based on neural network [J]. Proceedings of the Institution of Mechanical Engineers Part C: Journal of Mechanical Engineering Science, 2019: 2318−2328.

[27] Z. Gao, Y. Huang, and J. Han. An alternative paradigm for control system design [C].

Proc. of IEEE conference on Decision and Control, 2001: 4578-4585.

[28] Z. Gao. Scaling and parameterization based controller tuning [C]. Proc. of the American Control Conference, 2003: 4989-4996.

[29] J. Yao, Z. Jiao, and D. Ma. Extended-state-observer-based output feedback nonlinear robust control of hydraulic systems with backstepping [J]. IEEE Transactions on Industrial Electronics, 2014, 61(11): 6285-6293.

[30] J. Yao, Z. Jiao, and D. Ma. Adaptive robust control of DC motors with extended state observer [J]. IEEE Transactions on Industrial Electronics, 2014, 61(7): 3630-3637.

[31] Q. Zheng, L. Gao, and Z. Gao, On stability analysis of active disturbance rejection control for nonlinear time-varying plants with unknown dynamics [C]. in Proc. IEEE Conf. Decision Control, 2007: 3501-3506.

第7章

火箭炮随动系统滑模控制策略设计

滑模控制（Sliding Mode Control，SMC），其实质是一类特殊的非线性控制方法。与其他方法相比较，这种控制方法的主要特点体现在控制的不连续性，即系统的结构会随时间不断变化的开关特性[1]。其最明显的特点是，可以使系统在一定的条件下沿着预定的轨迹运动，也就是所说的"滑动模态"运动。滑动模态的存在，使得系统在滑动模态下不仅保持对结构不确定性[2]、参数不确定性以及外界干扰不确定性等因素的鲁棒性[3]，而且可以获得较为满意的动态性能[4]。因而，这种控制策略在实际工程中也逐步得到了较为广泛的应用，例如，飞机控制[5]、机器人控制[6]、电力与电机系统控制[7]和卫星控制[8]等。也正是因为具备这种特性，这种控制算法得到了各国学者的高度重视。滑模方法除了可以用于控制器设计，还可以用于观测器设计，与其他控制器相结合也可以起到很好的控制作用，获得更高的控制性能[15]。

滑模变结构控制对系统匹配参数不确定性和干扰具备很好的鲁棒性，且其算法实现起来相对简单。然而在实际系统中，滑模变结构控制器本身不能克服系统中的非匹配不确定性，而仅考虑匹配不确定性的变结构控制是不够的。Backstepping（反推）设计方法[11]作为一种控制器设计方法，可以有效地处理含有非匹配参数不确定性的非线性系统。反推法是Kanellakopoulos 和 Kokotovic 等于 20 世纪 90 年代提出的一种先进非线性控制算法，由于该算法的设计过程比较独特，而且对于不确定性的处理能力较强，近些年来，反推法吸引了众多学者的广泛关注。在处理众多实际问题时，反推法也是最重要的非线性控制设计方法之一。这种方法是为了解决稳定非完整系统而提出来的，而这类系统的特点是不能采用光滑静态反馈律以达到趋于稳定状态的要求。为了解决一种移动机器人在建立动态模型时的稳定性问题，曾采用该方法加以处理，设计出了一种具有全局渐近稳定性的动态控制器[12]。之后，又将该算法应用到混合电子油门控制系统的滑动模式控制器设计之中[13]，实验结果表明，该算法对于抑制开关控制器中出现的抖振现象是十分有效的。最近几年，反推法在机器人、航空航天以及战斗机等控制系统设计中也取得了很多成功的应用，例如，液压系统的位置控制[14]、飞行器仿真设备[15]等。

为了提高火箭炮伺服系统的位置跟踪控制性能，本章将滑模控制算法与反推控制算法的优点相结合，针对火箭炮随动系统设计了反推滑模控制算法，利用 Lyapunov 稳定性定理证明了反推滑模控制可以实现随动系统的目标轨迹渐近跟踪，且保证系统的全局稳定。仿真结果表明结合两者优势设计的反推滑模控制算法可以有效提高火箭炮随动系统对参数摄动和外部扰动的鲁棒性，同时实现了目标轨迹的全局稳定渐近跟踪，提高了系统综合控制性能。

7.1　滑模变结构控制理论

7.1.1　基本概念

考虑一般的情况，在系统

$$\dot{x} = f(x), \quad x \in \mathbf{R}^n \tag{7-1}$$

状态空间中，有一个超平面 $S(x) = S(x_1,\ x_2,\ \cdots,\ x_n) = 0$，如图7-1所示，它将状态空间分成 $S>0$ 和 $S<0$ 上下两部分。在超平面上的运动点有三种情况[16]：

通常点——系统运动点运动到超平面 $S=0$ 附近时穿越超平面而过，如图7-1上的 A 点；

起始点——系统运动点运动到超平面 $S=0$ 附近时，向超平面的两边离开，如图7-1上的 B 点；

终止点——系统运动点运动到超平面 $S=0$ 附近时，从超平面两边趋向该点，如图7-1上的 C 点。

在滑模变结构控制中，通常点与起始点无多大意义，而终止点有着特殊的含义。如果在超平面上某一区域内所有的点都是终止点，则一旦运动点趋向于该区域时，就被"吸引"在该区域内运动，又由于系统存在惯性，将会使运动点在切换面上下作小幅度高频振动，如图7-2所示，这种运动称为"滑模运动"或"滑动模态"，这个区域称为"滑动模态区"或简称"滑模区"。滑模变结构控制就是根据控制目标设计滑模切换面（$S=0$），然后使控制系统状态点到达滑模切换面，在切换面上形成滑模运动而不离开切换面，从而达到控制目的。

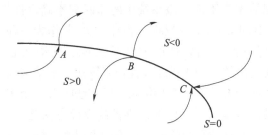

图7-1　切换面上三种点的特性

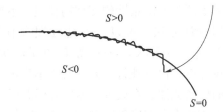

图7-2　切换面上的滑模运动

7.1.2　滑模控制律

滑模变结构控制作为一种设计方法，主要包括两方面的设计内容，一个是切换函数的设计，另一个就是变结构控制律的设计。切换函数具有多种形式，而控制律设计也具有多种形式，以下将给出滑模变结构控制的可控性条件和可求解条件，再分析其控制律的具体结构形式[17]。

定理7.1　若线性系统 $\dot{X} = AX + BU$ 可控，简记 $(A,\ B)$ 可控，那么可经线性非奇异变换 $X = T^{-1}\overline{X}$ 将 $\dot{X} = AX + BU$ 化为简约型（亦即可控标准型），即 $\dot{\overline{X}} = \overline{A}\,\overline{X} + \overline{B}U$，这里 $\overline{A} =$

$$TAT^{-1} = \left[\begin{array}{c|c} \overline{A_{11}} & \overline{A_{12}} \\ \hline \overline{A_{21}} & \overline{A_{22}} \end{array}\right], \quad \overline{B} = \left[\begin{array}{c} 0 \\ B_2 \end{array}\right], \quad B_2 \text{ 非奇异。}$$

定理 7.2　考虑线性系统

$$\dot{X} = AX + BU, X \in \mathbf{R}^n, U \in \mathbf{R}^m \tag{7-2}$$
$$S = C^{\mathrm{T}}X, S \in \mathbf{R}^m$$

式中，$S = [S_1, \ S_2, \ \cdots, \ S_m]^{\mathrm{T}}$，$S_i(X) = C_i^{\mathrm{T}}X$，$C_i$ 为 $n \times m$ 矩阵 C 的第 i 列。其滑模 $S = C^{\mathrm{T}}X$ 可控的充要条件是 $(A, \ B)$ 可控。

定理 7.3　考虑线性系统 $\dot{X} = AX + BU$，其滑动模态为 $S(X) = C^{\mathrm{T}}X = 0$，则变结构控制的控制律可求解条件为 $C^{\mathrm{T}}B$ 非奇异。

控制律的求解从数学上看可归结为求出满足到达条件的 $u(x)$，这常导致求解两个条件不等式方程组。以 MIMO 线性系统 $\dot{X} = AX + BU$ 为例，有

$$\dot{S} = C^{\mathrm{T}}AX + C^{\mathrm{T}}BU \begin{cases} <0, S>0 \\ >0, S<0 \end{cases} \tag{7-3}$$

或写成

$$\begin{cases} \sum\limits_{i=1}^{n} (C^{\mathrm{T}}A)_{1i}x_i + (C^{\mathrm{T}}B)_{11}u_1 + \cdots + (C^{\mathrm{T}}B_{1m})u_m \begin{cases} <0, S_1>0 \\ >0, S_1<0 \end{cases} \\ \qquad\qquad\qquad\qquad \cdots \\ \sum\limits_{i=1}^{n} (C^{\mathrm{T}}A)_{mi}x_i + (C^{\mathrm{T}}B)_{m1} + \cdots + (C^{\mathrm{T}}B_{mm})u_m \begin{cases} <0, S_m>0 \\ >0, S_m<0 \end{cases} \end{cases} \tag{7-4}$$

显然直接解出 $u_1^{\pm}(x), \cdots, u_m^{\pm}(x)$ 是很困难的，为此需确定控制律的具体结构，然后求出其中的待定参数或函数，这种方法称为解不等式法。通常，滑动模态的控制律结构 $u^{\pm}(x)$ 有以下几种可能的选择：

（1）自由结构。就是对 $u^{\pm}(x)$ 的形式完全不加任何限制，我们求 u 时，求得的 $u^{\pm}(x)$ 是什么就是什么，只要它满足到达条件。

（2）常值继电型。即求 $u = u_0 \mathrm{sign}s(x)$，这里 $s(x)$ 是切换函数。若系统是单值输入，s 和 u 均为标量，u_0 是待求的常数，求变结构控制就是求 u_0。

（3）非线性继电型。此时 $u = u_0(x) \mathrm{sign}s(x)$，待求的正是非线性函数（单输入时）$u_0(x)$，或非线性对角阵（多输入时）$u_0(x)$，$u_0(x) = \mathrm{diag}[u_{01}(x), \ \cdots, \ u_{0m}(x)]$。

（4）带连续部分的继电型。即求 $u = u_\mathrm{C}(x) + u_\mathrm{D}(x)\mathrm{sign}s(x)$，其中，$u_\mathrm{C}(x)$ 是连续函数（单输入）或向量（多输入）。待求的是 $u_\mathrm{C}(x)$ 和 $u_\mathrm{D}(x)$。

（5）不同幅值非线性继电型。即求 $u = \begin{cases} u^+(x), & s(x)>0 \\ u^-(x), & s(x)<0 \end{cases}$，其中 $u^+(x) \neq u^-(x)$。

（6）以等效控制为基础的形式。即求变结构控制 $u = u_\mathrm{e}(x) + u_0(x)\mathrm{sign}(s(x))$，要求的是 $u_0(x)$，这里 $u_\mathrm{e}(x)$ 是变结构控制的基本部分，它维持滑动模态的存在，第二项则保证到达条件成立。

另一种方法是趋近律方法，它假定趋近律为：

$$\dot{S} = -\varepsilon \mathrm{sign}S - qS \tag{7-5}$$

式中，$\varepsilon = \mathrm{diag}(\varepsilon_i)$，$q = \varepsilon \mathrm{diag}(q_i)$，$\varepsilon_i$、$q_i > 0$，$\mathrm{sign}S = \mathrm{col}[\mathrm{sign}u_i]$。显然，此时 $S\dot{S} < 0$ 自然满足，且还具有趋近模态品质良好、抖振程度小（这可通过增加 q 和减小 ε 实现）和求解控制过程简单等优点。

7.1.3　稳定性理论

变结构控制系统的动态过程由到达阶段和滑动模态运动阶段构成，只要在到达阶段保证系统状态能趋近并进入滑动模态，在滑动模态运动阶段保证滑动运动稳定，那么变结构控制系统的稳定性即得到了保证。变结构控制系统滑动模态运动的稳定性完全取决于滑动模态的设计，因此，只要保证滑动模态方程的稳定性，该阶段的运动一定是稳定的[1]。而这一要求在控制系统的设计阶段即可以得到保证，所以，关键问题在于是否能设计出适当的变结构控制律使得控制系统状态进入滑动模态。

对滑动超平面 S 进行时间 t 微分，可得

$$\dot{S} = \frac{\partial S}{\partial X} \dot{X} \tag{7-6}$$

选取 Lyapunov 函数

$$V(X) = \frac{1}{2} S^{\mathrm{T}} S, S \neq 0 \tag{7-7}$$

可以得出其对时间的导数

$$\dot{V}(X) = S^{\mathrm{T}} \dot{S}, S \neq 0 \tag{7-8}$$

若 $\dot{V} < 0(S \neq 0)$ 条件成立，则系统将最终到达并保持在滑动模态 $S = 0$ 上。只要变结构控制律设计合理，就可以保证滑动模态的存在。需要清楚的一点是，在控制不受限的情况下，变结构控制系统是可以保证全局渐近稳定的。但是当控制受限时，任何控制系统都是局部条件稳定的，变结构控制系统也存在着稳定域问题。

7.2　火箭炮滑模变结构控制器设计

根据式（6-58），可以得到火箭炮随动系统的机械运动方程

$$J\ddot{y} = ku - B\dot{y} - d_n - c_1\omega - c_2\dot{\omega} - f(t) \tag{7-9}$$

为了便于设计反推滑模控制器，以改善系统的性能，有必要建立系统的状态空间方程。令 $\boldsymbol{x} = [x_1, x_2]^{\mathrm{T}} = [\theta, \dot{\theta}]^{\mathrm{T}}$ 为系统状态，$u = i_q$ 为系统的控制量，建立系统状态空间模型，化简过程如下：

$$\begin{cases} \dot{x}_1 = x_2 \\ \dot{x}_2 = \dfrac{k}{J}u + \left(-\dfrac{B}{J}x_2\right) + \left(-\dfrac{d_n}{J}\right) + \left(-\dfrac{c_1\omega}{J}\right) + \left(-\dfrac{c_2\dot{\omega}}{J}\right) + \left(-\dfrac{f(t)}{J}\right) = k_u'u + B_m'x_2 + M \end{cases} \tag{7-10}$$

式中，$k_u' = \dfrac{k}{J}$，$B_m' = -\dfrac{B}{J}$，$M = -\dfrac{d_n + c_1\omega + c_2\dot{\omega} + f(t)}{J}$。

考虑到火箭炮随动系统存在参数不确定性，可将上述状态空间模型改写为如下形式：

$$\begin{cases} \dot{x}_1 = x_2 \\ \dot{x}_2 = (k_u + \Delta k)u + (B_m + \Delta B)x_2 + M \end{cases} \tag{7-11}$$

其中，k_u 和 B_m 为火箭炮随动系统参数的名义值；Δk 和 ΔB 为系统参数不确定的部分。则上式可改写为

$$\begin{cases} \dot{x}_1 = x_2 \\ \dot{x}_2 = k_u u + B_m x_2 + F \end{cases} \tag{7-12}$$

其中，$F = u\Delta k + x_2\Delta B + M$，它是火箭炮随动系统数学模型中所有的不确定项，包含了系统的参数不确定性和外部干扰，它的存在会影响基于系统数学模型设计的控制器的控制性能。后续我们将介绍针对该数学模型，设计有效的滑模控制器的方法。这里先设定不确定项 F 的上界已知，即 $|F| \leqslant D$，D 为一已知正实数。

7.2.1　反推滑模控制器的设计

火箭炮随动系统可变换为严格反馈系统，因此，应用反推理论设计控制器。为实现火箭炮位置跟踪，定义位置跟踪误差为：

$$z_1 = x_1 - y_r \tag{7-13}$$

其中，y_r 为位置参考输入，选择 z_1 为新的状态变量，构成子系统，系统方程为

$$\dot{z}_1 = \dot{x}_1 - \dot{y}_r = x_2 - \dot{y}_r \tag{7-14}$$

定义 Lyapunov 函数

$$V_1 = \frac{1}{2}z_1^2 \tag{7-15}$$

以 x_2 作为虚拟控制量，设计它的期望为

$$x_{2eq} = \dot{y}_r - k_1 z_1 \tag{7-16}$$

式中，k_1 为正的常数。定义虚拟控制输入误差

$$z_2 = x_2 - x_{2eq} = x_2 - \dot{y}_r + k_1 z_1 \tag{7-17}$$

对 V_1 求导，得

$$\dot{V}_1 = z_1 \dot{z}_1 = z_1 z_2 - k_1 z_1^2 \tag{7-18}$$

对 z_2 求导，得

$$\begin{aligned} \dot{z}_2 &= \dot{x}_2 - \ddot{y}_r + k_1 \dot{z}_1 = k_u u + B_m x_2 + F - \ddot{y}_r + k_1 \dot{z}_1 \\ &= k_u u + B_m x_2 + F - \ddot{y}_r + k_1(z_2 - k_1 z_1) \end{aligned} \tag{7-19}$$

设计反推滑模控制器，定义新的 Lyapunov 函数

$$V_2 = V_1 + 0.5s^2 + \frac{As_0^2}{2\lambda}e^{-2\lambda t}, \lambda \in \mathbf{R}^+ \tag{7-20}$$

式中，s 为滑模面，设计为

$$s = s_1 - s_0 e^{-\lambda t} \tag{7-21}$$

式中，$s_1 = mz_1 + z_2$，$s_0 = mz_{10} + z_{20}$，z_{10}、z_{20} 分别为 $t=0$ 时 z_1、z_2 的值，则

$$\dot{s} = m\dot{z}_1 + \dot{z}_2 + \lambda s_0 e^{-\lambda t} \tag{7-22}$$

对 V_2 求导，得

$$\dot{V}_2 = \dot{V}_1 + s\dot{s} + \frac{As_0^2}{2\lambda}e^{-2\lambda t}(-2\lambda) = z_1 z_2 - k_1 z_1^2 - As_0^2 e^{-2\lambda t} + s\dot{s}$$

$$= z_1 z_2 - k_1 z_1^2 - As_0^2 e^{-2\lambda t} + s(m\dot{z}_1 + \dot{z}_2 + \lambda s_0 e^{-\lambda t})$$

$$= z_1 z_2 - k_1 z_1^2 - As_0^2 e^{-2\lambda t} + s[m(z_2 - k_1 z_1) + (\dot{x}_2 - \ddot{y}_r + k_1 \dot{z}_1) + \lambda s_0 e^{-\lambda t}]$$

$$= z_1 z_2 - k_1 z_1^2 - As_0^2 e^{-2\lambda t} + s[m(z_2 - k_1 z_1) + k_u u + B_m x_2 + F - \ddot{y}_r +$$

$$k_1(z_2 - k_1 z_1) + \lambda s_0 e^{-\lambda t}] \tag{7-23}$$

设计反推滑模控制器为

$$u = -\frac{1}{k_u}[m(z_2 - k_1 z_1) + B_m x_2 - \ddot{y}_r + k_1(z_2 - k_1 z_1) + \lambda s_0 e^{-\lambda t} +$$

$$D\text{sign}(s) + As + 2As_0 e^{-\lambda t}] \tag{7-24}$$

其中，A、$m \in \mathbf{R}^+$。

下面进行稳定性证明与分析。将式（7-24）代入式（7-23），可得

$$\dot{V}_2 = z_1 z_2 - k_1 z_1^2 - As_0^2 e^{-2\lambda t} + s\{m(z_2 - k_1 z_1) +$$

$$k_u\left[-\frac{1}{k_u}[m(z_2 - k_1 z_1) + B_m x_2 - \ddot{y}_r + k_1(z_2 - k_1 z_1) + \lambda s_0 e^{-\lambda t} +\right.$$

$$D\text{sign}(s) + As + 2As_0 e^{-\lambda t}]\Big] + B_m x_2 + F - \ddot{y}_r + k_1(z_2 - k_1 z_1) + \lambda s_0 e^{-\lambda t}\} \tag{7-25}$$

然后消去 k_u 项得

$$\dot{V}_2 = z_1 z_2 - k_1 z_1^2 - As_0^2 e^{-2\lambda t} + s\{m(z_2 - k_1 z_1) -$$

$$[m(z_2 - k_1 z_1) + B_m x_2 - \ddot{y}_r + k_1(z_2 - k_1 z_1) + \lambda s_0 e^{-\lambda t} + D\text{sign}(s) +$$

$$As + 2As_0 e^{-\lambda t}] + B_m x_2 + F - \ddot{y}_r + k_1(z_2 - k_1 z_1) + \lambda s_0 e^{-\lambda t}\} \tag{7-26}$$

经化简得：

$$\dot{V}_2 = z_1 z_2 - k_1 z_1^2 - As_0^2 e^{-2\lambda t} + s[-D\text{sign}(s) - As - 2As_0 e^{-\lambda t} + F]$$

$$= z_1 z_2 - k_1 z_1^2 - As_0^2 e^{-2\lambda t} - As^2 - D|s| + Fs - 2Ass_0 e^{-\lambda t}$$

$$\leqslant z_1 z_2 - k_1 z_1^2 - As(s + 2s_0 e^{-\lambda t}) - As_0^2 e^{-2\lambda t} \tag{7-27}$$

将 $s = s_1 - s_0 e^{-\lambda t}$，$s_1 = mz_1 + z_2$ 代入上式，得到

$$\dot{V}_2 \leqslant z_1 z_2 - k_1 z_1^2 - A(mz_1 + z_2 - s_0 e^{-\lambda t})(mz_1 + z_2 - s_0 e^{-\lambda t} + 2s_0 e^{-\lambda t}) - As_0^2 e^{-2\lambda t}$$

$$= z_1 z_2 - k_1 z_1^2 - A(mz_1 + z_2)^2 + A(s_0 e^{-\lambda t})^2 - As_0^2 e^{-2\lambda t}$$

$$= z_1 z_2 - k_1 z_1^2 - A(mz_1 + z_2)^2 = z_1 z_2 - k_1 z_1^2 - Am^2 z_1^2 - Az_2^2 - 2Amz_1 z_2$$

$$= -(k_1 + Am^2)z_1^2 - Az_2^2 - (2Am - 1)z_1 z_2 = -[z_1, z_2]\mathbf{Q}[z_1, z_2]^{\mathrm{T}} \tag{7-28}$$

其中，

$$\mathbf{Q} = \begin{bmatrix} k_1 + Am^2 & Am - 0.5 \\ Am - 0.5 & A \end{bmatrix}$$

适当选取参数 A、m、k_1，可使得矩阵 $\mathbf{Q}$ 保持正定，则

$$\dot{V}_2 \leqslant 0$$

通过以上控制率的设计，系统满足 Lyapunov 稳定性条件，从而保证系统具有全局意义下的渐近稳定性。其中，A、m、k_1 为自由度因子。

7.2.2　基于上界估计的反推滑模控制器设计

上述设计的控制器是在假设系统不确定部分上界已知的前提下进行的，但在实际中，系统不确定项未知，准确选取其上界较为困难。因此，本处提出一种自适应算法对系统不确定项的上界进行在线估计，并应用到控制器中以提高控制器的工程实用性。

定义 $\hat{D}$ 是对不确定项上界的估计，$\tilde{D} = D - \hat{D}$ 为 D 的估计误差。设计基于上界估计的反推滑模控制器为

$$u = -\frac{1}{k_u} \big[m(z_2 - k_1 z_1) + B_m x_2 - \ddot{y}_r + k_1(z_2 - k_1 z_1) + \lambda s_0 e^{-\lambda t} +$$
$$\hat{D}\mathrm{sign}(s) + As + 2As_0 e^{-\lambda t} \big] \tag{7-29}$$

对于以 z_1、z_2、$\tilde{D}$ 为变量的新系统，构造 Lyapunov 函数

$$V_3 = V_2 + \frac{1}{2\lambda_1}\tilde{D}^2 \tag{7-30}$$

式中，λ_1 为正常数。对 V_3 求导得

$$\dot{V}_3 = \dot{V}_2 + \frac{1}{\lambda_1}\tilde{D}\,\dot{\tilde{D}} = \dot{V}_2 - \frac{1}{\lambda_1}\tilde{D}\,\dot{\hat{D}}$$

$$= z_1 z_2 - k_1 z_1^2 - As_0^2 e^{-2\lambda t} - As^2 - 2Ass_0 e^{-\lambda t} + (Fs - \hat{D}|s|) - \frac{1}{\lambda_1}\tilde{D}\,\dot{\hat{D}}$$

$$= z_1 z_2 - k_1 z_1^2 - As_0^2 e^{-2\lambda t} - As^2 - 2Ass_0 e^{-\lambda t} + (Fs - D|s|) + \tilde{D}|s| - \frac{1}{\lambda_1}\tilde{D}\,\dot{\hat{D}}$$

$$= z_1 z_2 - k_1 z_1^2 - As_0^2 e^{-2\lambda t} - As^2 - 2Ass_0 e^{-\lambda t} + (Fs - D|s|) + \tilde{D}\Big(|s| - \frac{1}{\lambda_1}\dot{\hat{D}}\Big) \tag{7-31}$$

设计不确定项上界自适应律

$$\dot{\hat{D}} = \lambda_1 |s| \tag{7-32}$$

将上式代入式 (7-31)，可得

$$\dot{V}_3 = z_1 z_2 - k_1 z_1^2 - As_0^2 e^{-2\lambda t} - As^2 - 2Ass_0 e^{-\lambda t} + (Fs - D|s|)$$
$$\leqslant z_1 z_2 - k_1 z_1^2 - As(s + 2s_0 e^{-\lambda t}) - As_0^2 e^{-2\lambda t} \tag{7-33}$$

将 $s = s_1 - s_0 e^{-\lambda t}$ 代入式 (7-33) 中，得

$$\dot{V}_3 \leqslant z_1 z_2 - k_1 z_1^2 - A(s_1 - s_0 e^{-\lambda t})(s_1 - s_0 e^{-\lambda t} + 2s_0 e^{-\lambda t}) - As_0^2 e^{-2\lambda t}$$
$$= z_1 z_2 - k_1 z_1^2 - As_1^2 + As_0^2 e^{-2\lambda t} - As_0^2 e^{-2\lambda t} \tag{7-34}$$

将 $s_1 = m z_1 + z_2$ 代入式 (7-34) 中，有

$$\dot{V}_3 = -(k_1 + Am^2)z_1^2 - Az_2^2 - (2Am-1)z_1 z_2 = -[z_1, z_2]\boldsymbol{Q}[z_1, z_2]^{\mathrm{T}} \tag{7-35}$$

其中，

$$\boldsymbol{Q} = \begin{bmatrix} k_1 + Am^2 & Am - 0.5 \\ Am - 0.5 & A \end{bmatrix}$$

适当选取参数 A、m、k_1，可使得矩阵 $\boldsymbol{Q}$ 保持正定，则

$$\dot{V}_3 \leqslant 0 \qquad\qquad (7-36)$$

通过以上控制律和不确定项上界自适应律的设计，系统满足 Lyapunov 稳定性条件，从而保证系统具有全局意义下的渐近稳定性。其中，A、m、k_1 为自由度因子。

7.2.3 仿真分析

为了验证算法的正确性，对火箭炮随动系统进行了仿真分析。系统参数如下：k 为电压力矩常数，d_n 为常值扰动，J 为系统负载折算到电机端的转动惯量，B 为系统折算到电机端的黏性阻尼系数，ω 和 $\dot{\omega}$ 分别为俯仰框架的角速度和角加速度，c_1 和 c_2 是对应于 ω 和 $\dot{\omega}$ 的框架间耦合干扰系数，$f(t)$ 为其他未补偿干扰及建模误差。各个参数折算到电机端的取值如下：$k = 53.6\ \mathrm{N \cdot m/V}$，$d_n = 16\ \mathrm{N \cdot m}$，$J = 0.138\ \mathrm{kg \cdot m^2}$，$B = 0.2\ \mathrm{(N \cdot m)/(rad \cdot s^{-1})}$，$c_1 = 0.14\ \mathrm{(N \cdot m)/(rad \cdot s^{-1})}$，$c_2 = 0.13\ \mathrm{(N \cdot m)/(rad \cdot s^{-1})}$，双自由度反推滑模位置控制器参数 $A = 40$，$m = 90$，$k_1 = 250$，PID 位置控制器参数为 $K_P = 50$，$K_I = 1$，$K_D = 150$。下面将对两种工况下的系统进行仿真。

工况一：参考信号输入为 $x_{1d} = 10(1 - \mathrm{e}^{-0.25t})$（°）

1. 常值负载干扰

假设仿真在 $10 \sim 12$ s 期间加入一个阶跃扰动 $1\,000\ \mathrm{N \cdot m}$，位置输出响应跟踪曲线、跟踪误差曲线如图 7-3、图 7-4 所示。从图 7-4 中可以看出，当出现负载扰动时，采用 PID 控制算法位置响应出现较大的偏移，而采用反推滑模控制时，位置响应没有出现太大的偏移，抗干扰能力比 PID 控制器要好。

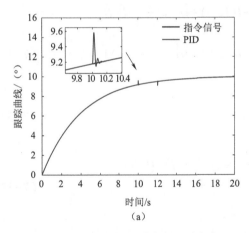
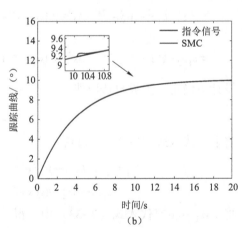

图 7-3　施加负载扰动时的阶跃响应跟踪曲线

（a）PID 控制器；（b）反推滑模控制器

2. 时变负载干扰

在火箭炮随动系统中加入时变负载，其表达式 $T_L = 100\sin(\pi \cdot t)\ \mathrm{N \cdot m}$。同上，分别对系统采用 PID 控制和反推滑模控制，得到系统的跟踪曲线、跟踪误差曲线如图 7-5、图 7-6 所示。从图 7-6 中可以看出，采用 PID 控制时，系统在时变负载的干扰下出现了周期性振荡，系统稳定性能变差；而采用反推滑模控制时，系统到达稳态后，受负载扰动影响较小，体现出了较好的鲁棒性。

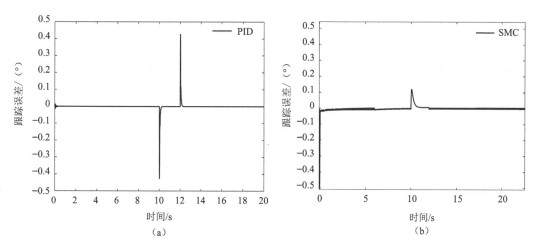

图 7-4 施加负载扰动时的跟踪误差曲线

（a）PID 控制器；（b）反推滑模控制器

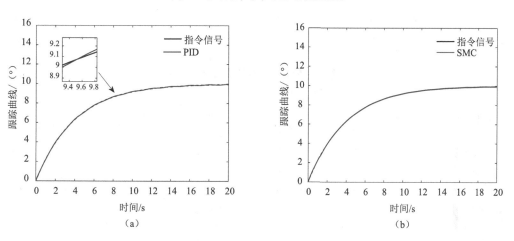

图 7-5 施加时变负载扰动时的阶跃响应跟踪曲线

（a）PID 控制器；（b）反推滑模控制器

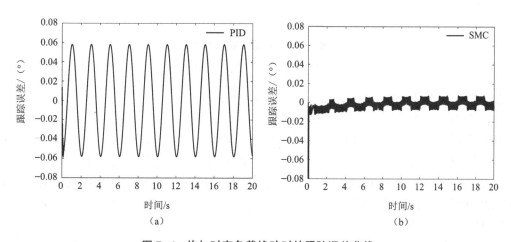

图 7-6 施加时变负载扰动时的跟踪误差曲线

（a）PID 控制器；（b）反推滑模控制器

3. 系统参数摄动

为了验证结构参数发生摄动时的控制效果，假设系统在前三秒内转动惯量减小到原来的 1/2，得到位置跟踪曲线、跟踪误差曲线如图 7-7、图 7-8 所示。从图 7-8 可以看出，采用 PID 控制时，系统需要较长时间才能到达稳定状态；而采用反推滑模控制时，系统响应较快，达到稳定所需时间较短。

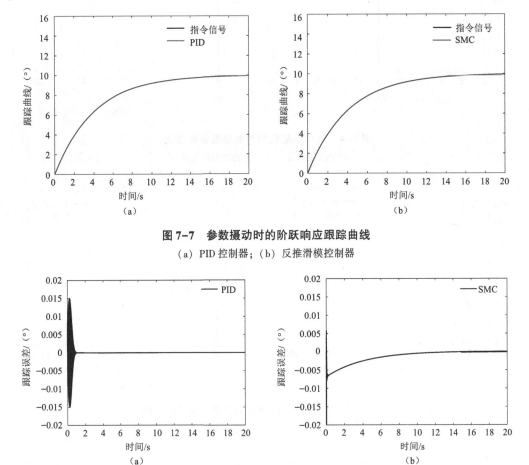

图 7-7　参数摄动时的阶跃响应跟踪曲线

(a) PID 控制器；(b) 反推滑模控制器

图 7-8　参数摄动时的跟踪误差曲线

(a) PID 控制器；(b) 反推滑模控制器

工况二： 参考信号输入为 $x_{1d} = (1-\mathrm{e}^{-0.5t})\sin(2\pi t)$

1. 常值负载干扰

假设仿真在 10~12 s 期间加入一个阶跃扰动 1 000 N·m，位置输出响应跟踪曲线、跟踪误差曲线如图 7-9、图 7-10 所示。从图 7-10 可以看出，当出现负载扰动时，采用 PID 控制算法时位置响应出现较大的偏移，而采用反推滑模控制时，位置响应没有出现太大的偏移，抗干扰能力比 PID 控制器要好。

2. 时变负载干扰

在火箭炮随动系统中加入时变负载，其表达式 $T_\mathrm{L} = 100\sin(\pi \cdot t)$ N·m。同上，分别对系统采用 PID 控制和反推滑模控制，得到系统的跟踪曲线、跟踪误差曲线如图 7-11、图 7-12 所示。从图 7-12 中可以看出，采用 PID 控制时，系统在时变负载的干扰下出现了周期性振荡，系统稳定性能变差；而采用反推滑模控制时，系统到达稳态后，受负载扰动影响较小。

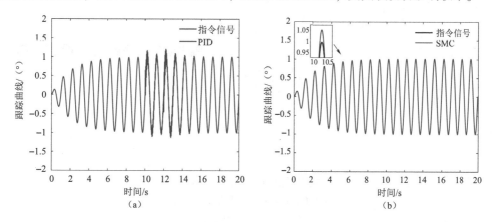

图 7-9　施加负载扰动时的阶跃响应跟踪曲线

（a）PID 控制器；（b）反推滑模控制器

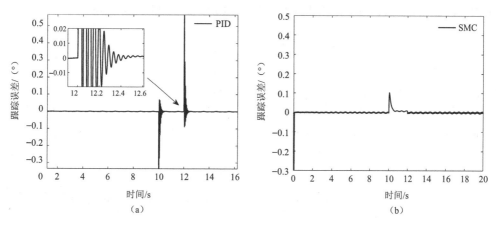

图 7-10　施加负载扰动时的跟踪误差曲线

（a）PID 控制器；（b）反推滑模控制器

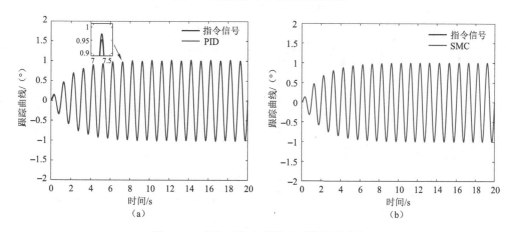

图 7-11　施加时变负载扰动时的跟踪曲线

（a）PID 控制器；（b）反推滑模控制器

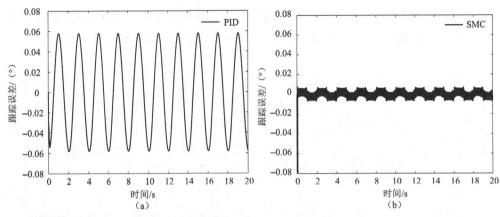

图 7-12　施加时变负载扰动时的跟踪误差曲线

（a）PID 控制器；（b）反推滑模控制器

3. 系统参数摄动

为了验证结构参数发生摄动时的控制效果，假设系统转动惯量前三秒内减小到 1/2，得到输出跟踪曲线、跟踪误差曲线如图 7-13、图 7-14 所示。从图 7-14 可以看出，采用 PID

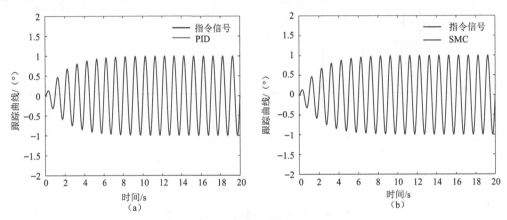

图 7-13　参数摄动时的跟踪曲线

（a）PID 控制器；（b）反推滑模控制器

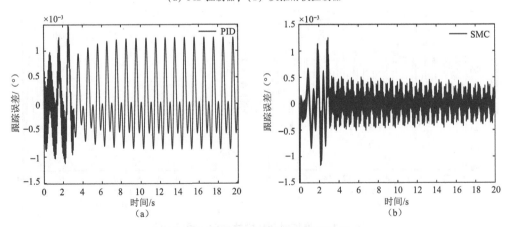

图 7-14　参数摄动时的跟踪误差曲线

（a）PID 控制器；（b）反推滑模控制器

控制时，系统稳态误差波动较大；而采用反推滑模控制时，系统稳态误差较小，说明此时系统抗参数摄动的能力较强。

7.3　本章小结

本章阐述了滑模变结构控制理论，分析了滑模变结构控制的可控性条件与可求解条件，给出了控制律的具体结构形式和稳定性证明理论。为了提高火箭炮随动系统位置跟踪控制性能，将滑模控制算法与反推控制算法的优点相结合，设计了基于不确定性上界估计的反推滑模控制算法，很好地解决了被控对象非匹配参数不确定性问题，实现了火箭炮随动系统的目标轨迹渐近跟踪，且保证了系统的全局稳定。针对火箭炮随动系统，进行了常值负载干扰、时变负载干扰、参数摄动等多种工况下的仿真分析。仿真结果表明，结合滑模控制方法与反推控制方法优势设计的反推滑模控制方法有效提高了火箭炮随动系统对参数摄动和外部扰动的鲁棒性，从而提高了系统综合跟踪控制性能。

参考文献

［1］刘金琨，孙富春. 滑模变结构控制理论及其算法研究与进展［J］. 控制理论与应用，2007（3）：407-418.

［2］李政，胡广大，崔家瑞，刘广一. 永磁同步电机调速系统的积分型滑模变结构控制［J］. 中国电机工程学报，2014，34（03）：431-437.

［3］汪海波，周波，方斯琛. 永磁同步电机调速系统的滑模控制［J］. 电工技术学报，2009，24（09）：71-77.

［4］A. Levant. Higher-order sliding modes, differentiation and output-feedback control［J］. International Journal of Control, 2003, 76（9-10）：924-941.

［5］J. Wang, Q. Zong, B. Tian. Flight control for a flexible air-breathing hypersonic vehicle based on quasi-continuous high-order sliding mode［J］. Journal of Systems Engineering and Electronics, 2013, 24（2）：288-295.

［6］Y. Feng, X. Yu, Z. Man. Non-singular terminal sliding mode control of rigid manipulators［J］. Automatica, 2002, 38（12）：2159-2167.

［7］I. Baik, K. Kim, M. Youn. Robust nonlinear speed control of PM synchronous motor using boundary layer integral sliding mode control technique［J］. IEEE Transactions on Control System Technology, 2000, 8（1）：47-54.

［8］P. Guan, X. Liu, J. Liu. Adaptive fuzzy sliding mode control for flexible satellite［J］. Engineering Applications of Artificial Intelligence, 2005, 18（4）：451-459.

［9］J. Hu, Y. Qiu, L. Liu, High-order-sliding-mode-observer based output feedback adaptive robust control of a launching platform with backstepping［J］. International Journal of Control, 2016, 89（10）：2029-2039.

［10］Y. Qiu, J. Hu, H. Lu and L. Liu, Finite time motion control for a launching platform based on sliding mode disturbance observer［J］. Advances in Mechanical Engineering, 2016,

8 (10): 1-10.

[11] T. Zhang, S. Ge, C. Hang. Adaptive neural network control for strict-feedback nonlinear systems using backstepping design [J]. Automatica, 2000, 36 (12): 1835-1846.

[12] B. Grcar, P. Cafuta, G. Stumberger, et al. Non-holonomy in induction machine torque control [J]. IEEE Transactions on Control System Technology, 2011, 19 (2): 367-375.

[13] M. Vasak, M. Baotic, I. Petrovic, et al. Hybrid theory-based time-optimal control of an electronic throttle [J]. IEEE Transactions on Industrial Electronics, 2007, 54 (3): 1483-1494.

[14] B. Yao, F. Bu, J. Reedy, et al. Adaptive robust motion control of single-rod hydraulic actuators: theory and experiments [J]. IEEE/ASME Transactions on Mechatronics, 2000, 5 (1): 79-91.

[15] J. Yao, Z. Jiao, B. Yao. Nonlinear adaptive robust backstepping control of hydraulic load simulator: theory and experiments [J]. Journal of Mechanical Science and Technology, 2014, 28 (4): 1499-1507.

[16] C. Kwan. Sliding mode control of linear systems with mismatched uncertainties [J]. Automatica, 1995, 31 (2): 303-307.

[17] Khalil, K. Hassan. Linear systems [M]. Publishing House of Electronics Industry, Upper Saddle River, New Jersey, 2007.

第8章

火箭炮随动系统智能控制策略设计

　　目前，对于电机驱动的火箭炮随动系统这一类机电传动系统来说，采用的最广泛的控制方法仍然为 PID 加前馈的控制方法。它的好处在于不依赖于系统的数学模型，操作简单方便，工程实用性强。但是当控制过程发生变化时，PID 控制器的控制参数需要重新整定，且 3 个可调参数相互耦合，调整起来很不方便，从而导致其抵抗系统参数摄动、外部扰动影响的能力较差，而这正是身处恶劣工况的火箭炮随动系统所要解决的问题。近年来，随着控制理论和高速采集等基础学科的迅速发展，基于模型的先进非线性控制技术在国内外得到了广泛重视并渐渐成为机电先进伺服控制的主要方法流派。其主要基于反馈线性化的方法，将原来的非线性系统转化为简单的线性系统，在此基础上采用各种线性控制方法完成控制器的设计，包括针对模型中的参数不确定性发展出了自适应控制方法，针对模型中的不确定性非线性发展出了鲁棒控制方法等。上述方法在前面几个章节均有介绍。但是无论如何改进，这种方法还是需要依赖于建立较为精确的系统数学模型。但是往往实际系统是复杂多样的，建立精确的系统数学模型是一件非常棘手的事情。

　　那么我们怎样才能突破这一困境呢？人工智能给了我们强大的启示。2016 年，AlphaGo 先后战胜了两位顶尖围棋高手李世乭和柯洁，这场猛烈风暴席卷了世界[6,7]。它通过有监督学习和强化学习来提高自己的走棋策略，并最终赢得比赛。这一结果极大地激起了全世界研究人工智能的热潮。中国国务院于 2017 年发布了"新一代人工智能发展规划"，美国于 2019 年发布了新版"人工智能研究战略"，这些都表明世界各国正在大力发展人工智能，并推进其在各个领域中的应用。我们将人工智能引入控制器的设计中来，就可以提高控制器的环境自适应能力，从而方便实现机电系统的高精度运动控制。智能控制方法有很多种，本章主要介绍将神经网络与 PID 控制和 ARC 控制相结合形成的智能控制方法，该方法充分利用神经网络的万能逼近特性，强大的自学习、自适应能力以弥补 PID 控制和 ARC 控制的不足，从而有力提升系统的综合控制性能。

8.1　神经网络理论基础

　　人工神经网络（简称神经网络，Neural Network）是模拟人脑思维方式的数学模型，由大量简单的处理单元（神经元）广泛地互相连接，构成的复杂网络系统。神经网络是在现代生物学研究人脑组织成果的基础上提出的，用来模拟人类大脑神经网络的结构和行为。神经网络反映了人脑功能的基本特征，如并行信息处理、学习、联想、模式分类、记忆等，是一个高度复杂的非线性动力学模型。它具有大规模并行、分布式存储和处理、自适应、自组织和自学习能力，特别适合于处理语音和图像的识别及理解、知识的处理、组合优化计算和智能控制等一系列本质上是非计算的问题。因此，神经网络技术已经成为当前人工智能领域中最令人感兴趣的研究课题之一。

8.1.1 神经网络原理[1,2]

神经网络的基本组成是神经元。数学上的神经元模型与生物学上的神经细胞相对应，或者说，神经网络理论是用神经元这种抽象的数学模型来描述客观世界的生物细胞的。神经生理学和神经解剖学的研究表明，人脑极其复杂，由一千多亿个神经元交织在一起的网状结构构成，其中大脑皮层约 140 亿个神经元，小脑皮层约 1 000 亿个神经元。人脑能完成智能、思维等高级活动，为了能利用数学模型来模拟人脑的活动，于是开展了神经网络的研究。神经系统的基本构造是神经元（神经细胞），其结构如图 8-1 所示，其主要由四部分组成：细胞体、树突、轴突和突触。

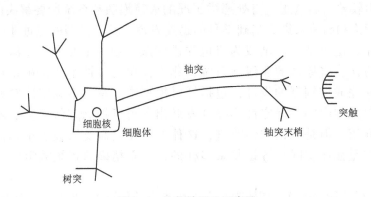

图 8-1　生物神经元示意图

（1）细胞体（主体部分）：由细胞质、细胞膜和细胞核三个部分组成。细胞核占据了细胞体的很大一部分，主要功能是进行呼吸和新陈代谢等许多生化过程。细胞体的外部是细胞膜，细胞膜对细胞液中的不同离子具有不同的通透性，使得细胞膜内外会出现一个 20~100 mV 的静息电位。细胞体相当于一个初等处理器，它对来自其他各个神经元的信号进行总体求和，并产生一个神经输出信号。由于细胞膜将细胞体内外分开，因此，在细胞体的内外具有不同的电位，通常是内部电位比外部电位低。细胞膜内外的电位之差被称为膜电位。在无信号输入时的膜电位称为静止膜电位。当一个神经元的所有输入总效应达到某个阈值电位时，该细胞变为活性细胞（激活），其膜电位将自发地急剧升高产生一个电脉冲。这个电脉冲又会从细胞体出发沿轴突到达神经末梢，并经与其他神经元连接的突触，将这一电脉冲传给相应的神经元。

（2）树突：从细胞体向外延伸出，其中大部分突起较短，其分支大多数群集在细胞体附近形成灌木丛状，神经元靠树突接收来自其他神经元的输入信号，相当于细胞体的输入端，用于为细胞体传入信息。

（3）轴突：细胞体深处的最长的一条突起称为轴突，为细胞体传出信息，其末端是轴突末梢，含传递信息的化学物质，神经末梢可以向四面八方传出信号，相当于细胞体的输出端。

（4）突触：是神经元之间的接口（每个神经元有 $10^4 \sim 10^5$ 个突触）。一个神经元通过其轴突的神经末梢，经突触与另外一个神经元的树突连接，以实现信息的传递。由于突触的信息传递特性是可变的，随着神经冲动传递方式的变化，传递作用强弱不同，形成了神经元之间连接的柔性，称为结构的可塑性。突触在轴突末梢与其他神经元的受体表面相接触的地方有 $15 \sim 50$ nm 的间隙，称为突出间隙，在电学上把两者分开。

突触有两种：兴奋性突触和抑制性突触。前者产生正突触后电位，后者产生负突触后电位。一个神经元的各种树突和细胞体往往通过突触和大量的其他神经元相连接。这些突触后电位的变化，将对该神经元产生综合作用，即当这些突触后电位和超过某一阈值时，该神经元便被激活产生脉冲，而且产生的脉冲数与该电位总和值大小有关，脉冲沿突触向其他神经元传送，从而实现了神经元之间的信息传递。突触信息有一定的时间延时，对于温血动物一般为 $0.3 \sim 1$ ms。

综上，神经元具有如下功能：

（1）时空整合：神经元对不同时间通过同一突触传入的神经冲动，具有时间整合功能。对于同一时间通过不同突触传入的神经冲动，具有空间整合功能。两种功能相互结合，使生物神经元对由突触传入的神经冲动具有时空整合的功能。

（2）兴奋与抑制：如果传入神经元的冲动经整合后使细胞膜电位升高，超过动作电位的阈值时即为兴奋状态，产生神经冲动，由轴突经神经末梢传出。如果传入神经元的冲动经整合后使细胞膜电位降低，低于动作电位的阈值时即为抑制状态，不产生神经冲动。

（3）学习与遗忘：由于神经元结构的可塑性，突触的传递作用可增强和减弱，因此，神经元具有学习与遗忘的功能。

（4）脉冲与电位转换：突触界面具有脉冲/电位信号转化功能。沿神经纤维传递的信号为离散的电脉冲信号，而细胞膜电位的变化为连续的电位信号。这种在突触接口处进行的数/模转换，是通过神经介质以量子化学方式实现的如下过程：电脉冲→神经化学物质→膜电位。

神经网络的研究主要分为 3 个方面的内容，即神经元模型、神经网络结构和神经网络学习算法。

8.1.2　神经网络学习算法

神经网络学习算法是神经网络智能特性的重要标志，神经网络通过学习算法，实现了自适应、自组织和自学习的能力。

神经网络的学习也称为训练，指的是通过神经网络所在的环境的刺激作用调整神经网络的自由参数，使得神经网络以一种新的方式对外部环境做出反应的一个过程。能够从环境中学习和在环境中提高自身是神经网络最有意义的性质。

目前神经网络的学习算法有多种。按有无标签分类，可分为有导师学习（Supervised Learning）、无导师学习（Unsupervised Learning）和强化学习（Reinforcement Learning）等几大类。如图 8-2 所示，在有导师的学习方式中，将网络的输出与期望的输出进行比较，然后根据两者之间的差异调整网络的权值，最终使差异变小。如图 8-3 所示，在无导师的学习方式中，输入模式进入网络后，网络按照一种预先设定的规则（如竞争规则）自动调整权值，使网络最终具有模式分类等功能。强化学习是介于上述两者之间的一种学习方式，它把学习看作试探评价（奖或惩）过程，学习机选择一个动作（输出）作用于环境之后，使得环境的状态改变，并产生一个再励信号反馈至学习机，学习机根据再励信号与环境当前的状态进行对比，再选择下一个动作作用于环境，选择的原则是使收到奖励的可能性增大。

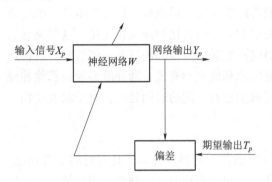

图 8-2　有导师的神经网络学习

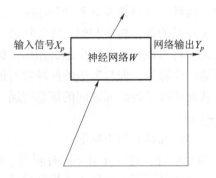

图 8-3　无导师的神经网络学习

下面介绍几个基本的神经网络学习算法：

1. Hebb 学习规则

Hebb 学习规则是一种联想式学习算法。生物学家 D. O. Hebbian 基于对生物学和心理学的研究，认为两个神经元同时处于激发状态时，它们之间的连接强度将得到加强，这一论述的数学描述被称为 Hebb 学习规则，即

$$w_{ij}(k+1) = w_{ij}(k) + I_i I_j \tag{8-1}$$

式中，$w_{ij}(k)$ 为连接从神经元 i 到神经元 j 的当前的权值，I_i 和 I_j 为神经元的激活水平。

Hebb 学习规则是一种无导师的学习方法，它只根据神经元连接间的激活水平改变权值，因此，这种方法又称为相关学习或并联学习。

2. Delta(δ) 学习规则

假设误差准则函数为

$$E = \frac{1}{2} \sum_{p=1}^{P} (d_p - y_p)^2 = \sum_{p=1}^{P} E_p \tag{8-2}$$

式中，d_p 为期望的输出（导师信号）；y_p 为网络的实际输出，$y_p = f(\boldsymbol{W}^{\mathrm{T}} \boldsymbol{X}_p)$，其中 $\boldsymbol{W}$ 为网络所有权值组成的向量，即：

$$\boldsymbol{W} = (w_0, w_1, \cdots, w_n)^{\mathrm{T}} \tag{8-3}$$

$\boldsymbol{X}_p$ 为输入模式，即

$$\boldsymbol{X}_p = (x_{p0}, x_{p1}, \cdots, x_{pn})^{\mathrm{T}} \tag{8-4}$$

式中，p 为训练样本数，$p = 1, 2, \cdots P$。

神经网络学习的目的是通过调整权值 $\boldsymbol{W}$，使误差准则函数最小。可采用梯度下降法来实现权值的调整，其基本思想是沿着 E 的负梯度方向不断修正 $\boldsymbol{W}$ 值，直到 E 达到最小。这

种方法的数学表达式为：

$$\Delta W = \eta \left(-\frac{\partial E}{\partial W_i} \right) \tag{8-5}$$

$$\frac{\partial E}{\partial W_i} = \sum_{p=1}^{P} \frac{\partial E_p}{\partial W_i} \tag{8-6}$$

其中

$$E_p = \frac{1}{2}(d_p - y_p)^2 \tag{8-7}$$

令网络输入信号加权求和向量为 $\boldsymbol{\theta}_p = \boldsymbol{W}^{\mathrm{T}} \boldsymbol{X}_p$，则 $y_p = f(\theta_p)$，且

$$\frac{\partial E_p}{\partial W_i} = \frac{\partial E_p}{\partial \theta_p} \frac{\partial \theta_p}{\partial W_i} = \frac{\partial E_p}{\partial y_p} \frac{\partial y_p}{\partial \theta_p} X_{ip} = -(d_p - y_p) f'(\theta_p) X_{ip} \tag{8-8}$$

$\boldsymbol{W}$ 的修正规则为：

$$\Delta W_i = \eta \sum_{p=1}^{P} (d_p - y_p)^2 f'(\theta_p) X_{ip} \tag{8-9}$$

式（8-9）称为 Delta 学习规则，又称误差修正规则。

Hebb 学习规则和 Delta 学习规则都属于传统的权值调节方法，而一种更先进的方法是通过 Lyapunov 稳定性理论来获得权值调节律。

8.1.3　典型神经网络

（一）BP 神经网络

单神经元的缺点是只能解决线性可分的分类问题，要增强网络的分类能力，一种有效的方法是采用多层网络，即在输入与输出之间加上隐藏层，这种由输入层、隐藏层和输出层构成的神经网络称为多层前馈神经网络[3]。

20 世纪 80 年代中期，David Runelhart、Geoffrey Hinton 和 Ronald Wllians、David Parker 等人分别独立发现了误差反向传播算法（Error Back Propagation Training），简称 BP 算法。BP 算法的基本思想是以网络误差平方为目标函数，采用梯度下降法来计算目标函数的最小值。

BP 算法系统地解决了多层神经网络隐藏层连接权学习问题，并在数学上给出了完整推导。人们把采用这种算法进行误差校正的多层前馈网络称为 BP 神经网络。

1. BP 神经网络的特点

（1）BP 神经网络是一种多层网络，包括输入层、隐藏层和输出层；

（2）层与层之间采用全互连方式，同一层神经元之间不连接；

（3）权值通过 δ 学习算法进行调节；

（4）神经元激发函数为 S 函数；

（5）学习算法由正向传播和反向传播组成；

（6）层与层的连接是单向的，信息的传播是双向的。

2. BP 神经网络结构

含一个隐藏层的 BP 神经网络结构如图 8-4 所示，图中，i 为输入层，j 为隐藏层，k 为输出层。

3. BP 神经网络的学习过程

BP 算法的学习过程由正向传播和反向传播组成。在正向传播过程中，输入信息从输入层经隐藏层逐层处理，并传向输出层，每层神经元（节点）的状态只影响下一层神经元的状态。如果在输出层不能得到期望的输出，则转至反向传播，将误差信号（理想输出与实际输出之差）按连接通路反向计算，由梯度下降法调整各层神经元的权值，使误差信号减小。

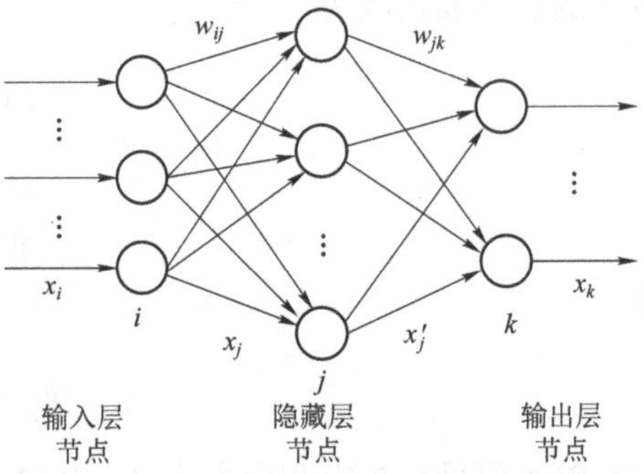

图 8-4　BP 神经网络结构

1）前向传播：计算网络的输出

隐藏层神经网络的输入为所有输入的加权之和，即：

$$x_j = \sum w_{ij} x_i \tag{8-10}$$

隐藏层神经元的输出 x'_j，采用 S 函数激发 x_j，得

$$x'_j = f(x_j) = \frac{1}{1 + e^{-x_j}} \tag{8-11}$$

则

$$\frac{\partial x'_j}{\partial x_j} = x'_j (1 - x'_j) \tag{8-12}$$

输出层神经网络的输出为

$$y_n(k) = \sum_j w_{jk} x'_j \tag{8-13}$$

网络输出与理想输出的误差为

$$e(k) = y(k) - y_n(k) \tag{8-14}$$

误差性能指标函数为

$$E = \frac{1}{2} e^2(k) \tag{8-15}$$

2）反向传播：采用 δ 学习算法，调整各层间的权值

根据梯度下降法，权值的学习算法如下：

输出层及隐藏层的连接权值学习 w_{jk} 算法为：

$$\Delta w_{jk} = -\eta \frac{\partial E}{\partial w_{jk}} = \eta e(k) \frac{\partial y_n(k)}{\partial w_{jk}} = \eta e(k) x'_j \tag{8-16}$$

式中，η 为学习速率，$\eta \in [0, 1]$。

$k+1$ 时刻网络的权值为：

$$w_{jk}(k+1) = w_{jk}(k) + \Delta w_{jk} \tag{8-17}$$

隐藏层及输入层连接权值学习算法为：

$$\Delta w_{ij} = -\eta \frac{\partial E}{\partial w_{ij}} = \eta e(k) \frac{\partial y_n(k)}{\partial w_{ij}} \tag{8-18}$$

其中

$$\frac{\partial y_n}{\partial w_{ij}} = \frac{\partial y_n}{\partial x'_j} \frac{\partial x'_j}{\partial x_j} \frac{\partial x_j}{\partial w_{ij}} = w_{jk} \frac{\partial x'_j}{\partial x_j} x_i = w_{jk} x'_j (1 - x'_j) x_i \tag{8-19}$$

$k+1$ 时刻网络的权值为：

$$w_{ij}(k+1)=w_{ij}(k)+\Delta w_{ij} \tag{8-20}$$

为了避免权值的学习过程发生振荡、收敛速度慢，需要考虑上次权值变化对本次权值变化的影响，即加入动量因子 α。此时的权值为：

$$w_{ij}(k+1)=w_{ij}(k)+\Delta w_{ij}+\alpha(w_{ij}(k)-w_{ij}(k-1)) \tag{8-21}$$

$$w_{jk}(k+1)=w_{jk}(k)+\Delta w_{jk}+\alpha(w_{jk}(k)-w_{jk}(k-1)) \tag{8-22}$$

式中，α 为动量因子，$\alpha\in[0,1]$。

Jacobian 阵（即为对象的输出对控制输入的灵敏度信息）算法为：

$$\frac{\partial y(k)}{\partial u(k)}\approx\frac{\partial y_n(k)}{\partial u(k)}=\frac{\partial y_n(k)}{\partial x_j'}\frac{\partial x_j'}{\partial x_j}\frac{\partial x_j}{\partial x_1}=\sum w_{jk}x_j'(1-x_j')w_{1j} \tag{8-23}$$

其中，取 $x_1=u(t)$。

在人工神经网络的实际应用中，绝大部分的神经网络模型都采用 BP 神经网络及其变化形式。BP 神经网络在函数逼近、模式识别、分类、数据压缩等方面得到了广泛的应用。

（二）RBF 神经网络

径向基函数（Radial Basis Function，RBF）神经网络是由 J. Moody 和 C. Darken 于 20 世纪 80 年代末提出的一种神经网络，它是具有单隐藏层的三层前馈网络。RBF 网络模拟了人脑中局部调整、相互覆盖接收域（或称感受野，Receptive Field）的神经网络结构，已证明 RBF 网络能以任意精度逼近任意连续函数[4]。

RBF 神经网络的学习过程与 BP 神经网络的学习过程类似，两者的主要区别在于各使用不同的作用函数。BP 神经网络中隐藏层使用的是 Sigmoid 函数。其值在输入空间中无限大的范围内为非零值，因而是一种全局逼近的神经网络；但其收敛速度慢，容易陷入局部极小。而 RBF 神经网络中的作用函数是高斯基函数，其值在输入空间中有限范围内为非零值，因而 RBF 神经网络是局部逼近的神经网络。其逼近能力、分类能力和学习速度等方面均优于 BP 神经网络。

理论上，三层以上的 BP 神经网络能够逼近任何一个非线性函数，但由于 BP 神经网络是全局逼近网络，每一次样本学习都要重新调整网络的所有权值，收敛速度慢，易于陷入局部极小，很难满足控制系统的高度实时性要求。RBF 神经网络是一种三层前向网络，由输入层到隐藏层的映射是非线性的，而隐藏层空间到输出空间的映射是线性的，而且 RBF 神经网络是局部逼近的神经网络，因而采用 RBF 神经网络可大大加快学习速度并避免局部极小问题，适合于实时控制的要求。采用 RBF 神经网络构成神经网络控制方案，可有效提高系统的精度、鲁棒性和自适应性。

1. RBF 神经网络的特点

（1）RBF 神经网络的作用函数为高斯函数，是局部的。BP 神经网络的作用函数为 S 函数，是全局的；

（2）如何确定 RBF 神经网络隐藏层节点的中心及基宽度参数是一个困难的问题；

（3）已证明 RBF 神经网络具有唯一最佳逼近的特性，且无局部极小。

2. RBF 神经网络结构

如图 8-5 所示，RBF 神经网络是一种三层前馈网络，由于输入层到隐藏层的映射是非线性的，而隐藏层空间到输出空间的映射是线性的，从而可以大大加快学习速度并避免局部极小问题。

在 RBF 神经网络中，$\boldsymbol{X} = (x_1, x_2, \cdots, x_n)^{\mathrm{T}}$ 为网络输入，设 RBF 神经网络的径向基量 $\boldsymbol{H} = (h_1, h_2, \cdots, h_j \cdots, h_m)^{\mathrm{T}}$，其中 h_j 为高斯基函数，即：

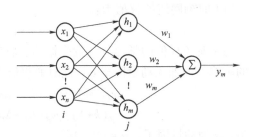

图 8-5　RBF 神经网络结构

$$h_j = \exp\left(-\frac{\|\boldsymbol{X} - \boldsymbol{C}_j\|^2}{2b_j^2}\right), \quad j = 1, 2, \cdots, m \tag{8-24}$$

式中，网络的第 j 个节点的中心矢量为：

$$\boldsymbol{C}_j = (c_{j1}, c_{j2}, \cdots, c_{jn})^{\mathrm{T}} \tag{8-25}$$

高斯基函数的宽度向量为：

$$\boldsymbol{B} = (b_1, b_2, \cdots, b_m)^{\mathrm{T}} \tag{8-26}$$

式中，$b_m > 0$ 为节点高斯基函数的宽度。

网络的权值为：

$$\boldsymbol{W} = (w_1, w_2, \cdots, w_m)^{\mathrm{T}} \tag{8-27}$$

k 时刻，RBF 神经网络的输出为：

$$y_m(k) = \boldsymbol{W}\boldsymbol{H} = w_1 h_1 + w_2 h_2 + \cdots + w_m h_m \tag{8-28}$$

3. RBF 神经网络的学习过程

1）RBF 神经网络的两种模型

正规化网络 RN：通过加入一个含有解的先验知识的约束来控制映射函数的光滑性，若输入输出映射函数是光滑的，则重建问题的解是连续的，意味着相似的输入对应着相似的输出。

广义网络 GN：用径向基函数作为隐单元的"基"，构成隐藏层空间。隐藏层对输入向量进行变换，将低维空间内的线性不可分问题在高维空间内线性分。

2）RBF 学习算法

RBF 学习的 3 个参数：① 基函数的中心 $\boldsymbol{C}_j$；② 方差（扩展常数）σ_i；③ 隐藏层与输出层的权值 w_m。

当采用正规化 RBF 神经网络结构时，节点数即样本数，基函数的数据中心即为样本本身，参数设计只需考虑扩展常数和输出节点的权值。

当采用广义 RBF 神经网络结构时，RBF 神经网络的学习算法应该解决的问题包括：如何确定网络隐节点数，如何确定各径向基函数的数据中心及扩展常数，以及如何修正输出权值。

3）RBF 中心选取方法

中心从样本输入中选取：一般来说，样本密集的地方中心点可以适当多些，样本稀疏的地方中心点可以少些；若数据本身是均匀分布的，中心点也可以均匀分布。总之，选出的数据中心应具有代表性。径向基函数的扩展常数是根据数据中心的散布而确定的，为了避免每个径向基函数太尖或太平，一种选择方法是将所有径向基函数的扩展常数设为 $\sigma = c_{\max}/\sqrt{2m}$，其中 $c_{\max}$ 是所选取中心之间的最大距离。

中心自组织选取：常采用各种动态聚类算法对数据中心进行自组织选择，在学习过程中需对数据中心的位置进行动态调节。常用的方法是 K-means 聚类，其优点是能根据各聚类中心之间的距离确定各隐节点的扩展常数。由于 RBF 神经网络的隐节点数对其泛化能力有极大的影响，所以寻找能确定聚类数目的合理方法，是聚类方法设计 RBF 网时需首先解决的问题。除聚类算法外，还有梯度训练方法、资源分配网络（RAN）等。

4）RBF 神经网络学习算法

根据径向基函数中心选取方法的不同，RBF 神经网络有多种学习方法。下面介绍自组织选取中心的 RBF 神经网络学习法。此方法由两个阶段组成：

第一阶段：自组织学习阶段，此阶段为无监督学习过程，求解隐藏层基函数的中心与方差。

第二阶段：监督学习阶段，此阶段求解隐藏层到输出层之间的权值。

（1）基函数的方差可表示为：

$$\sigma = \frac{1}{n} \sum_{i=1}^{m} \| y(k) - y_m(k) c_i \|^2 \tag{8-29}$$

（2）基于 K-均值聚类方法求取基函数中心 C_j：

第一步：网络初始化。随机选取 h 个训练样本作为聚类中心 C_j。

第二步：将输入的训练样本集合按最近邻规则分组，按照输入 X 与中心 C_j 之间的欧式距离将 X 分配到输入样本的各个聚类集合 v_p 之中。

第三步：重新调整聚类中心。计算各个聚类集合 v_p 中训练样本的平均值，即新的聚类中心 C_j，如果新的聚类中心不再发生变化，所得到的 C_j 就是 RBF 神经网络最终的基函数中心，否则返回第二步进行下一轮求解。

（3）计算方差 σ_i。该 RBF 神经网络的基函数为高斯函数，因此方差 σ_i 可由 $\sigma_i = c_{\max} / \sqrt{2m}$ 求解得出。

（4）计算隐藏层和输出层之间的权值 w_m。用最小二乘法直接计算得到

$$w_m = \exp\left(h \frac{\| X - C_j \|^2}{c_{\max}^2} \right) \tag{8-30}$$

8.2　基于神经网络在线调参的智能 PID 控制

火箭炮随动系统具有恶劣的负载特性（即弹炮质量比大造成发射状态转动惯量变化大），较大的不平衡力矩及大范围变化且强大的燃气流冲击干扰等，这些都对火箭炮随动系统的控制器设计提出了更高的要求。传统的 PID 控制方法虽然简单实用，但在面对如此恶劣工况时其克服外部扰动和参数变化带来的不利影响的能力差，从而导致总体控制性能下降，因此需要在线辨识工况，并实时调整好比例、积分、微分三个参数。考虑到神经网络强大的自学习、自适应能力，本节将利用 BP 神经网络根据火箭炮跟踪发射过程中的实时动态性能来在线调整 PID 控制器的三个控制参数，从而有效提高系统抗扰动能力和跟踪精度[5-8]。

8.2.1　控制器结构

基于 BP 神经网络的火箭炮随动系统 PID 控制器结构如图 8-6 所示，控制器由两部分构

成：① 经典的 PID 控制器，直接对被控对象进行闭环控制，并且三个参数 k_p、k_i、k_d 为在线调整方式；② BP 神经网络，根据系统的运行状态，通过自学习（加权系数的自调整），输出对应于某种最优控制律下的 PID 控制器参数 k_p、k_i、k_d，以期达到跟踪性能的最优化[8]。

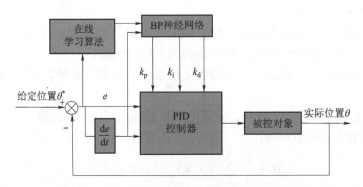

图 8-6　基于 BP 神经网络的监督控制系统结构图

在本应用中，BP 神经网络的结构图如图 8-7 所示，随动系统的给定信号、跟踪误差和跟踪误差的导数作为网络的输入信号，网络的输出为三个 PID 控制器参数 k_p、k_i、k_d。其中 **N** 为输入层到隐藏层的神经元权值，**M** 为隐藏层到输出层的神经元权值，输入层节点个数为 3，输出层节点个数也为 3，隐藏层神经元的个数记为 Q，一般 Q 的个数越多，神经网络的逼近能力越强，但随之而来的是计算量的增加，因此需要根据系统的性能要求选择合理的 Q 值。

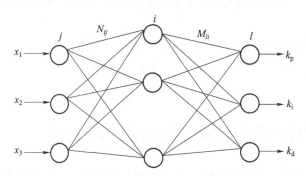

图 8-7　BP 神经网络结构图

隐藏层神经元的输入为所有输入的加权之和，即：

$$neuro_i^{hid} = \sum_{j=1}^{3} N_{ij}x_j, \qquad i = 1,2,\cdots Q \tag{8-31}$$

隐藏层神经元的输出 out_i^{hid} 采用 S 函数激发 x_j，得

$$out_i^{hid} = f(neuro_i^{hid}), \quad f(x) = \frac{e^x - e^{-x}}{e^x + e^{-x}}, i = 1,2,\cdots,Q \tag{8-32}$$

神经网络输出层的输入为

$$neuro_l^{\text{out}} = \sum_{i=1}^{Q} M_{li} out_i^{\text{hid}} \tag{8-33}$$

神经网络输出层的输出为

$$out_l^{\text{out}} = g(neuro_l^{\text{out}}), \quad l=1,2,3 \tag{8-34}$$

则

$$k_{\text{p}} = out_1^{\text{out}}, k_{\text{i}} = out_2^{\text{out}}, k_{\text{d}} = out_3^{\text{out}}$$

由于 k_{p}、k_{i}、k_{d} 不能为负值，所以输出层的激活函数选择为非负的 sigmoid 函数

$$g(x) = \frac{\mathrm{e}^x}{\mathrm{e}^x + \mathrm{e}^{-x}} \tag{8-35}$$

控制器的控制律采用经典离散 PID 控制，其表达式为

$$u(k) = k_{\text{p}} e(k) + k_{\text{i}} \sum_{i=0}^{k} e(i) T + k_{\text{d}} \frac{e(k) - e(k-1)}{T} \tag{8-36}$$

式中，$e(k) = y_d(k) - y(k)$，$y(k)$ 为 k 时刻系统的实际位置，$y_d(k)$ 为 k 时刻系统的期望位置；T 为采样周期。神经网络 PID 控制器的目的就是要使系统跟踪误差趋于零，故可将神经网络调整的性能指标设为：

$$E = \frac{1}{2} e^2(k) \tag{8-37}$$

利用 δ 学习算法来在线调整各层间的权值。根据梯度下降法，权值的学习算法如下：

隐藏层到输出层的连接权值 $\boldsymbol{M}$ 的学习算法为：

$$\Delta M_{li} = -\eta \frac{\partial E(k)}{\partial M_{li}} \tag{8-38}$$

$$\frac{\partial E(k)}{\partial M_{li}} = \frac{\partial E(k)}{\partial y(k)} \frac{\partial y(k)}{\partial u(k)} \frac{\partial u(k)}{\partial out_l^{\text{out}}} \frac{\partial out_l^{\text{out}}}{\partial M_{li}} \tag{8-39}$$

式中，η 为学习速率，$\eta \in [0,1]$；$\dfrac{\partial E(k)}{\partial y(k)} = -e(k)$，$\dfrac{\partial u(k)}{\partial out_1^{\text{out}}} = e(k)$，$\dfrac{\partial u(k)}{\partial out_2^{\text{out}}} = \sum_{i=0}^{k} e(i) T$，

$\dfrac{\partial u(k)}{\partial out_3^{\text{out}}} = \dfrac{e(k) - e(k-1)}{T}$；$\dfrac{\partial out_l^{\text{out}}}{\partial M_{li}} = g'(neuro_l^{\text{out}}) out_i^{\text{hid}}$；$\dfrac{\partial y(k)}{\partial u(k)}$ 未知，利用 $\dfrac{\partial y(k)}{\partial u(k)} \approx$

$\dfrac{y(k) - y(k-1)}{u(k) - u(k-1)}$ 近似，由此带来的计算不精确影响可通过调整学习速率来补偿。

同理可得到输入层到隐藏层连接权值 $\boldsymbol{N}$ 的学习算法为：

$$\Delta N_{ij} = -\eta \frac{\partial E}{\partial N_{ij}} \tag{8-40}$$

$$\frac{\partial E(k)}{\partial N_{ij}} = \frac{\partial E(k)}{\partial y(k)} \frac{\partial y(k)}{\partial u(k)} \frac{\partial u(k)}{\partial out_l^{\text{out}}} \frac{\partial out_l^{\text{out}}}{\partial out_i^{\text{hid}}} \frac{\partial out_i^{\text{hid}}}{\partial N_{ij}} \tag{8-41}$$

式中，$\dfrac{\partial E(k)}{\partial y(k)} = -e(k)$；$\dfrac{\partial u(k)}{\partial out_1^{\text{out}}} = e(k)$，$\dfrac{\partial u(k)}{\partial out_2^{\text{out}}} = \sum_{i=0}^{k} e(i) T$，$\dfrac{\partial u(k)}{\partial out_3^{\text{out}}} = \dfrac{e(k) - e(k-1)}{T}$；$\dfrac{\partial out_l^{\text{out}}}{\partial out_i^{\text{hid}}} =$

$g'(neuro_l^{\text{out}}) M_{li}$，$\dfrac{\partial out_i^{\text{hid}}}{\partial N_{ij}} = f'(neuro_i^{\text{hid}}) x_j$；$\dfrac{\partial y(k)}{\partial u(k)}$ 未知，利用 $\dfrac{\partial y(k)}{\partial u(k)} \approx \dfrac{y(k) - y(k-1)}{u(k) - u(k-1)}$ 近似，由

此带来的计算不精确影响可通过调整学习速率来补偿。

故 $k+1$ 时刻网络的权值为：

$$M(k+1)=M(k)+\Delta M \tag{8-42}$$

$$N(k+1)=N(k)+\Delta N \tag{8-43}$$

为了避免权值在学习过程中发生振荡，提高权值的收敛速度，需要将上次权值的变化对本次权值的影响考虑进去，引入了动量因子 α，且 $\alpha \in [0, 1]$。因此 $k+1$ 时刻网络的权值为：

$$M(k+1)=M(k)+\Delta M+\alpha(M(k)-M(k-1)) \tag{8-44}$$

$$N(k+1)=N(k)+\Delta N+\alpha(N(k)-N(k-1)) \tag{8-45}$$

8.2.2 仿真分析

在这里我们以火箭炮随动系统作为神经网络智能 PID 控制的被控对象，以给定跟踪轨迹作为系统输入，系统的实际位置量作为输出，被控对象数学模型采用第 4 章辨识出来的某火箭炮随动系统实验装置的传递函数，具体形式如下：

$$G(s)=\frac{173}{s(s+1.23)} \tag{8-46}$$

设定软件仿真的采样时间为 0.05 s，对基于神经网络在线调参的智能 PID 控制在四种工况下进行系统仿真。

工况一：取指令信号为阶跃信号，其数学表达式为：$r=1-\mathrm{e}^{-0.05t}(\mathrm{rad})$。将系统的给定信号、跟踪误差和跟踪误差的导数作为网络的输入信号，神经网络的隐藏层神经元个数设置为 100 个；神经网络的权值学习速率设置为 $\eta=0.1$，动量因子取 $\alpha=1$，取仿真时间为 500 s。仿真结果如图 8-8~图 8-10 所示。

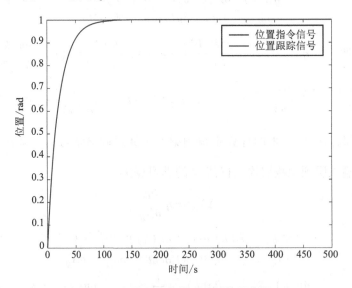

图 8-8　位置跟踪曲线（阶跃信号作用）

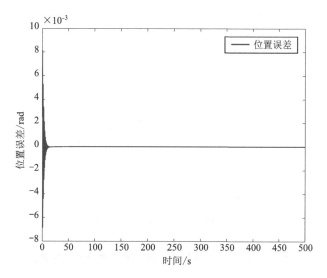

图 8-9　位置跟踪误差曲线（阶跃信号作用）

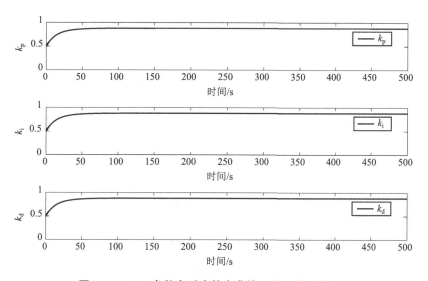

图 8-10　PID 参数自适应整定曲线（阶跃信号作用）

工况二：取指令信号为阶跃信号，其数学表达式为：$r = 1 - e^{-0.05t}$（rad）。将系统的给定信号、跟踪误差和跟踪误差的导数作为网络的输入信号，神经网络的隐藏层神经元个数设置为 100 个；神经网络的权值学习速率设置为 $\eta = 0.1$，动量因子取 $\alpha = 1$，并对控制量附加扰动，$250\,\text{s} \leqslant t \leqslant 300\,\text{s}$ 时，$u = u + 0.001\sin t$；取仿真时间为 500 s。仿真结果如图 8-11～图 8-13 所示。

由上述两种工况的仿真结果可知，在阶跃信号的作用下，基于神经网络在线调参的智能 PID 控制器能够很好地实现跟踪的性能。即使系统存在扰动，当扰动消失后，系统依然能保持扰动发生前的跟踪精度。这是因为神经网络可以根据系统的运行状态，对加权系数进行调整，在线调节 PID 控制器的参数，以达到某种性能的最优化。

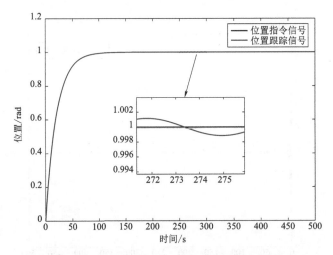

图 8-11　位置跟踪曲线（阶跃信号作用且存在扰动）

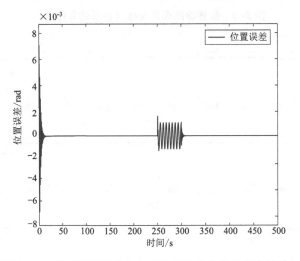

图 8-12　位置跟踪误差曲线（阶跃信号作用且存在扰动）

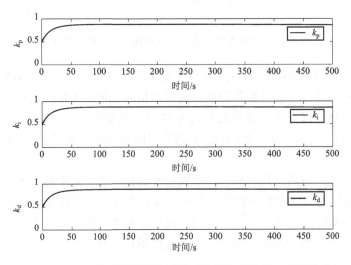

图 8-13　PID 参数自适应整定曲线（阶跃信号作用且存在扰动）

工况三：取指令信号为正弦信号，其数学表达式为：$r = (1 - e^{-0.05t}) \sin(0.05t) \, (\text{rad})$。将系统的给定信号、跟踪误差和跟踪误差的导数作为网络的输入信号，神经网络的隐藏层神经元个数设置为 100 个；神经网络的权值学习速率设置为 $\eta = 0.1$，动量因子取 $\alpha = 1$；取仿真时间为 500 s。仿真结果如图 8-14~图 8-16 所示。

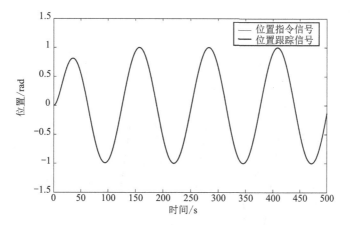

图 8-14 位置跟踪曲线（正弦信号作用）

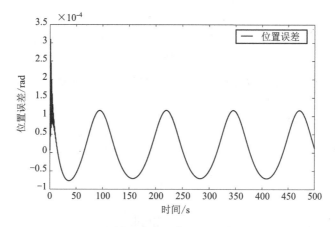

图 8-15 位置跟踪误差曲线（正弦信号作用）

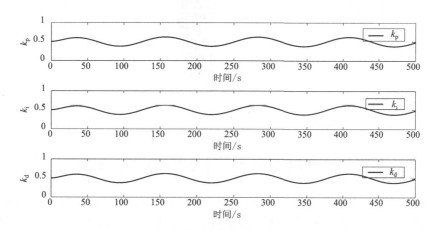

图 8-16 PID 参数自适应整定曲线（正弦信号作用）

工况四：取指令信号为正弦信号，其数学表达式为：$r=(1-e^{-0.05t})\sin(0.05t)(\text{rad})$。将系统的给定信号、跟踪误差和跟踪误差的导数作为网络的输入信号，神经网络的隐藏层神经元个数设置为 100 个；神经网络的权值学习速率设置为 $\eta=0.1$，动量因子取 $\alpha=1$，并对控制量附加扰动，$250\text{ s}\leqslant t\leqslant300\text{ s}$ 时，$u=u+0.001\sin t$；取仿真时间为 500 s。仿真结果如图 8-17~图 8-19 所示。

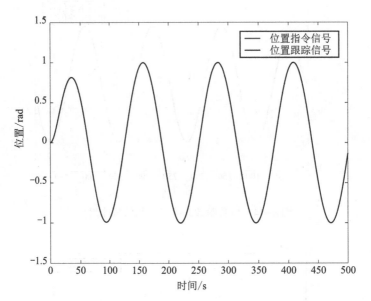

图 8-17　位置跟踪曲线（正弦信号作用且存在扰动）

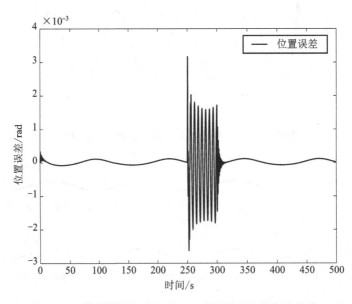

图 8-18　位置跟踪误差曲线（正弦信号作用且存在扰动）

由上述两种工况的仿真结果可知，在正弦信号的作用下，基于神经网络在线调参的智能 PID 控制器能够很好地实现跟踪的性能。即使系统存在扰动，当扰动消失后，系统依然能保

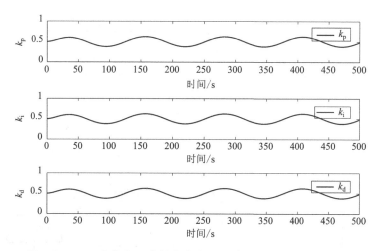

图 8-19　PID 参数自适应整定曲线（正弦信号作用且存在扰动）

持扰动发生前的跟踪精度。这是因为神经网络可以根据系统的运行状态，对加权系数进行调整，在线调节 PID 控制器的参数，以达到某种性能的最优化。

8.3　基于神经网络的自适应鲁棒控制器设计

上一小节结合了神经网络和 PID 控制器的优点，设计了基于神经网络在线调参的智能 PID 控制算法，利用 BP 神经网络根据火箭炮跟踪发射过程中的实时动态性能来在线调整 PID 控制器的三个控制参数，从而有效提高了系统抗扰动能力和跟踪精度。这一小节考虑到自适应鲁棒非线性控制器的优点和缺点[9-12]，同时考虑到神经网络强大的万能逼近特性，拟采用神经网络弥补非线性控制器的缺点，充分发挥它的优点，以实现火箭炮随动系统高精度运动控制。具体的控制策略如图 8-20 所示，其总体思路为结合神经网络和非线性控制方法各自的优点，设计基于神经网络观测器的自适应鲁棒控制器。利用神经网络估计系统强外干扰，设计参数自适应律在线估计系统参数，通过前馈补偿的方法对两者进行补偿，设计非线性鲁棒项克服补偿误差，从而降低自适应鲁棒控制器鲁棒项增益，提高系统稳定性，最终实现系统的高性能跟踪控制[13-15]。

8.3.1　针对时变扰动的神经网络观测器设计

第 6 章中提到自适应鲁棒控制器可以用来解决参数摄动和干扰扰动的问题，但是当外干扰等不确定性非线性逐渐增大时，所设计的自适应鲁棒控制器的保守性（即高增益反馈）就逐级暴露出来，甚至出现不稳定的现象。那么我们有没有什么好的办法可以解决这一问题，改善自适应鲁棒控制器的保守性？我们发现自适应鲁棒控制器的保守性主要是随着外干扰的增大而增强，如果我们可以实时估计出外干扰并提前加以补偿，就可以减小外干扰的作用，从而降低控制器反馈增益，改善控制器的保守性。考虑到神经网络的万能逼近特性，我们可以利用神经网络来实现这样一个对外干扰进行观测的功能。在这里，我们以 RBF 神经网络为例来说明具体的设计思路，火箭炮随动系统数学模型仍然采用式（6-58）的表达形式。RBF 神经网络输入-输出映射关系为：

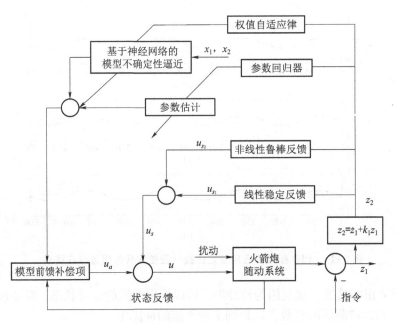

图 8-20　基于神经网络观测器的自适应鲁棒控制策略图

$$f(x) = \boldsymbol{W}^{*\mathrm{T}}\boldsymbol{h}(x) + \varepsilon_{\mathrm{approx}} = \tau_{d1} \tag{8-47}$$

$$h_j = \exp\left(-\frac{\|\boldsymbol{X} - \boldsymbol{C}_j\|^2}{2b_j^2}\right) \tag{8-48}$$

式中，$f(x)$ 或 τ_{d1} 均表示系统中的时变扰动；$\boldsymbol{X} = (x_1,\ x_2,\ \cdots,\ x_n)^{\mathrm{T}}$ 为网络输入元素；h_j 为隐藏层第 j 个神经元的输出，$\boldsymbol{C}_j = (c_{j1},\ c_{j2},\ \cdots,\ c_{jn})^{\mathrm{T}}$ 为第 j 个隐藏层神经元的中心点向量值，高斯基函数的宽度向量为 $\boldsymbol{B} = (b_1,\ b_2,\ \cdots,\ b_m)^{\mathrm{T}}$，$\boldsymbol{W}^*$ 为神经网络的理想权值，$\varepsilon_{\mathrm{approx}}$ 为神经网络的逼近误差，且 $\varepsilon_{\mathrm{approx}} \leqslant \varepsilon_N$。

神经网络的输入为 $\boldsymbol{X} = [y_r,\ x_1,\ x_2]^{\mathrm{T}}$，$y_r$ 表示给定位置信号，x_1 为系统实际位置信号，x_2 为系统实际速度信号，则神经网络的输出为：

$$\hat{\tau}_{d1} = \hat{f}(x) = \hat{\boldsymbol{W}}^{\mathrm{T}}\boldsymbol{h}(x) \tag{8-49}$$

式中，$\hat{\boldsymbol{W}}$ 为 $\boldsymbol{W}^*$ 的估计值。

设计权值自适应律为：

$$\dot{\hat{\boldsymbol{W}}} = \mathrm{Proj}_{\hat{\boldsymbol{W}}}\{-\boldsymbol{\varGamma}_2\boldsymbol{h}(x)z_2\} \tag{8-50}$$

式中，$\boldsymbol{\varGamma}_2$ 为权值自适应速率矩阵；$\mathrm{Proj}_{\hat{\boldsymbol{W}}}\{\bullet\}$ 与第 6 章中 $\mathrm{Proj}_{\hat{\boldsymbol{\theta}}}\{\bullet\}$ 的形式相同，表示不连续映射；z_2 与第 6 章中的 z_2 含义相同。取 $\tilde{\boldsymbol{W}} = \hat{\boldsymbol{W}} - \boldsymbol{W}^*$，则

$$\begin{aligned}
f(x) - \hat{f}(x) &= \tau_{d1} - \hat{\tau}_{d1} \\
&= \boldsymbol{W}^{*\mathrm{T}}\boldsymbol{h}(x) + \varepsilon_{\mathrm{approx}} - \hat{\boldsymbol{W}}^{\mathrm{T}}\boldsymbol{h}(x) \\
&= (\boldsymbol{W}^{*\mathrm{T}} - \hat{\boldsymbol{W}}^{\mathrm{T}})\boldsymbol{h}(x) + \varepsilon_{\mathrm{approx}} \\
&= -\tilde{\boldsymbol{W}}^{\mathrm{T}}\boldsymbol{h}(x) + \varepsilon_{\mathrm{approx}}
\end{aligned} \tag{8-51}$$

如果 RBF 神经网络隐藏层节点足够多，那么它能够以任意精度去逼近时变扰动，也就是说，RBF 神经网络的输出可以作为前馈补偿项的一部分，补偿外部扰动，从而降低外干扰对系统的影响。

8.3.2　基于神经网络观测器的 ARC 控制器设计

基于神经网络观测器的自适应鲁棒控制器的设计方法和第 6 章中的自适应鲁棒反推控制器设计方法基本相同。不同的是在设计控制量时，不再使用非线性鲁棒项去克服时变扰动对系统造成的影响，而是利用神经网络实时估计时变扰动并加以补偿，设计非线性鲁棒项去克服补偿误差对系统的影响，从而起到降低鲁棒项增益的作用。故控制器设计的第一步参照第 6 章，这里从设计实际控制量开始介绍。

在第 6 章中，我们设计了虚拟控制量 x_{2eq}，接下来需要设计新的实际控制量 u。根据上一节中设计的 RBF 神经网络观测器可知，给定神经网络的输入为 $[y_r, x_1, x_2]^T$，神经网络的输出能够无限逼近真实的时变扰动 τ_{d1}，所以在设计控制器时，可以将神经网络的输出 $\hat{\tau}_{d1}$ 作为控制量中前馈补偿的一部分，以减少外干扰的影响，提高控制器的抗干扰性能。故实际控制量可设计为：

$$\begin{cases} u = u_a + u_s \\ u_a = \hat{\theta}_1 \dot{x}_{2eq} + \hat{\theta}_2 x_2 + \hat{\theta}_3 + \hat{\theta}_4 \omega + \hat{\theta}_5 \dot{\omega} + \hat{W}^T h(x) \\ u_s = u_{s1} + u_{s2} \\ u_{s1} = -k_2 z_2 \end{cases} \tag{8-52}$$

将式（8-52）代入式（6-61），可得：

$$\begin{aligned} \theta_1 \dot{z}_2 &= \tilde{\theta}_1 \dot{x}_{2eq} + \tilde{\theta}_2 x_2 + \tilde{\theta}_3 + \tilde{\theta}_4 \omega + \tilde{\theta}_5 \dot{\omega} + \hat{\tau}_{d1} - \tau_{d1} - k_2 z_2 + u_{s2} \\ &= \tilde{\theta}_1 \dot{x}_{2eq} + \tilde{\theta}_2 x_2 + \tilde{\theta}_3 + \tilde{\theta}_4 \omega + \tilde{\theta}_5 \dot{\omega} + \tilde{W}^T h(x) - \varepsilon_{approx} - k_2 z_2 + u_{s2} \\ &= -k_2 z_2 - \tilde{\theta}^T [-\dot{x}_{2eq}, -x_2, -1, -\omega, -\dot{\omega}] + \tilde{W}^T h(x) - \varepsilon_{approx} + u_{s2} \\ &= -k_2 z_2 - \tilde{\theta}^T \varphi + \tilde{W}^T h(x) - \varepsilon_{approx} + u_{s2} \end{aligned} \tag{8-53}$$

式中，$\tilde{\theta} = \hat{\theta} - \theta$ 为参数估计的误差。

要使得参数不确定性对控制性能的影响尽可能小，就要设计一个参数回归器去估计系统的参数。在这里，我们设计参数自适应率为：

$$\dot{\hat{\theta}} = \text{Proj}_{\hat{\theta}} \{\Gamma_1 \varphi z_2\} \tag{8-54}$$

式中，$\text{Proj}_{\hat{\theta}}\{\cdot\}$ 表示不连续映射；φ 是参数自适应回归器；Γ_1 是参数自适应速率矩阵，其中：

$$\varphi = [-\dot{x}_{2eq}, -x_2, -1, -\omega, -\dot{\omega}]^T \tag{8-55}$$

对于任意的自适应函数，不连续映射具有以下一些性质：

$$\begin{cases} \hat{\theta} \in L_\infty = \{\hat{\theta} : \theta_{min} \le \hat{\theta} \le \theta_{max}\} \\ \tilde{\theta} [\text{Proj}_{\hat{\theta}}(\Gamma_1 \varphi z_2) - \Gamma_1 \varphi z_2] \le 0 \end{cases} \tag{8-56}$$

利用设计的参数回归器可以在线估计系统的参数，权值自适应率也能够在线自适应神经网络的权值，但神经网络的估计误差和参数估计的误差并不能完全消除，所以在这里我们构造一个非线性鲁棒反馈项 u_{s2} 来克服参数估计的误差和神经网络的估计误差，以提高系统的稳定性。可设计 u_{s2} 满足如下的镇定条件：

$$z_2[u_{s2}-\hat{\boldsymbol{\theta}}^{\mathrm{T}}\boldsymbol{\varphi}+\tilde{\boldsymbol{W}}^{\mathrm{T}}\boldsymbol{h}(x)-\varepsilon_{\mathrm{approx}}]\leqslant\varepsilon_s$$
$$z_2\cdot u_{s2}\leqslant0 \tag{8-57}$$

式中，ε_s 为可任意小的正的控制器设计参数。

选取的非线性鲁棒项 u_{s2} 必须要满足式（8-57），这里给出一个设计实例：

$$u_{s2}=-\frac{h_s^2}{4\varepsilon_s}z_2 \tag{8-58}$$

h_s 是所有误差的上界，即：

$$|\tilde{\boldsymbol{\theta}}^{\mathrm{T}}\boldsymbol{\varphi}|+|\tilde{\boldsymbol{W}}^{\mathrm{T}}\boldsymbol{h}(x)|+|\varepsilon_{\mathrm{approx}}|\leqslant h_s \tag{8-59}$$

8.3.3 稳定性分析

定理8.1：系统在 RBF 神经网络观测器（8-49）、权值自适应律（8-50）、参数自适应律（8-54）和自适应鲁棒全状态反馈控制器（8-52）的作用下，可以按照预定的状态对速度和位置进行追踪，跟踪误差被限制在一个已知函数内，并且该函数以指数形式收敛于 $\dfrac{1}{k_1}\sqrt{\dfrac{2\varepsilon_s}{\lambda\theta_{1\min}}}$，$\lambda=2k_2/\theta_{1\max}$，收敛速率不低于 λ，系统可以实现有界稳定。

证明：定义如下的 Lyapunov 函数

$$V_1=\frac{1}{2}\theta_1 z_2^2 \tag{8-60}$$

对式（8-60）进行求导可得：

$$\begin{aligned}\dot{V}_1&=\theta_1\dot{z}_2 z_2\\&=-k_2 z_2^2+(u_{s2}-\tilde{\boldsymbol{\theta}}^{\mathrm{T}}\boldsymbol{\varphi}+\tilde{\boldsymbol{W}}^{\mathrm{T}}\boldsymbol{h}(x)-\varepsilon_{\mathrm{approx}})z_2\\&\leqslant-k_2 z_2^2+\varepsilon_s=-k_2\left(\frac{2V_1}{\theta_1}\right)+\varepsilon_s\leqslant-\lambda V_1+\varepsilon_s\end{aligned} \tag{8-61}$$

式中，$\lambda=2k_2/\theta_{1\max}$，于是我们可以得到如下性质：

$$V_1(t)\leqslant V_1(0)\exp(-\lambda t)+\frac{\varepsilon_s}{\lambda}[1-\exp(-\lambda t)] \tag{8-62}$$

根据式（8-62）可知，随着时间的推移，有

$$|z_2|=\sqrt{\frac{2\varepsilon_s}{\lambda\theta_1}}\leqslant\sqrt{\frac{2\varepsilon_s}{\lambda\theta_{1\min}}} \tag{8-63}$$

$$|z_1|\leqslant\frac{1}{k_1}\sqrt{\frac{2\varepsilon_s}{\lambda\theta_{1\min}}} \tag{8-64}$$

证毕。由以上证明过程可以看出由自适应鲁棒控制器和 RBF 神经网络观测器组成的全状态反馈控制器，具有以 λ 为指数收敛速率的指数瞬态表现，最后的跟踪误差可以通过调整控

制器参数来获得更好的跟踪效果。

定理 8.2： 如果存在某一时刻 t_0，其后神经网络的估计误差可以忽略不计（即 $\tilde{\tau}_d = W^{*\text{T}} h(x)$，也就是说在 t_0 之后 $\varepsilon_{\text{approx}} = 0$），那么系统在 RBF 神经网络观测器（8-49）、权值自适应律（8-50）、参数自适应律（8-54）和自适应鲁棒全状态反馈控制器（8-52）的作用下，可以实现渐近稳定，即当 $t \rightarrow \infty$ 时，$z_1 \rightarrow 0$。

证明： 定义如下的 Lyapunov 函数

$$V_2 = \frac{1}{2}\theta_1 z_2^2 + \frac{1}{2}\boldsymbol{\Gamma}_1^{-1}\tilde{\boldsymbol{\theta}}^{\text{T}}\tilde{\boldsymbol{\theta}} + \frac{1}{2}\boldsymbol{\Gamma}_2^{-1}\tilde{\boldsymbol{W}}^{\text{T}}\tilde{\boldsymbol{W}} \tag{8-65}$$

对上式进行求导可得：

$$\dot{V}_2 = \theta_1\dot{z}_2 z_2 + \boldsymbol{\Gamma}_1^{-1}\tilde{\boldsymbol{\theta}}^{\text{T}}\dot{\tilde{\boldsymbol{\theta}}} + \boldsymbol{\Gamma}_2^{-1}\tilde{\boldsymbol{W}}^{\text{T}}\dot{\tilde{\boldsymbol{W}}} \tag{8-66}$$

由于系统的参数 θ 和神经网络的权值 W 都可以被认为是一个常量，所以具有以下性质：$\dot{\hat{\boldsymbol{\theta}}} = \dot{\tilde{\boldsymbol{\theta}}}$，$\dot{\hat{\boldsymbol{W}}} = \dot{\tilde{\boldsymbol{W}}}$。把式（8-50）、式（8-53）、式（8-54）代入式（8-66），可以得到：

$$\begin{aligned}
\dot{V}_2 &= \theta_1\dot{z}_2 z_2 + \boldsymbol{\Gamma}_1^{-1}\tilde{\boldsymbol{\theta}}^{\text{T}}\dot{\tilde{\boldsymbol{\theta}}} + \boldsymbol{\Gamma}_2^{-1}\tilde{\boldsymbol{W}}^{\text{T}}\dot{\tilde{\boldsymbol{W}}} \\
&= -k_2 z_2^2 + u_{s2}z_2 + \boldsymbol{\Gamma}_1^{-1}\tilde{\boldsymbol{\theta}}^{\text{T}}\dot{\hat{\boldsymbol{\theta}}} - \tilde{\boldsymbol{\theta}}^{\text{T}}\boldsymbol{\varphi}z_2 + \boldsymbol{\Gamma}_2^{-1}\tilde{\boldsymbol{W}}^{\text{T}}\dot{\hat{\boldsymbol{W}}} - \tilde{\boldsymbol{W}}^{\text{T}}\{-h(x)\}z_2 \\
&= -k_2 z_2^2 + u_{s2}z_2 + \boldsymbol{\Gamma}_1^{-1}\tilde{\boldsymbol{\theta}}^{\text{T}}\text{Proj}_{\hat{\boldsymbol{\theta}}}\{\boldsymbol{\Gamma}_1\boldsymbol{\varphi}z_2\} - \tilde{\boldsymbol{\theta}}^{\text{T}}\boldsymbol{\varphi}z_2 + \\
&\quad \boldsymbol{\Gamma}_2^{-1}\tilde{\boldsymbol{W}}^{\text{T}}\text{Proj}_{\hat{\boldsymbol{W}}}\{-\boldsymbol{\Gamma}_2 h(x)z_2\} - \tilde{\boldsymbol{W}}^{\text{T}}\{-h(x)\}z_2 \\
&\leqslant -k_2 z_2^2 + u_{s2}z_2 \leqslant -k_2 z_2^2 \leqslant 0
\end{aligned} \tag{8-67}$$

证毕。根据李雅普诺夫稳定性定理可知，所设计的控制器能够获得渐近跟踪的性能。

8.3.4　仿真分析

利用 MATLAB 对基于神经网络观测器的自适应鲁棒控制器（Neural Network based Adaptive Robust Controller，NNARC）进行性能仿真，为了验证 NNARC 控制器对于参数不确定性和时变扰动的处理能力，对 NNARC 控制器进行三种工况的仿真研究，以验证 NNARC 控制器的有效性。仿真时间为 600 s，取指令信号为：$x_d = (1 - \text{e}^{-0.5t})\sin(0.1t)$（rad）。三种工况下的仿真结果如下所示。

工况一： 在系统只存在参数不确定性的情况下，利用 ARC 控制器和 NNARC 控制器对火箭炮随动系统进行仿真。ARC 控制器的参数选取为：$k_1 = 0.3$，$k_2 = 0.02$，神经网络的输入取 $[y_r, x_1, x_2]$。NNARC 控制器的参数选取为：$k_1 = 0.3$，$k_2 = 0.02$。ARC 控制器与 NNARC 控制器的性能对比结果如图 8-21~图 8-23 所示。

由图 8-23 可知，在系统只存在参数不确定性的情况下，ARC 控制器的跟踪精度与 NNARC 控制器的跟踪精度基本相同，达到 10^{-3} 数量级，这就说明了两种控制器都能够克服参数不确定性给系统造成的影响，实现高精度轨迹跟踪控制。同时由于 NNARC 控制器中神经网络观测器是为了估计时变扰动并进行补偿用的，在这种工况下，由于时变扰动很小以致忽略不计，神经网络观测器也就失去了作用，所以 NNARC 控制器并没有体现出它的优势，它的跟踪精度也就与 ARC 控制器基本相当。

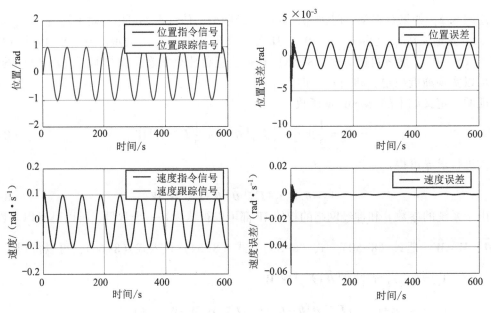

图 8-21　ARC 控制的位置、速度跟踪性能（工况一）

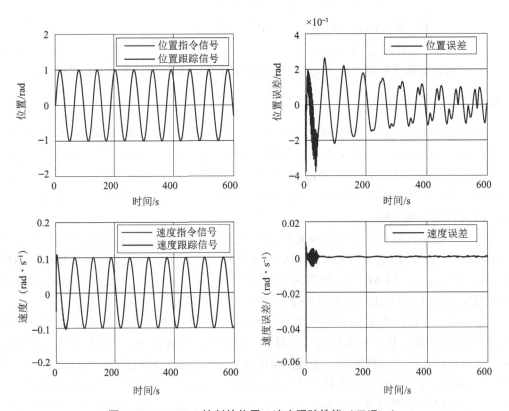

图 8-22　NNARC 控制的位置、速度跟踪性能（工况一）

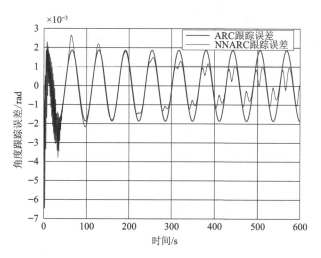

图 8-23　ARC 与 NNARC 的控制性能对比（工况一）

　　工况二：为了验证 RBF 神经网络观测器的估计能力，将位置扰动加入系统中去，此时系统同时存在参数不确定性以及位置扰动。ARC 控制器的参数选取为：$k_1 = 12$，$k_2 = 0.022$，神经网络的输入取 $[y_r, x_1, x_2]$。NNARC 控制器的参数选取为：$k_1 = 15$，$k_2 = 0.022$。系统中加入的位置扰动 $\tau_{d1} = 0.01x_1$，分别利用 ARC 控制器和 NNARC 控制器对火箭炮系统进行仿真分析。系统仿真结果如图 8-24～图 8-29 所示。

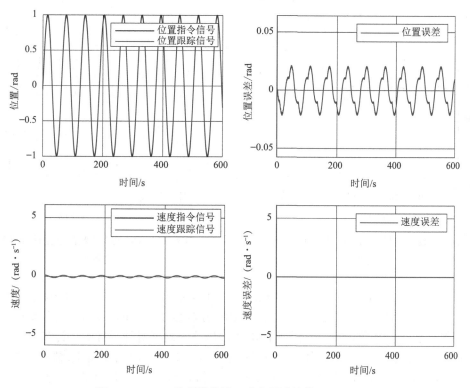

图 8-24　ARC 控制的位置、速度跟踪性能（工况二）

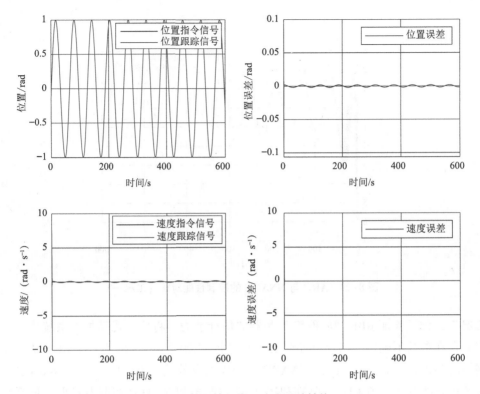

图 8-25　NNARC 控制的位置、速度跟踪性能（工况二）

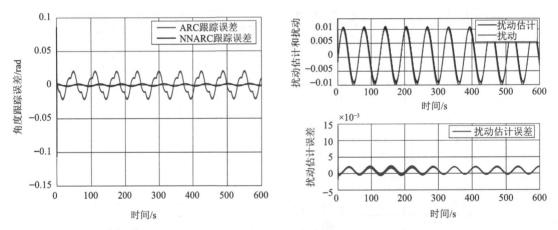

图 8-26　ARC 控制与 NNARC 控制性能对比
（工况二）

图 8-27　NNARC 控制的扰动估计性能
（工况二）

　　由图 8-24～图 8-26 可以看出，在系统中引入位置扰动后，ARC 控制器作用下的系统跟踪误差明显变大，增加了一个数量级，而 NNARC 控制器作用下的系统跟踪误差并没有显著增大，仍然保持在 10^{-3} 数量级。这说明 RBF 神经网络观测器对外干扰的估计和 NNARC 控制器基于此的干扰补偿起到了作用，从而提高了 NNARC 控制器的跟踪精度。这一点从图 8-27 也可以看出，RBF 神经网络可以很好地估计外干扰，估计误差为 10^{-3} 数量级。图 8-28 给出了 NNARC 控制器参数自适应曲线，从图中可以看出参数自适应过程趋向收敛。

图 8-29 给出了 RBF 神经网络权值自适应曲线，可以看出神经网络权值不断地进行自适应调节，从而有效地估计了外干扰。

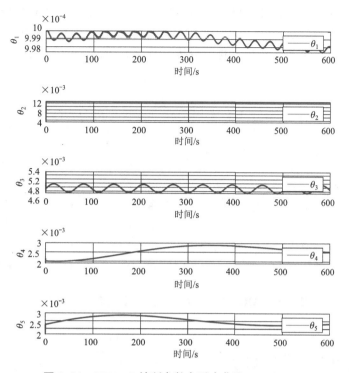

图 8-28　NNARC 控制参数自适应曲线（工况二）

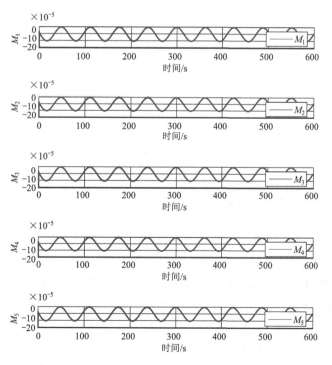

图 8-29　NNARC 控制权值自适应曲线（工况二）

工况三：为了更进一步验证神经网络观测器对于系统时变扰动的估计能力，考虑更复杂的工况，在系统中加入位置-输入扰动，来验证 NNARC 控制器的控制性能。ARC 控制器的参数选取为：$k_1 = 23$，$k_2 = 0.02$，神经网络的输入取 $[y_r, x_1, x_2]$。NNARC 控制器的参数选取为：$k_1 = 7$，$k_2 = 0.02$。系统中加入位置-输入扰动 $\tau_{d1} = 0.01x_1 + 0.3u$，分别利用 ARC 控制器和 NNARC 控制器对火箭炮随动系统进行仿真分析。系统仿真结果如图 8-30~图 8-35 所示。

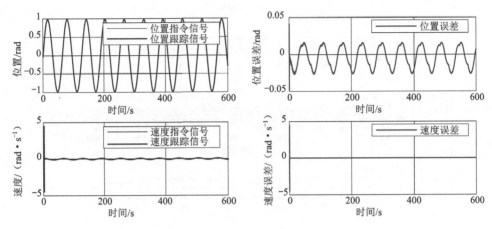

图 8-30　ARC 控制的位置、速度跟踪性能（工况三）

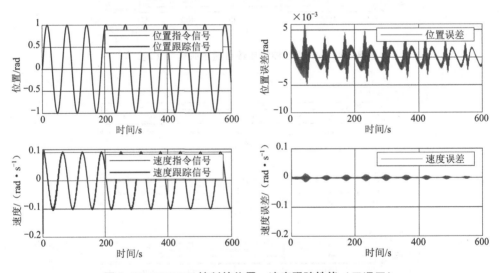

图 8-31　NNARC 控制的位置、速度跟踪性能（工况三）

由图 8-30~图 8-32 可以看出，在系统中引入位置-输入扰动后，NNARC 控制器作用下的系统跟踪误差并没有显著增大，仍然保持在 10^{-3} 数量级，比 ARC 控制器的跟踪精度高了一个数量级。这说明 RBF 神经网络观测器对更为复杂的外干扰仍然可以进行较好的估计，这一点从图 8-33 也可以看出，RBF 神经网络可以很好地估计复杂的外干扰，估计误差仍然在 10^{-3} 数量级，因此 NNARC 控制器也就可以较好地补偿外干扰，从而减小外干扰对系统的影响，提高系统的跟踪精度。图 8-34 给出了 NNARC 控制器参数自适应曲线，从图中可以看出参数自适应过程逐渐收敛。图 8-35 给出了 RBF 神经网络权值自适应曲线，可以看出神经网络权值不断地进行自适应调节, 调节的幅值比上一种工况有所增加, 从而有效地估计了外干扰。

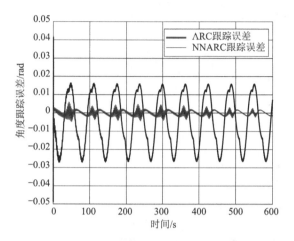

图 8-32　ARC 控制与 NNARC 控制的性能对比
（工况三）

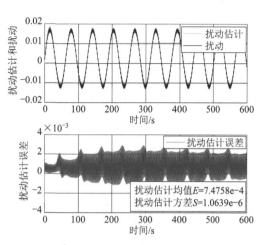

图 8-33　NNARC 控制的扰动估计性能
（工况三）

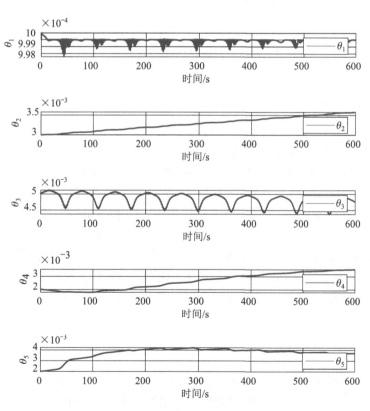

图 8-34　NNARC 控制参数自适应曲线（工况三）

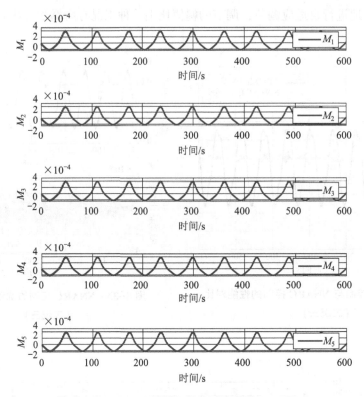

图 8-35　NNARC 控制权值自适应曲线（工况三）

8.4　本章小结

本章以电机驱动的火箭炮随动系统作为研究对象，针对系统中出现的参数不确定性以及时变扰动这些非线性因素，提出了基于神经网络的智能控制策略。首先结合神经网络和 PID 控制器的优点，设计了基于神经网络在线调参的智能 PID 控制算法，利用 BP 神经网络根据火箭炮跟踪发射过程中的实时动态性能来在线调整 PID 控制器的三个控制参数，从而有效提高系统抗扰动能力和跟踪精度。接着结合神经网络和非线性控制方法各自的优点，设计了基于神经网络观测器的自适应鲁棒控制器。利用神经网络估计系统强外干扰，设计参数自适应律在线估计系统参数，通过前馈补偿的方法对两者进行补偿，设计非线性鲁棒项克服补偿误差，最终实现系统的有界稳定跟踪控制，提高了系统的综合跟踪控制性能。

参考文献

［1］刘金琨. 智能控制 ［M］. 4 版. 北京：电子工业出版社，2017.

［2］李拓彬. 电液伺服系统 PID 神经网络控制策略研究与应用 ［D］. 中南大学硕士学位论文，2013.

［3］王云峰. BP 神经网络的液位 PID 控制及仿真 ［J］. 电子设计工程，2013，3：90-92.

［4］J. Hu, Y. Qiu. Performance-oriented asymptotic tracking control of hydraulic systems with radial basis function network disturbance observer ［J］. Advances in Mechanical Engineering, 2016, 8 (6)：1-12.

［5］刘金琨. 先进 PID 控制及 MATLAB 仿真 ［M］. 2 版. 北京：电子工业出版社, 2004.

［6］胡健, 马大为, 庄文许, 郭亚军, 杨帆. 火箭炮永磁交流伺服系统模型参考模糊神经网络位置自适应控制 ［J］. 火炮发射与控制学报, 2010, 12 (4)：79-83.

［7］胡健, 马大为, 庄文许, 郭亚军, 杨帆. 基于 DSP 的防空火箭炮模糊神经网络位置控制器设计 ［J］. 测控技术, 2010, 29 (9)：35-39.

［8］J. Hu, D. Ma, Y. Guo, et al. Optimal PID position controller of rocket launcher using improved elman network ［C］. 8th World Congress on Intelligent Control and Automation, 2010：2424-2429.

［9］B. Yao, M. Tomizuka. Adaptive robust control of SISO nonlinear systems in a semi-strict feedback form ［J］. Automatica, 1997, 33 (5)：893-900.

［10］B. Yao. High performance adaptive robust control of nonlinear systems：a general framework and new schemes ［C］. Proc. of IEEE Conference on Decision and Control, San Diego, 1997：2489-2494.

［11］Z. Chen, B. Yao, Q. Wang. Accurate motion control of linear motors with adaptive robust compensation of nonlinear electromagnetic field effect ［J］. IEEE/ASME Transactions on Mechatronics, 2013, 18 (3)：1122-1129.

［12］Z. Chen, B. Yao, Q. Wang. μ-synthesis based adaptive robust control of linear motordriven stages with high-frequency dynamics：a case study with comparative experiments ［J］. IEEE/ASME Transactions on Mechatronics, 2015, 20 (3)：1482-1490.

［13］J. Hu, L. Liu, Y. Wang, and Z. Xie. Precision motion control of a small launching platform with disturbance compensation using neural networks ［J］. International Journal of Adaptive Control and Signal Processing, 2017, 31 (7)：971-984.

［14］L. Liu, J. Hu, Y. Wang, and Z. Xie. Neural network based adaptive robust motion control of a class of torque-controlled motor with input saturation ［J］. Strojniški vestnik - Journal of Mechanical Engineering, 2017, 63 (9)：519-528.

［15］J. Hu, S. Cao, C. Xu, J. Yao, and Z. Xie. High-accuracy motion control of a motor servo system with dead-zone based on a single hidden layer neural network ［J］. Neural Network World, 2020 (1)：27-44.

第9章
火箭炮随动系统通信方式

火箭发射随动系统的结构框图如图 9-1 所示。火箭发射随动系统主要是由方位和俯仰两个随动子系统组成。每个子系统均由一个执行器（如交流伺服电机或液压作动器）、一个位置传感器（如旋转变压器）、控制器、电源模块等组成。在火控系统的控制下，火箭发射随动系统带动高低机、方向机动作，自动跟踪目标或调炮到指定位置。

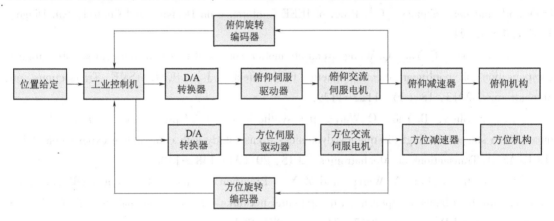

图 9-1 火箭发射随动系统结构框图

火箭武器随动系统要想实现自动化、信息化甚至智能化，首先需要能够自主获取各个方面的信息并能反馈自身的状态给其他系统，包括接收上位机的指令、采集传感器的信息、发送控制指令给执行器、发送系统状态给上位机等。而要实现这一功能就需要具有能和其他设备或装置通信的功能，目前常用的通信方式有串口、CAN 总线、以太网通信三种。下面将详细介绍这三种通信方式的工作原理。

9.1 串口通信[1]

9.1.1 通信的基本概念

我们这里所说的通信仅指数据通信，即通过计算机网络系统和数据通信系统实现数据的端到端传输。通信的"信"指的是信息（Information），信息的载体是二进制的数据。数据则是可以用来表达传统媒体形式的信息，如声音、图像、动画等。

数据传输可以通过两种方式进行：并行通信和串行通信。

并行通信[2]时数据的各个位同时传送，可以字或字节为单位并行进行。并行通信速度快，但用到的通信线多、成本高，故不宜进行远距离通信。计算机或 PLC 各种内部总线就是以并行方式传送数据的。另外，在 PLC 底板上，各种模块之间通过底板总线交换数据也以并行方式进行。

串行通信[3]是指使用一条数据线，将数据一位一位地依次传输，每一位数据占据一个固定的时间长度。其只需要少数几条线就可以在系统间交换信息，特别适用于计算机与计算机、计算机与外设之间的远距离通信。两种通信方式如图 9-2 所示，综合考虑，在大部分场合都采用串行通信的方式。

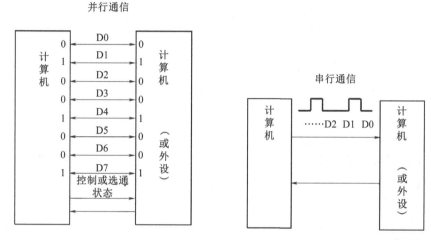

图 9-2　并行通信和串行通信的数据传输方式

9.1.2　串口通信的工作方式

根据数据传输方向，串行通信可以分为单工、半双工、全双工 3 种，如图 9-3 所示。单工是指设备 A 只能发送，而设备 B 只能接收。半双工是指设备 A 和设备 B 都能接收和发送，但是同一时间只能接收或者发送。全双工是指在任何时刻，设备 A 和设备 B 都能同时接收或者发送。

根据通信方式，串行通信可以分为同步通信和异步通信两种。同步通信的通信双方必须先建立同步，即双方的时钟要调整到同一个频率。收发双方不停地发送和接收连续的同步比特流。异步通信在发送字符时，所发送的字符之间的时间间隔可以是任意的。接收端必须时刻做好接收准备。

9.1.3　串口电路的连接方式[4,5]

RS232 是一种经典的通信接口，也称为串口。标准的 RS232 接口为九针，分针头（公头）和孔头（母头）。以前计算机都带针头的串口，现在计算机一般不带串口，可以通过 USB-232 转换器接出串口。实际应用时一般只使用三线（收 RXD、发 TXD，公共端 GND）。接口形式有时使用接线端或者其他更容易制作的端子。

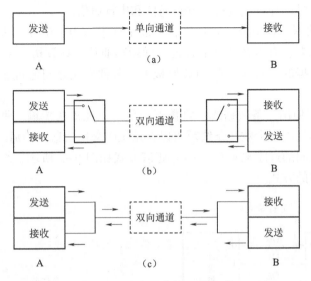

图9-3　串行通信的3种方式

（a）单工；（b）半双工；（c）全双工

CPU 通常输出的是 TTL 电平（+2.5~3.3 V 等价于逻辑"1"，0~0.5 V 等价于逻辑"0"），为了增强数据的抗干扰能力、提高数据传输长度，通常将 TTL 逻辑电平转换为 RS232 逻辑电平，3~12 V 表示"0"，−3~−12 V 表示"1"。

RS232 是全双工通信，接收和发送数据可以同时进行。对于两个芯片之间的连接，两个芯片 GND 共地，同时 TXD 和 RXD 交叉连接。这里交叉连接的意思是，芯片 1 的 RXD 连接芯片 2 的 TXD，芯片 2 的 RXD 连接芯片 1 的 TXD，如图9-4 所示，这样两个芯片之间就可以实现 TTL 电平通信了。RS232 通信距离一般不超过 50 m，也有的厂家要求不超过 30 m。

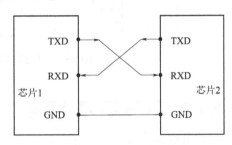

图9-4　RS232 串口引脚连接方式

RS485 是一种改进的串行通信接口。使用两根线（A-、B+），电压一般在 ±4 V 左右，两根线短路一般不会烧坏串口芯片。通信距离最远达 1 200 m。RS485 通信是半双工的，一个 RS485 接口不能同时发送和接收数据。一般采用主从式通信，一台主机和多个装置进行通信，装置不主动发送数据，主机发送命令，所有的装置都能收到命令，只有命令中的地址与自己地址相同的装置返回数据，主机收到数据后，再发送其他命令，如此循环。

RS422 标准全称是"平衡电压数字接口电路的电气特性"，它定义了接口电路的特性，该系列规定采用 4 线（实际上还有一根信号地线，共 5 条，分别为 TD（A）-、TD（B）+、RD（B）+、RD（A）-、GND，各个引脚连接顺序如图9-5 所示），属于全双工、差分传输、多点通信的数据传输协议。

由于接收器采用的是高输入阻抗和具有比 RS232 更强的驱动能力的发送驱动器，故允许在相同传输线上连接多个接收节点，最多可达 10 个节点。一个主设备（Master），其余为

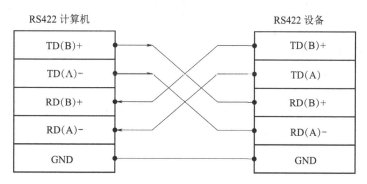

图 9-5　RS422 串口引脚连接方式

从设备（Salve），从设备之间不能通信，因此 RS422 支持的是一点对多点的双向通信，连接方式如图 9-6 所示。RS422 四线接口由于采用的是单独的发送接收通道，因此可以不必控制数据方向，各个装置之间任何必需的信号交换均可以采用软件方式（XON/XOFF 握手）或者硬件方式（一对单独的双绞线），RS422 最大传输距离可达到 4 000 ft（1 ft＝0.304 8 m），最大传输速率为 10 Mb/s，其平衡双绞线的长度和传输速率成反比，在 100 kb/s 以下，才可达到最大传输距离，只有在很短的距离下才能达到最高传输速率，一般 100 m 长的双绞线上所获得的最大传输速率仅为 1 Mb/s。

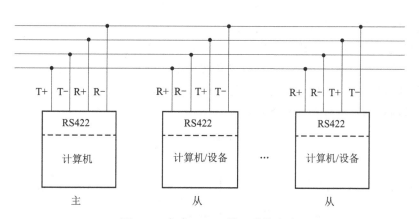

图 9-6　多个 RS422 接口连接方式

9.1.4　串口通信的数据格式

处理器在通信时，一般都会涉及协议，所谓协议就是通信双方预先约定好的数据格式，以及每位数据所代表的含义。就像地下党员做情报工作一样，地下工作人员将一份情报传给上级，上级可以根据事先约定好的规则进行翻译，获取该份情报的具体内容。如果情报被敌人截获了也不怕，由于敌人不知道情报中的每个文字所代表的含义，对于敌人来说，这份情报是无效的。这种事先约定好的规则，在通信中就称为通信协议。

串口通信的通信协议体现在其数据格式上，其包括：一个起始位；1~8 个数据位；一个奇/偶/非极性位；1~2 个停止位；在多处理器通信时的地址位模式下，有一个用于区别数据或者地址的特殊位。起始位表示一帧数据的开始，数据位表示发送的有效数据，奇偶校验位用来检验有效数据是否传输正确，但是可靠性不高，停止位表示一帧数据的结束。将带有格式信息的每一个数据字符称作一帧。在通信中，常常以帧为单位。串口的数据帧包括一个起始位、1~8 个数据位、一个可选的奇偶校验位和 1 或 2 个停止位。每个数据位占用 8 个时钟周期。

串口通信的接收器在收到一个起始位后开始工作，如图 9-7 所示。如果串口检测到了连续的 4 个时钟周期的低电平，串口就认为接收到了一个有效的起始位，否则就要重新寻找新的起始位。

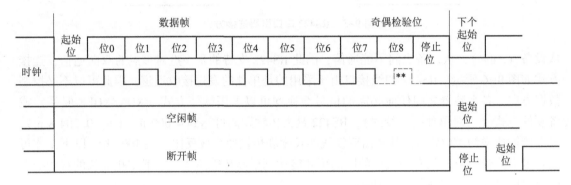

图 9-7 串口异步通信格式

串口运输数据的速度是由串口通信的波特率来决定的。所谓波特率，就是指设备每秒能发送的二进制数据的位数。常用的波特率有 4 800 b/s、9 600 b/s、19 200 b/s。在进行串口通信时，双方的设备必须以相同的数据格式和波特率进行通信，否则通信就会失败，这是串口通信不成功时最简单然而也是最容易被忽略的一个问题。

最终串口通信的总过程如图 9-8 所示。

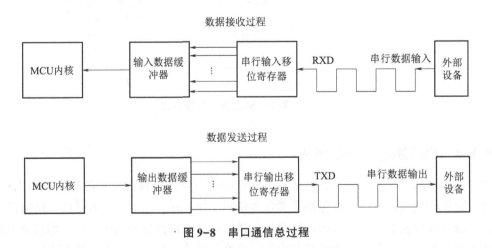

图 9-8 串口通信总过程

我们从图 9-8 不难发现，发送和接收其实就是一个相反的过程。当接收缓冲寄存器内有数据时，表示接收缓冲寄存器已经就绪，等待 CPU 来读取数据，其标志位 RXRDY 为高；当 CPU 将数据从接收缓冲寄存器中读取后，RXRDY 被清除，变为低。当发送缓冲寄存器为空时，表示发送缓冲寄存器就绪，等待 CPU 写入下一个需要发送的数据，其标志位 TXRDY 为高；当 CPU 将数据写入发送缓冲寄存器后，TXRDY 被清除，变为低。

9.2　CAN 总线通信[6,7]

9.2.1　CAN 总线的基本概念[8,9]

CAN 是控制器局域网络（Controller Area Network，CAN）的简称，由德国 BOSCH 公司开发，最终成为国际标准（ISO 11898），是国际上应用最广泛的现场总线之一。CAN 总线原理是通过 CAN 总线、传感器、控制器、执行器由串行数据线连接起来。它不仅仅是将电缆按照树形结构连接起来，其通信协议相当于 ISO/OSI 参考模型中的数据链路层，网络可以根据协议探测和纠正数据传输过程中因电磁干扰而产生的数据错误。CAN 网络的配置比较简单，允许任何站之间的直接通信，无须将所有数据全部汇总到主计算机后再进行处理。当 CAN 总线上的一个节点（站）发送数据时，它以报文形式广播给网络中所有节点。对于每个节点来说，无论数据是否发给自己，都对其进行接收。每组报文开头的 11 位字符为标识符，定义了报文的优先级，这种报文格式成为面向内容的编址方案。

串行通信通常是一对一的，当采用一对多通信方式时，只有一个设备作为主机。而 CAN 总线则是一种多主的局域网，也就是通信时这个网络的设备都可以工作在主机模式。CAN 通信的方式类似于"会议"的机制，只不过会议的过程并不是由一方（节点）主导，而是每一个会议参加人员都可以自由地提出会议的议题（多主通信模式），二者对应的关系如图 9-9 所示。由 CAN 总线构成的单一网络中，理论上可以挂无数个节点，实际应用中，节点数目受网络硬件的电气特性所限制。

会议	局城网
参会人员	节点
参会人员身份	ID
会议议题	报文
参会人员发言顺序裁定	仲裁

图 9-9　CAN 通信与"会议"机制对应关系

CAN 的工作过程如图 9-10 所示，以"会议"机制为例，刚开始时会议的众人请求发言，然后判断发言优先权，得到优先权的人先开始发言，检测发言有无错误，然后参会人员接收到信息，最后结束发言。

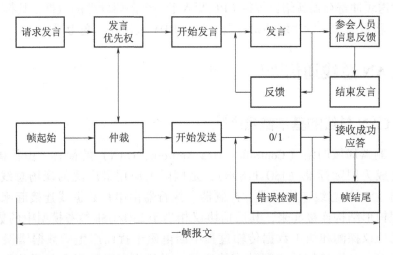

图 9-10　CAN 总线工作原理

9.2.2　CAN 总线协议概述[10]

CAN 通信协议主要描述设备之间的信息传递方式。CAN 层的定义和开放系统互连模型 (Open System Interconnetction, OSI) 一致 (见图 9-11)。每一层与另一层设备上相同的那层进行通信。实际的通信发生在每一设备上的相邻两层,而设备只通过模型物理层的物理介质相互连接。CAN 是一种串行通信协议,它可以以非常高的安全性实现对分布式系统的实时控制。总体而言,CAN 具有如下特性:

* 报文具有优先级区别。
* 报文的发送具有延迟时间的保证。
* 可灵活配置。
* 在广播接收时可以实现时间同步。
* 系统范围具有数据一致性。
* 多主机。
* 能够识别错误并对错误进行发信。
* 报文发送失败后能够在下一个总线空闲时间段对该报文进行自动重发。
* 能够区分临时性错误和永久性故障,并主动从总线上断开故障节点。

为了取得设计透明性和实现的灵活性,根据 ISO 制定的 OSI 模型 (见图 9-11),CAN 总线协议可以被划分为 OSI 参考模型中数据链路层 (Data Link Layer) 与物理层 (Physical Layer)。而其中数据链路层又可被分为逻辑链路控制子层 (Logical Link Control sublayer) 以及介质访问控制子层 (Medium Access Control sublayer) (见图 9-12)。

下面对 CAN 总线的各层进行详细介绍。

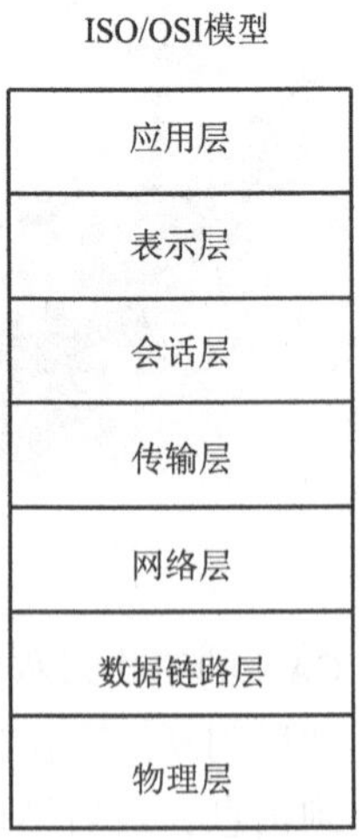

ISO/OSI模型

| 应用层 |
| 表示层 |
| 会话层 |
| 传输层 |
| 网络层 |
| 数据链路层 |
| 物理层 |

图 9-11　OSI 模型

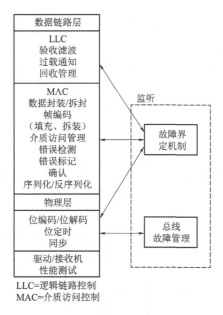

图 9-12　CAN 总线协议分层示意图

9.2.3　CAN 总线物理层

物理层为传输数据所需要的物理链路创建、维持、拆除提供具有机械的、电子的、功能的和规范的特性。简单地说，物理层需要确保原始的数据可在各种物理媒体上传输。其反映了信号的真实传输方式，所以这一层主要定义关于位定时、位编码/解码和同步的概念。CAN2.0 规范只对物理层进行了抽象的定义，而没有定义收发方具体的电气规范。这就为各类应用提供了根据自身情况对传输介质和信号电平进行优化的权力。目前广泛接受的电气规范（如电压、电流与导体数目等）由 ISO 11898-2 定义，但是这一标准并没有规范 CAN 总线接口的物理特性（如接口类型与引脚等）。

1. 物理实现与信号定义

ISO 11898-2 标准定义了 CAN 总线物理层的一种实现方式：采用线性总线并在两端接上 120 Ω 的电阻，所有的节点都通过这一双线总线连接在一起（见图 9-13）。

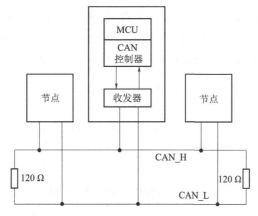

图 9-13　CAN 总线的物理连接关系

ISO 也为这个总线模型设定了一个共模电压范围，但并没有明确定义如何将总线上的电压控制在这一范围内。因此，不同的 CAN 总线收发器会有不同的电气特性。

CAN 总线上的信号有两种状态，一种为显性电平状态，表示为逻辑 0；另一种是隐性电平状态，表示为逻辑 1。从物理上看，CAN 总线上显性电平会覆盖隐性电平。因此如果多个节点同时向总线发送报文，只要有节点发出显性信号，那么总线的状态就为显性状态，这就是所谓的"线与"逻辑。

以 ISO 11898 为例，CAN 总线上传输的信号的实际电压电平如图 9-14 所示。在隐性状态下，CAN_L 和 CAN_H 都处于 2.5 V。在显性状态，CAN_L 变为 1.5 V，而 CAN_H 则变为 3.5 V，这样 CAN_L 和 CAN_H 就产生了 2 V 的差分信号。

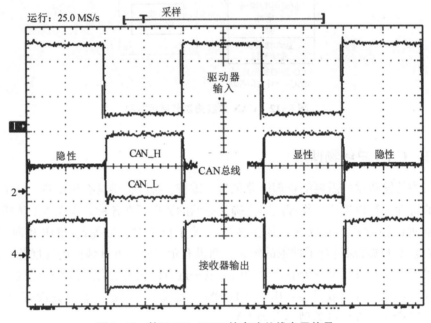

图 9-14　基于 ISO 11898 的高速总线电平信号

2. 位定时与同步

因为 CAN 总线为异步通信，总线上不传递时钟信号，所以 CAN 总线物理层需要具有同步的功能，而这主要是通过位定时来实现的。在 CAN 总线中，标称位时间可以被划分为如图 9-15 所示的几个不重叠时间的片段：同步段（SYNC_SEG）、传播时间段（PROP_SEG）、相位缓冲段 1（PHASE_SEG1）、相位缓冲段 2（PHASE_SEG2）。

图 9-15　标称位时间分段示意图

1）同步段（SYNC_SEG）

帮助总线上不同节点时钟实现同步。位间电平变化造成的跳变沿应该处于这一段内。

2）传播段（PROP_SEG）

补偿信号在网络上的物理传播造成的延时。

3）相位缓冲段 1、相位缓冲段 2（PHASE_SEG1、PHASE_SEG2）

补偿边沿阶段显示的误差。

4）采样点（SAMPLE_POINT）

采样点位于相位缓冲段 1（PHASE_SEG1）之后，是读总线电平并解释各位值的一个时间点。

借助位定时的定义，CAN 总线协议可以实现两种形式的同步：硬同步（Hard Synchronization）与重新同步（Resynchronization）。

- 硬同步：硬同步将迫使它自身引起的沿处于新的标称位时间的同步段之内。
- 重新同步：重新同步会使得相位缓冲段 1 增加，或者使相位缓冲段 2 收缩。相位缓冲段长度的增减由跳变沿与采样点之间比较得出的相位误差 e 决定。

相位缓冲段增长或缩短的数目有一个上限值，此上限值由重新同步跳转宽度这一参数决定。当相位错误的量级大于重新同步跳转宽度时，则增长或缩短的数量与重新同步跳转宽度的值相等。

9.2.4　CAN 总线数据链路层

1. CAN 报文帧格式

CAN 总线协议定义的报文传输中有四种帧类型：

- 数据帧（Data Frame）：包含了节点要传输的信息。
- 错误帧（Error Frame）：由任意检测到错误的节点发送。
- 远程帧（Remote Frame）：请求一个特定 ID 报文的传输。
- 过载帧（Overload Frame）：在数据帧或远程帧之间插入一段延迟。

根据 CAN2.0 规范，CAN 报文具有标准和扩展两种形式。其中标准报文具有 11 位的标识符，而扩展报文允许使用 29 位标识符。

1）数据帧

数据帧是负责传输数据的唯一帧类型，以标准格式为例，其帧组成及各个所代表的含义如图 9-16 和表 9-1 所示。

2）错误帧

错误帧由两个不同的域组成：第一个域由来自不同节点的错误标志（Error Flags）叠加而成；第二个域为 8 个隐性位组成的错误界定符（Error Delimiter）。

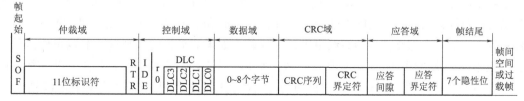

图 9-16　数据帧组成示意图

表 9-1　数据帧组成说明表

名称	位数	作用
帧起始	1	表示一帧数据传输开始
标识符	11	代表帧优先级的标识符
RTR 位	1	对于数据帧为 0，远程帧为 1
IDE 位	1	对于标准格式为 0，扩展格式为 1
保留位	1	保留，0、1 皆可
数据长度码	4	表示传输数据的字节数
数据域	0~64	存放待传输的数据
CRC 域	16	存放循环冗余检验码及其界定符
应答域	2	存放应答位及其界定符
帧结尾	7	表示一帧的结尾，必须都为 0

3）远程帧

一般数据传输都是由源节点通过数据帧传输到目的节点，但目的节点同样也可以通过发送远程帧来请求数据。远程帧与数据帧有两个不同点：一是数据帧中 RTR 位为显性，而在远程帧中为隐性；二是远程帧中没有数据域。

在罕见情况下，具有相同 ID 的数据帧与远程帧同时出现在总线上，此时，由于数据帧的 RTR 位为 0（显性），它会赢得仲裁，但同时，虽然远程帧输了仲裁，它最终依然取得了自己需要的数据。

4）过载帧

过载帧由过载标志符与过载界定符组成。过载帧的发送出现在两种情况下：一是接收节点内部需要在下一个数据帧或远程帧之前有一个延时；二是在间歇（Intermission）域中检测到显性位。由情况一触发的过载帧传送只允许从间歇域的第一位开始，但由情况二触发的过载帧则是在检测到显性位的下一位开始。过载标志符由 6 个显性位组成。过载标志符的形式破坏了间歇域的固定形式，因而，其他的节点也会检测到这一过载情况，并也开始传输一个过载帧，从而达到延时的最终目的。

5）帧间空间

数据帧（或远程帧）与之前一帧（数据帧、远程帧、错误帧、过载帧）的隔离是通过帧间空间实现的。帧间空间至少包括 3 个隐性的位的间歇与任意时间的总线空闲。

2. CAN 报文仲裁与过滤

总线空闲期间，节点可以开始发送报文。若 2 个或 2 个以上节点同时发送报文，那么它们之间就会有总线访问冲突。这将通过识别符（ID）的逐位仲裁解决。仲裁期间，每一个发送器都对发送位的电平与监控到的总线电平进行比较，如果电平相同，则这个节点可以继续发送，如果不同，那么说明这个节点仲裁失败，它必须要退出发送状态。通过这一非破坏性的逐位仲裁机制，CAN 总线协议的多主机的功能得以实现。仲裁机制示意图如图 9-17 所示。

报文过滤基于整个标识符，只有所有位都与过滤码相同，这条报文才会被接收节点接收。而通过可选的屏蔽寄存器，可以设置标识符的某位在过滤时不关心。因此通过设置屏蔽寄存器，可以使得一组标识符被映射到所连接的接收缓冲区。

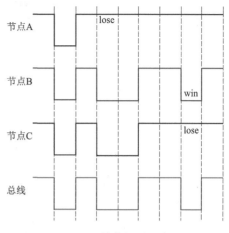

图 9-17　仲裁机制示意图

3. CAN 报文错误处理

CAN 总线具有较强的鲁棒性，这是由它丰富的错误检测机制造就的。CAN 总线协议具有 5 种错误类型：三种是报文级的，两种是位级的。如果一条报文被检测出错误，它将不被接收并且由接收节点发送一个错误帧，这驱使发送节点再次发送这条报文直到它被正确接收为止。然而，如果一个故障的节点持续发送错误帧进而导致总线被挂起，则该节点的控制器将在错误次数到达临界后关闭该节点的收发功能。

报文级的错误检测主要是通过 CRC 与 ACK 来实现的。在一帧报文中，接收站可以通过校验和来判断报文内容是否正确。同时，被接收到的帧由接收站通过应答位（ACK）来确认，如果发送站没有收到应答，则说明报文无节点接收。

报文级错误检测是格式检测。该机制通过查看报文中相关域的固定格式是否正确来检测错误。如在 EOF、ACK 界定符，CRC 界定符中，各位必为隐性，如果在这些范围中检测到了显性位，那么就说明有错误。

在位级中，各个被传输的位都由其发送器所监视，如果写在总线上的值与自己读取到的值不同，那么就会产生一个错误。这种检测有两个例外，即在仲裁域的 ID 范围内以及 ACK 位上。前者用于仲裁优先级，低优先级的发送器写的隐性位会被高优先级的显性位所覆盖；后者则是会被接收节点的显性应答位所覆盖。

错误检测的最终方法是位填充原则。位填充原则是指，如果 CAN 发送器发现自己要发送的报文在帧起始、仲裁域、控制域、数据域以及 CRC 序列中发现有 5 个连续相同位，那么就自动在后面插入一个互补位来保证报文的不回零（NRZ）特性。这样的填充方式不仅有助于信息传输时的同步，也将正常的位流与错误帧以及 7 个隐性位的 EOF 区分开来。在这样的逻辑下，一个由连续 6 位相同总线值组成的错误标志符将违背位填充原则，从而总线中的所有节点认识到这样一个错误，然后都产生自己的错误帧。这样一来，一个完整的总线错误帧将由原来的 6 位变为各个节点应答后的 12 位。之后，这个错误帧由 8 位隐性位组成的错误界定符补完，随后有误的报文被再一次传输。最终，被填充的位在接收节点的控制器中会被去除，从而保证了数据的完整性与正确性。

9.2.5　CAN 总线应用层

前面我们介绍了 CAN 总线物理层、数据链路层的协议，这些协议是实现 CAN 总线通信的基础，但是针对具体的应用我们还需要定义应用层的协议，这里我们以一个火箭炮随动系统中火控计算机与随动控制器间 CAN 总线通信的协议为例，来介绍一下 CAN 总线的应用层协议。该协议定义了火控计算机与随动控制器间需要传送的信息，具体如表 9-2 所示。

表 9-2　随动控制器发送和接收的信息

序号	信息名称	用途
接收信息		
1	状态查询指令	接收来自火控系统的状态查询指令
2	总线编号查询	接收来自火控系统的总线编号查询指令
3	总线切换指令	接收来自火控系统的总线切换指令
4	目标位置信息	接收来自火控系统的目标方位角、俯仰角
5	工作模式信息	接收来自火控系统指定的工作模式信息，包括自检、跟踪模式、调转模式等
…	…	
发送信息		
1	控制指令接收确认	根据所接收到的控制指令，向火控系统确认指令已经收到
2	自检结果	用于向火控系统报告自检结果
3	总线编号反馈	用于向火控系统报告当前总线编号
4	当前位置/角速度信息	用于向火控系统报告当前随动系统方位角、俯仰角的位置信息、角速度信息
5	工作状态参数信息	用于向火控系统报告各部件工作状态及故障代码
…	…	

下面给出火控系统向随动系统发送的信息的具体格式，如图 9-18 所示。

其中工作模式信息数据域定义如表 9-3 所示，其余信息数据域定义类似，在此省略。

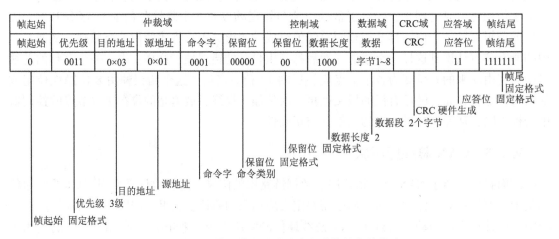

图 9-18　火控系统向随动系统发送的信息的格式

表 9-3　工作模式信息数据域定义

字节 1		字节 2~3	字节 4~5	字节 6~8
工作模式		参数 1	参数 2	备用
b7~b0	0：无意义	无	无	无
	1：随动系统自检	无	无	无
	2：随动系统调转到指定位置	方位角度×100，先高后低	俯仰角度×100，先高后低	无
	3：随动系统跟踪目标	无	无	无
	4~255：备用，无意义	无	无	无

随动系统向火控系统反馈的信息的具体格式如图 9-19 所示。

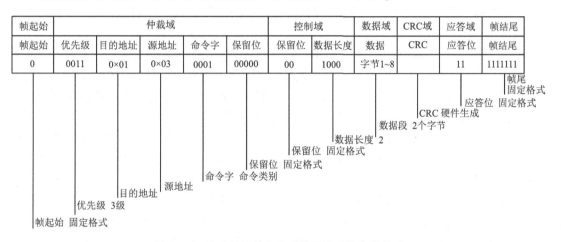

图 9-19　随动系统向火控系统反馈的信息的格式

其中当前位置/角速度信息数据域定义如表 9-4 所示，其余信息数据域定义类似，在此省略。

表 9-4　当前位置/角速度信息数据域定义

字节 1~2	字节 3~4	字节 5~6	字节 7~8
方位角度/（°）	俯仰角度/（°）	方位速度/ $[（°）\cdot s^{-1}]$	俯仰速度/ $[（°）\cdot s^{-1}]$
字节 1：方位角度值×100 后的数值，高字节			
字节 2：方位角度值×100 后的数值，低字节			
字节 3：俯仰角度值×100 后的数值，高字节			
字节 4：俯仰角度值×100 后的数值，低字节			
字节 5：方位速度值×100 后的数值，高字节			
字节 6：方位速度值×100 后的数值，低字节			
字节 7：俯仰速度值×100 后的数值，高字节			
字节 8：俯仰速度值×100 后的数值，低字节			

以上为一个火箭炮随动系统中火控计算机与随动控制器间 CAN 总线通信的应用层协议实例，通过这个实例我们可以看出，应用层协议对系统通信的具体内容进行了更加详尽的定义。

9.3 以太网通信

9.3.1 以太网技术[11,12]

以太网产生于 1980 年，是由 Xerox（施乐）公司创立的，后与其他两家公司（DEC、Intel）共同研究，最终形成一个标准，即 IEEE 802.3 系列标准。这一标准在近年的不断发展中受到了各个行业的广泛认可。最早产生的是 10M 的标准以太网。20 世纪末，100M 的快速以太网发展迅速，随着国际组织和相关企业的不断推动，使得以太网也在不断更新换代，千兆以太网（1 000 Mb/s）和 10G 以太网应运而生。它们的普遍性是都符合以太网系列标准规范。随着这一系列的发展，目前以太网已经逐步取代了其他的局域网标准，成为应用最多、范围最广的局域网技术。

但以太网的发展到此并未止步。目前，以太网正被加速引进工业领域，以太网控制网络技术也在不断完善中，未来将在工业上实现自动化控制。新型的工业用以太网交换机运用于工业控制系统，可以满足不同的功能和需求。我们有理由相信随着完整的工业控制体系网络的逐步构成，很快新的由以太网为重要组成部分的工业控制时代将会如期到来。而放眼我国，最近以太网在电信城域网领域引起了广泛重视，嵌入式以太网也成了近年来网络技术的研究热点。随着以太网技术的不断进步，辅以其他相关网络技术的不断成熟，以太网在未来将在速度和功能上取得更进一步的发展。

以太网自问世以来，凭借低成本、高集成度和良好的传输性能受到了广泛的应用。在当前的计算机网络技术中，以太网的使用是最为广泛的，但尽管 10G 以太网已经问世，至今为止，10M 和 100M 以太网仍然是被研究和应用得最多的。以太网的传输方案有两种：一种是利用主控芯片连接物理层接口，然后通过在主控芯片内编写以太网协议来完成以太网的通信，然而这种方法开发周期比较长，难度较大，由于以太网协议程序比较繁碎，因此运行起来不太稳定；另一种是利用协议芯片（将以太网协议集成于一个芯片内），只需要通过简单的配置和外部线路连接就可以实现以太网的通信，这种方法开发难度小、集成度高且运行稳定，已成为实现以太网通信的首选方案。

计算机网络的体系结构（architecture）是计算机网络的各层及其协议的集合。TCP/IP 是四层的体系结构：应用层、运输层、网络层和网络接口层。但最下面的网络接口层并没有具体内容，而且路由器在转发分组时最高只用到网络层而没有使用运输层和应用层。因此以太网采取折中的办法，综合 OSI 和 TCP/IP 的优点，采用一种只有五层协议的体系结构，如图 9-20 所示。

以太网在发展之初的网络拓扑结构为基本总线型，这一模型所需的外部线路设备较少，成本低廉，同一系统中所有计算机共享同一传输信道，因此效率较低。之后随着以太网技术不断发展和成熟，现阶段的以太网主要采用星形结构，传输较快，传输速率为 10 Mb/s、100 Mb/s、1 Gb/s 或更高，应用范围广且管理方便，系统更为可靠。以太网的星形组网图如图 9-21 所示。

图 9-20　五层协议模型图

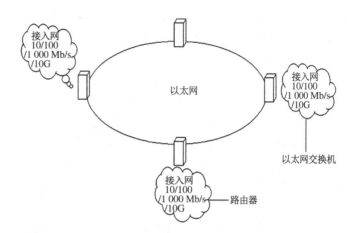

图 9-21　以太网星形组网图

因此，以太网的技术优势体现在：以太网技术应用广泛，几乎得到所有编程语言的支持；具有丰富的软件资源和硬件资源；基于 IEEE 802.3 标准，易于与 Internet 连接，实现办公自动化网络和工业控制网络的无缝连接，技术成熟、易于实现，为工厂的协调管理提供了硬件支持，有助于企业网络的信息集成，便于与上层网络互联和与外界的信息沟通；由于信息网络的存在和以太网的大量使用，使得其价格明显低于其他控制网络。

9.3.2　以太网工作原理

1. 共享式以太网

共享式以太网是一种广播网络，采用带冲突检测的载波侦听多路访问（Carrier Sense Multiple Access/Collision Detection，CSMA/CD）机制，该机制含义如下：

（1）载波侦听：发送数据之前的侦听，确保线路空闲，减少冲突机会；

（2）多址访问：每个站点发送的数据，可以被多个站点接收；

（3）冲突检测：边发送边检测，发现冲突后进行回退；

（4）回退：检测到冲突后的处理，即发现冲突就停止发送，然后延迟一个随机时间之后继续发送。

以太网中的节点工作过程如下：

（1）监听信道上有无信号在传输。若有，则表明信道处于忙状态，继续监听，直到信道空为止。

（2）若未监听到信号，就传输数据。

（3）传输时继续监听，如发现冲突则执行退避算法，随机等待一段时间后，重新执行步骤（1）（冲突发生时，冲突的计算机会将发送返回到监听信道状态。）

（4）若未发现冲突则发送成功，所有计算机在再一次发送数据之前，务必在最后一次发送后等待 9.6 μs。

2. 交换式以太网

交换式以太网由交换式集线器或交换机为中心构成，是一种星形拓扑结构的网络。简言之，它是以交换机为核心建立起来的一种高速网络。交换式以太网不需要改变网络其他硬件，包括电缆和用户的网卡，仅需要用交换式交换机改变共享式 HUB，节省用户网络升级费用；可在高速和低速网络之间转换，实现不同网络之间的协同。大多数交换式以太网都有 100 Mb/s 的端口，通过与之对应的 100 Mb/s 的网卡接入服务器，暂时解决了 10 Mb/s 的瓶颈问题，成为网络局域网升级时的首选方案。它可提供多个通道，比传统的共享式集线器提供更多的宽带，传统的共享式 10 Mb/s 或 100 Mb/s 以太网采用广播式通信方式，每次只能在一对用户之间通信，发生碰撞时则重试，而交换式以太网允许在不同的用户之间进行传送。交换机是一种基于 MAC 地址识别，能完成封装转发数据包功能的网络设备。

所谓 MAC 地址，全名 Media Access Control 或者 Medium Access Control 地址，意为介质访问控制，或称为物理地址、硬件地址，用以定义网络设备的位置，可采用 6 字节或 2 字节表示，但随着局域网规模越来越大，一般采用 6 字节 MAC 地址，也就是 48 bit 数据，这 48 bit数据都有其规定的意义。在 OSI 模型中，第三层网络层负责 IP 地址，第二层数据链路层则负责 MAC 地址。因此一个主机就会有一个 MAC 地址，而每个网络位置会有一个专属于它的 IP 地址，即无论将带有这个地址的硬件（如网卡、集线器、路由器等）接入网络的何处，都具有相同的 MAC 地址。工作在数据链路层的交换机维护着计算机的 MAC 地址和自身端口的数据库（MAC 地址表），交换机根据收到的数据帧中的"目的 MAC 地址"字段来转发数据帧。

网络设备根据目的 MAC 来判断是否处理接收到的以太网帧。MAC 地址是 48 bit 二进制的地址，前 24 bit 为供应商代码，后 24 bit 为序列号，MAC 地址又分为单播地址、多播地址和广播地址。单播地址示意图如图 9-22 所示。

单播地址：第一字节最低位为 0，如 00-e0-fc-00-00-06；

多播地址：第一字节最低位为 1，如 01-e0-fc-00-00-06；

广播地址：48 位全 1，即 ff-ff-ff-ff-ff-ff。

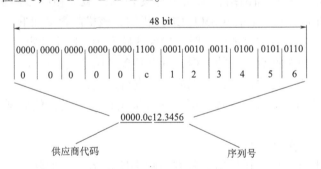

图 9-22　单播地址示意图

交换机可以"学习"MAC 地址，并将其存放在内部地址表中，通过在数据帧的始发者和目标接收者之间建立临时的交换路径，使数据帧直接由源地址到达目的地址。交换机可以检查每一个收到的数据包，并对数据包进行相应的处理，减少误包和错包的出现，避免了冲突的发生。由于二层交换机工作于 OSI 模型的第二层（数据链路层），故而称为二层交换机。交换式以太网的工作原理如图 9-23 所示。

交换机的工作过程如下：

（1）当交换机从某个端口收到一个数据包，它先读取包头中的源 MAC 地址（源地址自学习），这样它就知道源 MAC 地址的机器是连在哪个端口上的。

（2）再去读取包头中的目的 MAC 地址，并在 MAC 地址表中查找相应的端口。

图 9-23　交换式以太网的工作原理

（3）如表中有与这个目的 MAC 地址对应的端口，则把数据包直接复制到这端口上。

（4）如表中找不到相应的端口则把数据包泛洪到所有端口上（源端口除外），当目的机器对源机器回应时，交换机又可以学习此目的 MAC 地址与哪个端口对应，在下次传送数据时就不再需要对所有端口进行泛洪了（源端口除外）。

泛洪（Flood）是指如果在 MAC 地址表中没有相应的匹配项，则在本广播域内向除接收端口外的所有端口广播该数据帧，注意泛洪操作广播的是普通数据帧而不是广播帧。

不断的循环上述过程，致使全网的 MAC 地址信息都可以被学习到，二层交换机就是这样建立和维护它自己的地址表。具体工作过程如图 9-24 所示，可以看到 E0 端口发送数据帧时，能在 MAC 地址表里找到对应的 MAC 地址及其对应的端口 E2，数据帧就从设备 A 发送到端口 E0，经过交换机由端口 E2 发给设备 C。

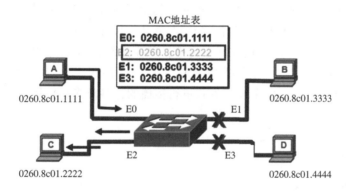

图 9-24　交换机的工作过程

9.3.3　以太网物理层

以太网物理层的传输介质主要包括双绞线、光纤等。

1. 双绞线

双绞线由两根绝缘铜导线相互缠绕而成。两根绝缘的铜导线按一定密度互相绞在一起，可降低信号干扰的程度，每一根导线在传输中辐射的电波也会被另一根线上发出的电波抵消。把一对或多对双绞线放在一个绝缘套管中便成了双绞线电缆，在局域网中常用由 4 对双绞线组成的电缆。

双绞线又分为非屏蔽双绞线和屏蔽双绞线。非屏蔽双绞线（见图 9-25）是指绝缘套管中无屏蔽层，其价格低廉，用途广泛。屏蔽双绞线（见图 9-26）是指绝缘套管中外层由铝铂包裹，以减小辐射，其价格相对较高，适合要求比较高的场合应用，如火箭发射智能随动系统中采用屏蔽双绞线。

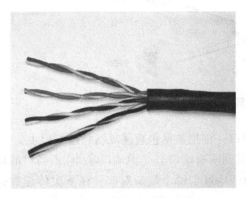

图 9-25　非屏蔽双绞线示意图

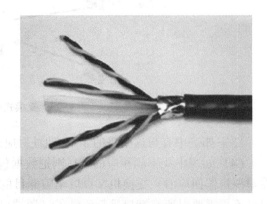

图 9-26　屏蔽双绞线示意图

2. 光纤

一种利用光在玻璃或塑料制成的纤维中的全反射原理而制成的光传导工具，特点是微细的光纤封装在塑料护套中，使得它能够弯曲而不至于断裂。光在光导纤维的传导损耗比电在电线的传导损耗低得多，因此光纤被用作长距离的信息传递。光缆一般由多根光纤和塑料保护套管及塑料外皮构成，如图 9-27 所示。

光纤又分为单模光纤和多模光纤，两种光纤的示意图如图 9-28 所示。单模光纤是指当光纤的几何尺寸可以与光波长相比拟时，即纤芯的几何尺寸与光信号波长相差不大时，一般为 5~10 μm，光纤只允许一种模式在其中传播；单模光纤具有极宽的带宽，特别适用于大容量、长距离的光纤通信。多模光纤是指其纤芯的几何尺寸远大于光波波长，一般为 50 μm、62.5 μm；光信号是以多个模式方式进行传播的；多模光纤仅用于较小容量、短距离的光纤传输通信。

加强钢丝
铝塑复合带
松套管
光纤及油膏
扎纱层
PE内护套
皱纹钢带
PE外护套

图 9-27　光缆的示意图

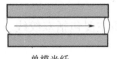

单模光纤

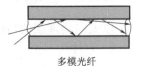

多模光纤

图 9-28　单模和多模光纤的原理图

9.3.4　以太网数据链路层

以太网物理层负责对实际的网络媒介即硬件部分的处理，提供物理介质和与 CPU 的接口部分，包括光纤、网卡、串联线、连接器等有线传输媒介，数据要顺利传输需要经由网络接口的连接。以太网络数据链路层是 OSI 参考模型中的第二层，介于物理层和网络层中间，指的是传输数据的线路，是一种逻辑上的连接。数据链路层在物理层的基础上向网络层提供服务（主要传输比特流），其最基本的服务是将源于网络层的数据可靠地传输到相邻节点的目标机网络层。为达到这一目的，数据链路必须具备一系列的功能，主要有：如何将数据组成数据块，在数据链路层中这种数据块称为"帧"（Frame），帧是数据链路层的传输单位；如何控制帧在物理信道上的传输，包括如何处理传输差错，如何调节发送速率以及使其与接收方式匹配，以及在两个网络实体之间提供数据链路通路的建立、维持、释放的管理。

在数据链路层中，会将上一层传输下来的数据封装成帧，所谓封装成帧，就是把网络层传输下来的数据包加上数据链路层首部和尾部，封装成的数据单元，也就是帧。至此，数据完成封装，传送给主控制器后，应用程序在数据处理前将先逐层去除各段首字节，只对用户数据进行分析处理。数据在该层的报文格式如图 9-29 所示。

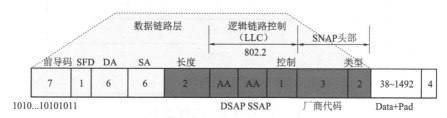

图 9-29 以太网帧类型

各个部分所代表的含义及功能如下：以太网帧起始部分由前导码和帧开始定界符（SFD）组成，前导码用于使接收端的适配器在接收 MAC 帧时能迅速调整时钟频率，使它和发送端的频率相同，前导码由 7 个字节组成，1 和 0 交替。帧开始定界符是帧的起始符，1个字节，前六位 1 和 0 交替，最后两位连续的 1 就表示告诉接收端适配器："帧信息要来了，准备接收"。目的地址（DA），是接收帧的网络适配器的物理地址（MAC 地址），6 字节（48 bit），作用是当网卡接收到一个数据帧时，首先会检查该帧的目的地址是否与当前适配器的物理地址相同，如果相同，就会进一步接收；如果不同，则直接丢弃。源地址（SA）为 6 字节（48 bit），是发送帧的网络适配器的物理地址（MAC 地址）。之后是 2 字节的类型（长度），由于上层协议众多，所以在处理数据时必须设置该字段，以标识数据交付哪个协议处理。最后 4 个字节（32 bit）是帧检验序列（FCS），用以检测该帧是否出现差错，发送方计算帧的循环冗余码校验（CRC）值，将这个值写到帧里，接收方计算机重新计算 CRC，与 FCS 字段的值进行比较。如果两个值不同，则表示传输过程中发生数据丢失或改变，这时需要重新传送这一帧。介于类型和帧检验序列之间的就是数据，表示交付给上层的数据，以太网帧数据长度最小为 46 字节，最大为 1 500 字节，如果不足 46 字节，会填充到最小长度，最大值也叫最大传输单元（MTU）。

9.3.5 以太网网络层协议

以太网网络层是 OSI 模型的第三层。它是 OSI 参考模型中最复杂的一层，也是通信子网的最高层，它在下两层的基础上向资源子网提供服务。网络层的主要任务是为网络上的不同主机提供通信。它通过路由选择算法，为分组通过通信子网选择最适当的路径，来实现网络的互连功能。具体来说，数据链路层的数据在这一层被转换为数据包，然后通过路径选择、分段组合、流量控制、拥塞控制等将信息从一台网络设备传送到另一台网络设备。该层的协议代表包括 IP、ICMP、IGMP、OSPF 等。

网络层协议的主要功能：为主机间提供无连接的分组传输服务、解决路由问题。以太网网络层 IP 数据报由首部和数据两部分组成。首部的前一部分是固定长度，共 20 字节，是所有 IP 数据报必须具有的，首部的示意图如图 9-30 所示。在首部的固定部分的后面是一些可选字段，其长度是可变的。

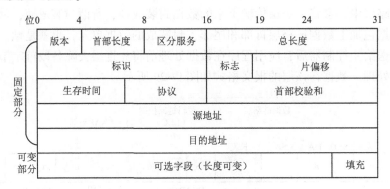

图 9-30　IP 数据报首部示意图

网络层将来自传输层的数据段封装成 IP 包并交给网络接口层进行发送，同时将来自网络接口层的帧解开封装并根据 IP 协议号提交给相应的传输层协议进行处理，具体解封装过程如图 9-31 所示。IP 协议的主要作用如下。

（1）标识节点和链路：IP 为每个链路分配一个全局唯一的网络号以标识每个网络；为每个节点分配一个全局唯一的 32 位 IP 地址，用以标识每一个节点。

（2）寻址和转发：IP 路由器根据掌握的路由信息，确定节点所在网络的位置，进而确定节点所在的位置，并选择适当的路径将 IP 包转发到目的节点。

（3）适应各种数据链路：为了工作在多样化的链路和介质上，IP 必须具备适应各种数据链路的能力，例如根据链路的 MTU（最大传输单元）对 IP 包进行分片和重组，可以建立 IP 地址到数据链路层地址的映射以通过实际的数据链路传递信息。

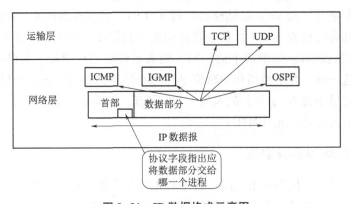

图 9-31　IP 数据格式示意图

图中 OSPF 称为接口状态路由协议，其通过路由器之间通告网络接口的状态来建立链路状态数据库，生成最短路径树，每个 OSPF 路由器使用这些最短路径构造路由表。ICMP 是 TCP/IP 协议簇的一个子协议，用于在 IP 主机、路由器之间传递控制消息。控制消息是指网络通不通、主机是否可达、路由是否可用等网络本身的消息。这些控制消息虽然并不传输用户数据，但是对于用户数据的传递起着重要的作用。IGMP 是因特网协议家族中的一个组播协议，该协议运行在主机和组播路由器之间。图中 UDP 和 TCP 协议会在后文详细说明。

IP 数据报中含有源 IP 地址和目的 IP 地址。IP 地址就是给每个连接在因特网上的主机（或路由器）分配一个在全世界范围是唯一的 32 位的标识符。IP 地址现在由因特网名字与号码指派公司 ICANN（Internet Corporation for Assigned Names and Numbers）进行分配。可能有人会问，IP 地址和之前所说的 MAC 地址有什么区别呢？首先，MAC 地址是 48 位的标识符，而 IP 地址是 32 位的标识符。其次，我们举个例子来说明一下，比如你在家要收快递，那么你要把收件地址填家里地址，如果你要在公司收个快递，那么就要把收件地址填公司地址，IP 地址就是类似你的收件地址，而 MAC 类似于你的名字，无论你在哪，你的名字都不会改变。

分类 IP 地址的每一类地址都由两个固定长度的字段组成，其中一个字段是网络号 net-id，它标志主机（或路由器）所连接到的网络，而另一个字段则是主机号 host-id，它标志该主机（或路由器）。两级的 IP 地址可以记为：IP 地址:: = {<网络号>, <主机号>}，其中"::="代表"定义为"。

机器中存放的 IP 地址是 32 位二进制代码，每隔 8 位插入一个空格能够提高可读性，将每 8 位的二进制数转换为十进制数采用点分十进制记法则可进一步提高可读性。例如机器存放的 IP 地址为 10000000000010110000001100011111，经过上述的变换变成我们所熟悉的 IP 地址类型则为：128.11.3.31

9.3.6　以太网运输层协议[13]

运输层为应用进程之间提供端到端的逻辑通信（但网络层是为主机之间提供逻辑通信）。运输层提供两种运输协议，面向连接的 TCP 和无连接的 UDP。如图 9-32 所示为运输层协议和网络层协议的主要区别，简单来说就是 TCP 和 UDP 协议提供进程之间的逻辑通信，IP 协议提供主机之间的逻辑通信。

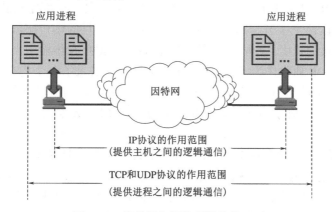

图 9-32　运输层和网络层协议的区别

1. 运输层的端口

运行在计算机中的进程是用进程标识符来标志的。运输层不能使用进程标识符来标志一个进程，原因是不同的操作系统使用不同格式的进程标识符。为此，必须用统一的方法对 TCP/IP 体系的应用进程进行标志，因此我们利用端口号来对应用进程进行标志。

端口号用 16 位来表示，因此一个主机共有 65 536 个端口（Port）。序号小于 256 的端口称为通用端口，如 FTP 是 21 端口，WWW 是 80 端口等。端口用来标识一个服务或应用。一台主机可以同时提供多个服务和建立多个连接。端口就是传输层的应用程序接口。应用层的各个进程通过相应的端口才能与运输实体进行交互。服务器一般都是通过人们所熟知的端口号来识别的。例如，对于每个 TCP/IP 实现来说，FTP 服务器的 TCP 端口号都是 21，每个 Telnet 服务器的 TCP 端口号都是 23，每个 TFTP（简单文件传输协议）服务器的 UDP 端口号都是 69。任何 TCP/IP 实现所提供的服务都用众所周知的 1~1 023 之间的端口号。这些人们所熟知的端口号由 Internet 端口号分配机构（Internet Assigned Numbers Authority，IANA）来管理。

TCP 用主机的 IP 地址加上主机上的端口号作为 TCP 连接的端点，这种端点就叫作套接字（socket =（IP 地址：端口号））或插口，它是网络通信过程中端点的抽象表示，包含进行网络通信必需的五种信息：连接使用的协议，本地主机的 IP 地址，本地进程的协议端口，远地主机的 IP 地址，远地进程的协议端口。通信两端的两个端点（即两个套接字）唯一地确定了每一对通信进程，一对通信进程：: = {socket1，socket2} = {（IP1：port1），（IP2：port2）}。

2. 用户数据报协议 UDP[14]

UDP 只在 IP 的数据报服务之上增加了很少一点的功能，即端口的功能和差错检测的功能。虽然 UDP 用户数据报只能提供不可靠的交付，但 UDP 在某些方面有其特殊的优点：发送数据之前不需要建立连接，发送后也无须释放，因此，减少了开销和发送数据的时延。UDP 不使用拥塞控制，也不保证可靠交付，因此，主机不需要维护有许多参数的连接状态表。UDP 用户数据报只有 8 个字节的首部，比 TCP 的 20 个字节的首部要短。由于 UDP 没有拥塞控制，当网络出现拥塞时不会使源主机的发送速率降低。因此 UDP 适用实时应用中要求源主机有恒定发送速率的情况。

用户数据报 UDP 包括两个字段：数据字段和首部字段。首部字段由 8 个字节，4 个字段组成，每个字段两个字节。源端口字段：源端口号；目的端口字段：目的端口号；长度字段：UDP 数据报的长度；校验和字段：防止 UDP 数据报在传输中出错。伪首部仅为计算校验和而构造。UDP 通常作为 IP 的一个简单扩展。它引入了一个进程端口的匹配机制，使得某用户进程发送的每个 UDP 报文都包含有报文目的端口的编号和报文源端口的编号，从而使 UDP 软件可以把报文传递给正确的接收进程。用户数据报 UDP 的格式如图 9-33 所示。

数据报文封装的过程如图 9-34 所示。当一个数据包来的时候先是封装的应用层协议，然后在 TCP/UDP 中封装端口号等信息头部，再下来就是 IP 层，封装源 IP 地址、目的 IP 地址和其他一些信息，然后根据 ARP 和 RARP 查找对应的 MAC 地址，找到后就封装两层包头，包头中封装了源 MAC 和目的 MAC，再下去就是物理层了。

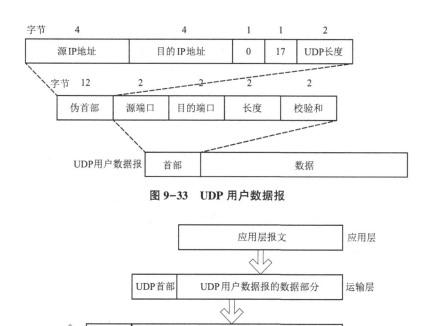

图 9-33　UDP 用户数据报

图 9-34　报文封装的过程示意图

3. 传输控制协议 TCP[15]

TCP 是面向连接的运输层协议。每一条 TCP 连接只能有两个端点（Endpoint），每一条 TCP 连接只能是点对点的（一对一）。TCP 提供可靠交付的服务。TCP 提供全双工通信，面向字节流。

TCP 的编号与确认：TCP 不是按传送的报文段来编号。TCP 将所要传送的整个报文看成是一个个字节组成的数据流，然后对每一个字节编一个序号。在连接建立时，双方要商定初始序号。TCP 就将每一次所传送的报文段中的第一个数据字节的序号，放在 TCP 首部的序号字段中。TCP 的确认是对接收到的数据的最高序号（即收到的数据流中的最后一个序号）表示确认。但返回的确认序号是已收到的数据的最高序号加 1。也就是说，确认序号表示期望下次收到的第一个数据字节的序号。由于 TCP 能提供全双工通信，因此通信中的每一方都不必专门发送确认报文段，而可以在传送数据时顺便把确认信息捎带传送。这样可以提高传输效率。

从 TCP 报文段格式图 9-35 可以看出，一个 TCP 报文段和 UDP 报文段一样分为首部和数据两部分。

首部固定部分各字段的意义如下：

（1）源端口/目的端口：TSAP 地址。用于将若干高层协议向下复用。

（2）发送序号：是本报文段所发送的数据部分第一个字节的序号。

（3）确认号：期望收到的数据（下一个消息）的第一字节的序号。

（4）首部长度：单位为 32 位（双字）。

（5）紧急比特（URG）：URG = 1 时表示加急数据，此时紧急指针的值为加急数据的最后一个字节的序号。

（6）确认比特（ACK）：ACK = 1 时表示确认序号字段有意义。

（7）急迫比特（PSH）：PSH＝1时表示请求接收端的传输实体尽快交付应用层。

（8）复位比特（RST）：RST＝1表示出现严重差错，必须释放连接，重建。

（9）同步比特（SYN）：SYN＝1，ACK＝0表示连接请求消息。SYN＝1，ACK＝1表示同意建立连接消息。

（10）终止比特（FIN）：FIN＝1时表示数据已发送完，要求释放连接。

（11）窗口大小：通知发送方接收窗口的大小，即最多可以发送的字节数。

（12）校验和：TCP校验和不仅要校验20B的TCP首部与TCP首部后面的数据，还要校验在TCP首部前加上两个IP（每个IP四个字节）、十六位的TCP协议（为0x0006）、TCP首部与数据部分的字节数（即TCP首部和数据加起来的长度）组成的伪首部。

（13）选项：长度可变。TCP只规定了一种选项，即最大报文段长度。

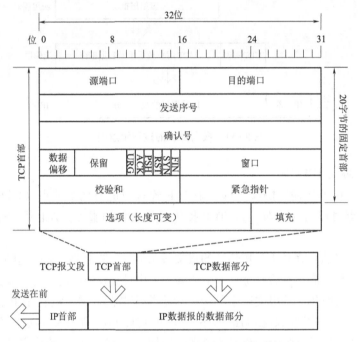

图9-35　TCP报文段数据格式及报文封装过程示意图

TCP运输连接过程有三个阶段，即连接建立、数据传送和连接释放。运输连接的管理就是使运输连接的建立和释放都能正常地进行。TCP的连接建立是以三次握手的方式建立连接的，我们以图9-36为例，详细介绍是如何建立连接的。

首先A的TCP向B发出连接请求报文段，其首部中的同步位SYN＝1，并选择发送序号seq＝x，表明传送数据时的第一个数据字节的序号是x；其次，B的TCP收到连接请求报文段后，如同意，则发回确认。B在确认报文段中应使SYN＝1，ACK＝1，其确认号ack＝x+1，自己选择的发送序号seq＝y；最后，A收到此报文段后向B给出确认，其ACK＝1，确认号ack＝y+1。A的TCP通知上层应用进程，连接已经建立。连接建立后就可以进行数据传送了。

对于TCP的连接释放阶段，我们以图9-37为例具体讲解。首先，数据传输结束后，通信的双方都可释放连接。现在A的应用进程先向其TCP发出连接释放报文段，并停止再发送数据，主动关闭TCP连接。A将连接释放报文段首部的FIN＝1，其发送序号seq＝u，等待B的确

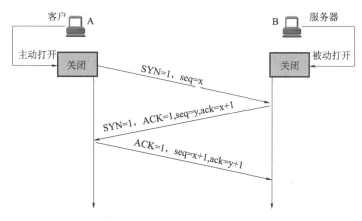

图 9-36 TCP 连接建立示意图

认；然后，B 发出确认，确认号 ack＝u+1，而这个报文段自己的发送序号 seq＝v。TCP 服务器进程通知高层应用进程，从 A 到 B 这个方向的连接就释放了，此时 TCP 连接处于半关闭状态。B 若发送数据，A 仍要接收；其次，若 B 已经没有要向 A 发送的数据，其应用进程就通知 TCP 释放连接；最后，A 收到连接释放报文段后，必须发出确认。在确认报文段中 ACK＝1，确认号 ack＝w+1，自己的发送序号 seq＝u+1。TCP 连接必须经过 2MSL 时间后才真正释放掉。

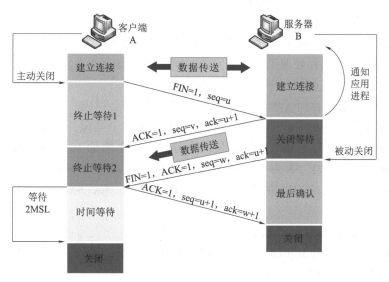

图 9-37 TCP 连接释放过程示意图

9.3.7 以太网应用层协议

前面我们介绍了以太网物理层、数据链路层、网络层、运输层协议，这些协议的实现往往不需要我们从底层开始一层一层编写代码，现在的很多网络通信芯片多带有协议栈，例如W5300，我们只需要根据芯片的使用说明设置相应的寄存器，这些芯片就可以帮助我们实现以上协议的功能。我们往往需要实现的是应用层的协议。下面我们以一个火箭炮随动系统中火控计算机与控制器间以太网通信的协议为例，来介绍一下什么是应用层协议。在这个系统里应用层的协议包括以下几方面内容：应用层帧格式定义、超时重发机制定义、差错处理方法定义以及心跳机制的定义。应用层帧格式定义是为了定义报文中各个字节的具体含义，主要是用来传递火控命令、系统状态等信息用的。超时重发机制的定义、差错处理方法的定义以及心跳机制的定义是为了提高通信可靠性用的。下面一一介绍它们的具体定义。

1. 帧格式定义

帧包结构组成定义如图 9-38 所示。

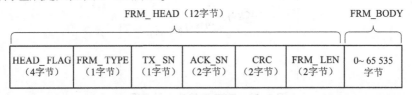

图 9-38　帧包结构

一个帧包结构由（FRM_HEAD）和（FRM_BODY）两部分组成。FRM_HEAD 由 HEAD_FLAG、FRM_TYPE、TX_SN、ACK_SN、CRC、FRM_LEN 几个域组成。

1）FRM_HEAD 各域定义

（1）HEAD_FLAG：为帧起始标志，定义为固定的 4 个字节数据，例如为 0x8D5A6B3C，发送顺序为 0x8D、0x5A、0x6B、0x3C。

（2）FRM_TYPE：为帧类型标识，1 个字节。0 表示帧包是一般情况下的业务报文；1 表示客户端发送的心跳命令或者服务器端对心跳的回应；2 表示报文回应，该标志可让发送方知道接收方是否已收到并处理了发送方发送的帧包。

（3）TX_SN：为发送的帧包序号，1 个字节。

（4）ACK_SN：为接收到的帧包序号，2 个字节。同一会话内，TX_SN 域填写本机发送的帧包序号。第一个帧包的 TX_SN = 1，以后本机每发送一个帧包，则 TX_SN 加 1，溢出后自动归 1。重发帧包的序号必须与原始帧包的序号一致，不能加 1。ACK_SN 域填写本机收到的最新帧包的序号，ACK_SN 和 TX_SN 一样是递加的。产生新会话时 TX_SN 和 ACK_SN 自动清零；特殊情况下，应用层协议也可以利用 TX_SN 和 ACK_SN 进行大数据传输时的帧标记。

（5）CRC：为 2 字节的 CRC 校验。

（6）FRM_LEN：为 FRM_BODY 域的长度，单位为字节，值域为 0~65 535。

2）FRM_BODY 域说明

FRM_BODY 用于承载应用包（APP_DATA），由应用层协议具体明确。例如，对系统自检指令帧的定义如表 9-5 所示，系统自检指令帧为上位机向系统发出的自检指令，系统自检指令帧只发指令 ID，无数据内容。

表 9-5　系统自检指令帧信息内容

FRM_BODY		内容		
位置		数据类型	描述	备注
0	0~7	Uint16	消息 ID 低字节	0x60
1	0~7		消息 ID 高字节	0x00

又如火箭炮随动跟踪指令帧为上位机向火箭炮随动系统发出的开始随动跟踪的指令，只发指令 ID，无数据内容，具体如表 9-6 所示。

表 9-6　火箭炮随动跟踪指令帧信息内容

FRM_BODY	位置	内容		
		数据类型	描述	备注
0	0~7	Uint16	消息 ID 低字节	0x62
1	0~7		消息 ID 高字节	0x00

3）传输次序定义

帧包各域的传输次序如下：先传 HEAD_FLAG，再传 FRM_TYPE、FRM_LEN，然后传 FRM_BODY。

2. 超时重发机制

（1）应答超时时间（ACK_TIME_OUT）缺省值为 1 s，该值可以根据通信双方进行约定设置。发送方在发送一个业务帧（FRM_TYPE 为 0）后，接收方需在 ACK_TIME_OUT 时间内使 FRM_TYPE 为 2，且使用与 FRM_BODY 相匹配（建议帧数据内容相同）的应答帧包进行回应。

（2）发送超时间隔时间（TX_TIME_OUT）缺省值为 10 s，该值可以根据通信双方进行约定设置。当发送方在发送一个帧包后，在 ACK_TIME_OUT 内未收到对方的应答帧包时，则间隔 TX_TIME_OUT 重发该帧包。

（3）重发次数（RESEND_NUM）缺省为 3 次，该值可以根据通信双方进行约定设置。当重发次数到达后，如果依然未能收到对方的应答帧包，则判定为通信错误。

3. 差错处理

（1）接收方收到 CRC 校验和不正确或者 LEN 超过值域的，则丢弃不做处理。

（2）如果收到重复的帧包（帧包中的所有字节均相同的），则丢弃不做处理。

4. 心跳机制

（1）心跳帧（FRM_TYPE 为 1），无 FRM_BODY，FRM_LEN、TX_SN、ACK_SN 均为 0。

（2）服务器端接收客户端连接请求后就开始发送心跳，心跳间隔（HEARTBREAK_TIME）为 5 s（可配置）。

（3）客户端连接服务器后，当客户端在 5 s 内未收到心跳，客户端可认为服务器端断线，主动断开连接，并根据自身的参数设置来决定是否重连。

以上为一个火箭炮随动系统中火控计算机与控制器间以太网通信的应用层协议实例，通过这个实例我们可以看出，应用层协议对系统通信的具体内容以及提高通信可靠性的机制进行了更加详尽的定义。

9.4　本章小结

本章主要介绍了火箭炮随动系统的三种通信方式：串口通信、CAN 总线通信和以太网通信。首先介绍了串口通信的基本概念、工作方式以及三种典型的串口（RS232、RS422、RS485）引脚的连接方式，在此基础上介绍了串口通信的数据格式和各位所代表的含义。接着介绍了CAN总线的基本概念和工作原理，与串口通信不同的是，CAN总线通信时网络中的设备都可以工作在主机模式下。然后介绍了CAN总线OSI模型及其物理层、数据链路层和应用层协议。最后介绍了以太网通信的工作原理，并且详细介绍了以太网的五层协议，以一个火箭炮随动系统中火控计算机与控制器间以太网通信的协议为例，介绍了什么是应用层协议，让读者更好地了解应用层协议的功能。

参考文献

[1] 刘晓，陈广凯，赵汉青，刘露露. 一种基于单片机串口通信的数据缓存处理方法[J]. 信息通信，2020，23（03）：103.

[2] 李玉琳，郝巨东，姜满，刘开源，孙伟龙. 某型高炮火控系统并行通信信号检测模块设计[J]. 火力与指挥控制，2018（10）：176-180.

[3] 李泳东. 探究计算机与多台单片机网络串行通信的实现[J]. 网络与通信，2020，15（4）：35.

[4] 陆熊，周杏鹏. 基于ISA总线的RS232/RS485（RS422）通信转换卡[J]. 工业控制计算机，2003，16（2）：17-18.

[5] 晁武杰，甘永梅，王兆安. Profibus-DP与RS232/RS422/RS485之间通信适配器的研制[J]. 电气自动化，2008，30（6）：70-75.

[6] 韩峰. CAN总线及其应用和前景[J]. 应用科技，2009（12）：188.

[7] 王志颖，马卫东，熊光泽，杨战平. 面向安全关键系统的CAN总线应用研究综述[J]. 计算机与应用技术研究，2011（04）：1216-1220.

[8] 刘滏，罗惠琼. CAN总线综述[J]. 福建电脑，2006（4）：26-27，138.

[9] 李婷. CAN总线综述[J]. 数字技术与应用，2010（4）：129-130.

[10] 刘莎，黄静. 浅谈CAN总线技术及通信模块芯片技术[J]. 互联网与通信，2020，5（5）：22.

[11] 许书云. 以太网技术的现状及发展综述[J]. 天津工程师范学院学报，2005（12）：43-45，57.

[12] 刘明哲，徐皑冬，毕宇航. 确定性实时以太网通信协议研究[J]. 仪器仪表学报，2005（08）：505-507.

[13] 闻翔军. 简析IP、UDP、TCP三种协议的关系[J]. 电脑知识与技术，2020，5（4）:90-91.

[14] 刘杰. UDP通信在工业控制中的应用[J]. 通信技术，2011（08）：30.

[15] 雷鸣. 基于TCP协议的工业PC与PLC以太网通信[J]. 冶金自动化，2011，S2：338-341.

第 10 章

火箭炮随动控制器软硬件设计

火箭炮随动系统电气部分由伺服电机、驱动器、位置传感器（旋转变压器、光电编码器）、随动控制器等组成[1]，其中随动控制器是火箭炮随动系统中的核心部件，直接影响火箭炮随动系统的综合控制性能。其作用为接收炮位计算机的命令，采集位置传感器的信号，经过一定的控制算法解算出控制信号给伺服电机驱动器，驱动电机带动发射箱跟踪打击目标。同时，还可采集惯导测得的车体姿态信号，以实现稳瞄和行进间射击的功能。本章主要介绍随动控制器的软、硬件设计方法。

10.1 控制器处理器简介

目前，可以用作控制器的处理器有 AVR、ARM、DSP 等几种类型，它们各自有各自的特点。AVR，即采用 RISC 精简指令集的高速 8 位单片机[2]。与其他 8-bit MCU 相比，AVR 8-bit MCU 最大的特点是：

（1）哈佛结构，具备 1 MIPS/MHz 的高速运行处理能力。

（2）超功能精简指令集（RISC），具有 32 个通用工作寄存器，克服了如 8051 MCU 采用单一 ACC 进行处理造成的瓶颈现象。

（3）快速的存取寄存器组、单周期指令系统，大大优化了目标代码的大小、执行效率，部分型号 Flash 非常大，特别适应于使用高级语言进行开发。

（4）作输出时与 PIC 的 HI/LOW 相同，可输出 40 mA（单一输出），作输入时可设置为三态高阻抗输入或带上拉电阻输入，具备 10~20 mA 灌电流的能力。

（5）片内集成多种频率的 RC 振荡器、上电自动复位、看门狗、启动延时等功能，外围电路更加简单，系统更加稳定可靠。

（6）大部分 AVR 片上资源丰富，带 E² PROM、PWM、RTC、SPI、UART、TWI、ISP、A/D、Analog Comparator、WDT 等功能块。

（7）大部分 AVR 除了有 ISP 功能外，还有 IAP 功能，方便升级或销毁。

ARM 处理器是英国 Acorn 有限公司设计的低功耗成本的第一款 RISC 微处理器，全称为 Advanced RISC Machine。ARM 处理器本身是 32 位设计[3]，但也配备 16 位指令集，一般来讲比等价 32 位代码节省达 35%，却能保留 32 位系统的所有优势。采用 RISC 架构的 ARM 单片机的优点如下：

（1）体积小、低功耗、低成本、高性能。

（2）支持 Thumb（16 位）/ARM（32 位）双指令集，能很好地兼容 8 位/16 位器件。

（3）大量使用寄存器，指令执行速度更快。

（4）大多数数据操作都在寄存器中完成。

（5）寻址方式灵活简单，执行效率高。

（6）指令长度固定。

DSP（Digital Signal Processor）是一种独特的微处理器[4]，是以数字信号来处理大量信息的器件。它不仅具有可编程性，而且其实时运行速度可达每秒数以千万条复杂指令程序，远远超过通用微处理器，是数字化电子世界中重要的电脑芯片。它的强大数据处理能力和高运行速度，是最值得称道的两大特色。DSP 的优点是可程控，修改方便，稳定性好，可重复性好，抗干扰性能好，0/1 电平之间的容限大，实现自适应算法，系统特性随输入信号的改变而改变，功耗小，系统开发快，价格低[5]。DSP 芯片一般具有以下特点：

（1）在一个指令周期内完成一次乘法以及一次加法。

（2）程序和数据空间分开，可以同时访问指令和数据。

（3）片内具有快速 RAM，通常可通过独立的数据总线在两块中同时访问。

（4）具有低开销或无开销循环及跳转的硬件支持。

（5）快速的中断处理和硬件 I/O 支持。

（6）具有在单周期内操作的多个硬件地址产生器。

（7）可以并行执行多个操作。

（8）支持流水线操作，使取指、译码和执行等操作可以重叠执行。

综上所述，相比较 AVR、ARM，DSP 的优势是其强大的数据处理能力和较高的运行速度，所以多用于数据处理，例如加密解密、调制解调等。值得一提的是，TI 公司的 C2000 系列的 DSP 除了具有强大的运算能力之外，也是控制领域的佼佼者。

位置控制器进行软硬件设计为保证算法的有效性和实时性，具体基于 TI 公司的 TMS320-F28335 DSP 芯片进行外围接口开发，主要包括最小系统、串口通信、D/A、CAN 等模块。软件设计基于 DSP 集成开发环境 CCS，采用 C 和汇编语言编写了软件程序，为控制算法的植入提供软硬件基础。

10.1.1　处理器内核结构

TMS320F28335（简写为 F28335）是 TMS320C28x™/Delfino™ DSP/MCU 系列产品成员[6]，是 32 位浮点 MCU[7]，与定点 C28x 控制器软件兼容。由图 10-1 可见 CPU 框图、存储器种类和片内集成外设的大概情况以及 F28335 片内采用的多套总线，除了有程序总线（Program Bus，程序总线包含 22 根地址线，32 位数据线，图中未标出）和数据总线（Data Bus，数据总线又包含一套读数据总线和一套写数据总线，每套都包含 32 位地址线和 32 位数据线），CPU 内部还有寄存器总线（Register Bus）将 CPU 内核中的各单元联系在一起。为了使 DMA 单元独立于 CPU 操作，F28335 片内还有 DMA 总线。多总线技术大大提高了微控制器的数据吞吐量。图 10-1 左侧的一个多路复用器连接的 D(31~0) 和 A(19~0)，外扩了一套 20 位地址总线和 32 位数据总线，也就是说访问 F2833x 片外存储器只有一套总线，决定了外部程序存储器和数据存储器不能同时访问，只能分时复用外部总线。

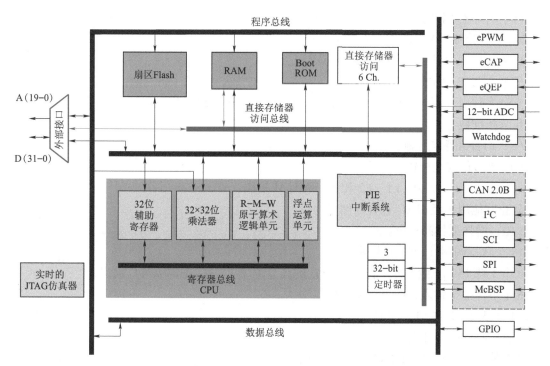

图 10-1　TMS320F28335 的内部结构图

TMS320F28335 主要特性如下：

（1）高性能静态 CMOS 技术：

高达 150 MHz（6.67 ns 周期时间）；

CPU 内核电压为 1.9 V/1.8 V，I/O 引脚和 Flash 电压为 3.3 V。

（2）高性能 32 位 CPU（C28x+FPU）：

32 位定点 C28xCPU（包含图中的 ALU）；

单精度 32 位 IEEE-754 浮点单元（FPU）；

32×32 位硬件乘法器（Multiplier）；

32 位附加寄存器组（Auxiliary Registers）；

哈佛总线架构，程序总线和数据总线分开；

端口和数据存储器统一编址。

（3）快速中断响应和外设中断扩展（PIE），可管理 58 个中断源。

（4）6 通道 DMA（用于 ADC、McBSP、XINTF、RAM 等的信息存储）：

DMA 模块允许数据不经过 CPU 而直接进行数据传输；

DMA 模块由外设（ADC、McBSP、定时器、PWM 等）中断触发以及软件触发；

数据传输的源或目的地有内部 SARAM 的 L4～L7、所有的外部存储区域 XINTF；

A/D 转换结果寄存器（只作为源）；

McBSP 发送/接收缓冲器以及 PWM 单元（只作为目的地）。

（5）16 位或 32 位外部接口（XINTF）：

地址 A(19～0)，数据 D(31～0)，2M×16 位的寻址范围。

（6）片载存储器：

34K×16 位 SRAM，256K×16 位 Flash；

1K×16 位一次性可编程（OTP）ROM。

（7）引导 Boot ROM（8K×16）：

支持多种引导模式（SCI、SPI、CAN、I²C、McBSP、XINTF 和并行 I/O）；

包含标准数学表。

（8）时钟和系统控制。

（9）128 位安全密钥/锁：

保护 Flash/OTP/L0、L1、L2 和 L3 SARAM 模块；

防止其他用户经 JTAG 查看存储器内容。

（10）增强型控制外设：

18 个脉宽调制（PWM）输出；

6 个支持 150 ps 微边界定位（MEP）的高分辨率 PWM（HRPWM）输出；

6 个事件捕捉输入，两个正交编码器输入。

（11）3 个 32 位 CPU 定时器。

（12）串行端口外设：

2 个控制器局域网（CAN2.0 B）模块；

3 个 SCI（UART）模块；

2 个 McBSP 模块；

1 个 SPI 模块；

1 个 I²C 总线。

（13）12 位模/数转换器（ADC），16 个通道：

80 ns 转换率；

2×8 通道输入复用器；

两个采样保持器；

单一/同步转换；

内部或者外部基准。

（14）88 个具有输入滤波功能的通用可编程输入输出（GPIO）引脚。

（15）JTAG 边界扫描支持 IEEE 1149.1—1990 标准测试端口和边界扫描架构。

10.1.2 存储器结构

F28335 的存储器分为：① 单周期访问 RAM（SARAM）；② Flash 存储器；③ OTP 存储器；④ Boot ROM（装载了引导程序）；⑤ 安全模块；⑥ 外设存储器（片内的外设）；⑦ 片外存储器。

（一）单周期访问 RAM（SARAM）

共分 10 部分，即 M0、M1、L0~L7。

（1）M0 和 M1，可映射到数据空间或程序空间，如图 10-2 所示。

（2）L0~L3、L4~L7，可映射到数据空间或程序空间，如图 10-3 所示。

地址范围
数据空间
程序空间
0x00 0000
M0 Vector-RAM（32×32）
（当VMAP=0时，使能）
0x00 0040
M0 SARAM（1K×16）
0x00 0400
M1 SARAM（1K×16）
0x00 0800

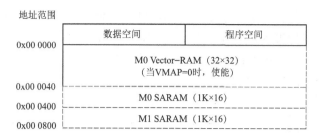

图 10-2　M0、M1 存储器块

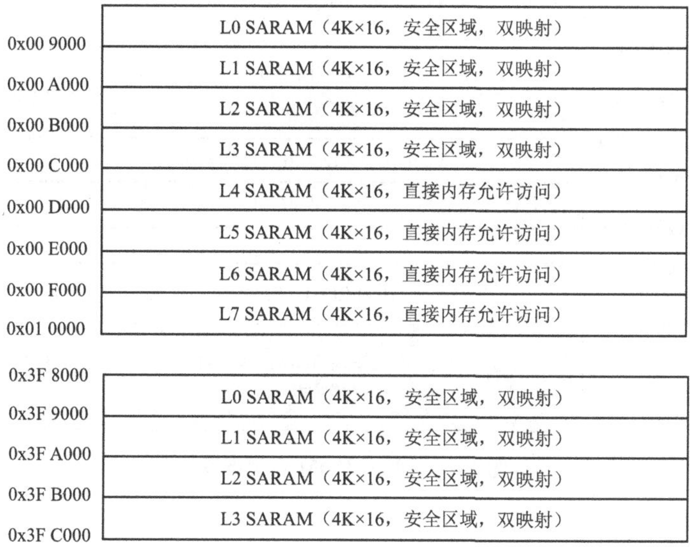

0x00 9000
L0 SARAM（4K×16，安全区域，双映射）
0x00 A000
L1 SARAM（4K×16，安全区域，双映射）
0x00 B000
L2 SARAM（4K×16，安全区域，双映射）
0x00 C000
L3 SARAM（4K×16，安全区域，双映射）
0x00 D000
L4 SARAM（4K×16，直接内存允许访问）
0x00 E000
L5 SARAM（4K×16，直接内存允许访问）
0x00 F000
L6 SARAM（4K×16，直接内存允许访问）
L7 SARAM（4K×16，直接内存允许访问）
0x01 0000
0x3F 8000
L0 SARAM（4K×16，安全区域，双映射）
0x3F 9000
L1 SARAM（4K×16，安全区域，双映射）
0x3F A000
L2 SARAM（4K×16，安全区域，双映射）
0x3F B000
L3 SARAM（4K×16，安全区域，双映射）
0x3F C000

图 10-3　L0～L3、L4～L7 存储器块

（二）Flash 存储器

闪存的英文名称是“Flash Memory”，一般简称为“Flash”，它属于内存器件的一种，是一种不挥发性（Non-Volatile）内存[8]。闪存的物理特性与常见的内存有根本性的差异：目前各类 DDR、SDRAM 或者 RDRAM 都属于挥发性内存，只要停止电流供应内存中的数据便无法保持，因此每次电脑开机都需要把数据重新载入内存；闪存在没有电流供应的条件下也能够长久地保持数据，其存储特性相当于硬盘，这项特性正是闪存得以成为各类便携型数字设备的存储介质的基础。闪存是非易失存储器，可以对称为块的存储器单元块进行擦写和再编程。任何 Flash 器件的写入操作只能在空或已擦除的单元内进行，所以大多数情况下，在进行写入操作之前必须先执行擦除。F28335 的 Flash 存储器一般可以把程序烧写到 Flash 中，以避免带着仿真器试调。F28335 器件包含 256K×16 位的嵌入式闪存存储器，被分别放置在 8 个 32K×16 位扇区内。

（三）OTP 存储器

OTP 存储器（One Time Programmable Read-Only Memory，OTPROM），可以进行片内编程操作，而且可以增强加密功能。然而 OTP ROM MCU 的 OTPROM 存在一个缺点——不可擦除，也就是说只能编程一次，不能实现重复编程，不利于大量普及使用。当程序从仿真器移植到单片机的 OTPROM 时，并不能保证程序的一次成功性，由于单片机的不可擦除性，

若程序脱机一次就使用一片单片机，显然将造成巨大的资源浪费。另外，对于复杂系统，16 KB的 OTPROM 容量如果不够，则需要采用扩展外部存储器，为了保证有效实现加密功能，应保留一部分程序在片内 OTPROM，此时便涉及单片机内、外存储器的衔接问题。

（四）Boot ROM（装载了引导程序）

Boot ROM 存储器块地址分配如图 10-4 所示。

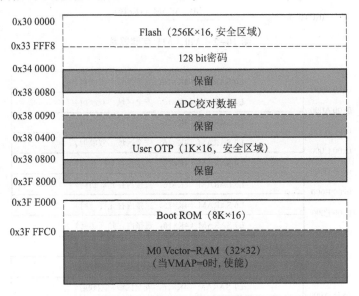

图 10-4　Boot ROM 存储器块

（五）安全模块

用来保护 Flash、OTP、L0～L3 的代码被非法读出。要激活代码安全模块的访问，用户必须输入与存储在 Flash 里一致的 128 位密码才可以。

（六）外设存储器

外设存储器通过外设模块产生相应的信号或输入信号。

外设存储器只能映射到数据空间。

F28335 的外设存储器分为四块（四帧）：

（1）外设帧 0：16 位，包括 PIE 向量表，如图 10-5 所示。

（2）外设帧 1 和 2：16 位，受保护。

（3）外设帧 3：16 位，受保护，且可 DMA 访问，如图 10-6 所示。

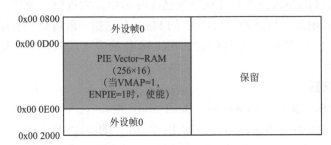

图 10-5　外设帧 0 存储器块

图 10-6　外设帧 1~3 存储器块

（七）片外存储器

只有三段地址，如图 10-7 所示。

Z0 段：4K×16 位；片选信号：XZCS0；

Z6 段：1M×16 位；片选信号：XZCS6；

Z7 段：1M×16 位；片选信号：XZCS7。

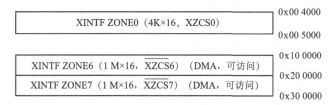

图 10-7　片外存储器块

10.1.3　中断系统

CPU 在进行正常的程序处理时，有时候会被要求处理更高需求级别的任务，因此不得不中断当前任务进程，进入中断服务程序。而在处理完这些额外的任务之后，还需要回到之前的任务，因此就需要在进入中断程序之前必须保存现场，以确保在主要任务被打断并完成中断程序之后，能够准确地回到之前的任务节点[9]。中断请求可以分为：① 可屏蔽中断：可通过判断优先级选择是否处理；② 不可屏蔽中断：强制停止 CPU 进程，进入中断程序，比如复位和 NMI。中断源也可以分成两类：① 片内部中断源：PWM、CAP、QEP、定时器等；② 片外部中断源：外部中断输入引脚 XINT1、XINT2 引入的信号[10]。

F28335 有很多的外设资源，这些外设资源有可能会同时发布额外任务给 CPU，换句话说就是 F28335 的中断源有很多，这些中断源想要得到 CPU 的响应就必须要中断线传递信号给 CPU。可是 F28335 的中断线数是有限的，这个时候就需要 PIE 模块来分配中断资源了。

1. 处理器的 CPU 中断

当 PIEACK 为 0 时，对应的 INTx（12 个中的一个）向 CPU 发送中断请求，这时候就用到了 CPU 级中断寄存器 IFR 和 IER。IFR 在 INTx 端口发送 CPU 级中断请求后置位。IFR 为 16 位的寄存器，正好对应上面的 16 个中断控制，它是可屏蔽中断的总体的中断标志。同样，如果对应位的 IER（中断使能寄存器使能），就需要判断全局中断屏蔽位 INTM 位是否为 0，如果为 0，CPU 保存当前工作状态经过 9 个周期后开始执行中断。如果 INTM 为 1，则只有等待。一般 INTM 为 1，说明 CPU 正在处理别的中断。INTM 只是个位不是寄存器，编程中不会出现，由硬件控制，同时其清除也在中断程序执行完后由硬件自动清除。

2. 处理器的 PIE 中断

当 PIE 的管理器收到来自某个 PIEINTx（12 个中断接口之一）的中断时，首先将对应接口的中断标志 PIEIFR 置位，如果此时该端口的中断使能即 PIEIER 对应置位，这时候就要检查 PIEACK 位是否为 0，如果为 0，则向 CPU 发送中断请求，否则只有等待 PIEACK 为 0。一般情况下 PIEACK 为 1，说明还有其他接口的中断正在处理，只有等待 PIEACK 为 0。另外还要注意 PIEACK 位的清除也只有软件清除，一般在中断程序的结尾向对应 PIEACK 位进行手动复位，以便 CPU 能够响应组内的其他中断。

3. 处理器的外设中断

当 CPU 正常处理程序，而外设产生了中断事件时，该外设对应中断标志寄存器（IF）相应位置位被使能（通常需要编程控制使能），外设产生的中断将向 PIE 控制器发出中断申请。如果对应外设级中断没有被使能，也就是该中断被屏蔽，则不会向 PIE 提出中断申请，更不会产生 CPU 中断响应，但此时中断标志寄存器的标志位将保持在中断置位状态，一旦该中断被使能，则外设会立即向 PIE 申请中断。

需要注意的是，有部分硬件外设会自动复位中断标志位，如 SCI、SPI。多数外设寄存器中的中断标志位需要在中断服务程序中编程清除。

4. 处理器的三级中断系统分析

F28335 的中断采用的是三级中断机制，分别为外设级中断、PIE 级中断和 CPU 级中断[11]，对于一个外设中断请求，必须通过这三级的共同允许，任何一级不允许，CPU 都不会响应该外设中断，如图 10-8 所示。

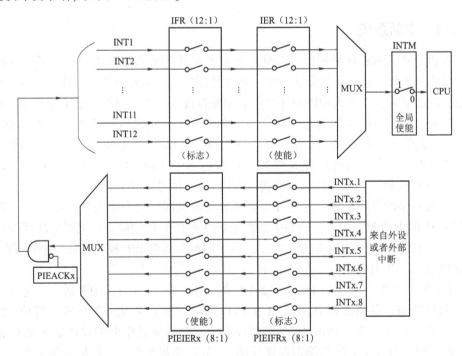

图 10-8　中断系统的三级中断机制

从图中可以看出，要让 CPU 成功响应外设中断，首先要经过外设级中断允许，然后经 PIE 允许，最后再经 CPU 允许，这样最终 CPU 才能做出响应。

10.2　软件开发环境与过程简介

Code Composer Studio 6.0 是 TI 公司的 DSP 开发环境，正被广泛使用，熟悉 CCS6.0 将是学习 DSP 开发的第一步。中国有句古话叫"磨刀不误砍柴工"，如果将 DSP 的开发比作是"砍柴"，那么 CCS6.0 就是手中的刀，如果将 CCS6.0 这把利刃磨快了，相信可以为接下来的 DSP 开发节省不少的时间。本章将详细介绍在使用 CCS6.0 对 DSP 进行软件开发时所经常需要用到的一些操作。

10.2.1　了解 CCS6.0 的布局和结构

双击桌面上的 CCS6.0 图标，启动 CCS6.0 软件，前提是已经根据前面的介绍，对 Setup Code Composer Studio v6.0 做了相应的配置。CCS6.0 开发环境的界面如图 10-9 所示，为了展示方便，图 10-9 中 CCS6.0 的界面是已经通过仿真器和 DSP 目标板链接成功，并且已经打开了一个工程时的界面。本节内容主要是来了解一下 CCS6.0 界面的布局与结构，下面进行详细的介绍。

图 10-9 中的①号框是 CCS6.0 的菜单栏，对 CCS6.0 进行的操作几乎都能在菜单栏内找到相应的命令，CCS6.0 所有的功能也都可以在菜单栏中得以体现。和其他开发软件一样，为了方便用户使用，CCS6.0 将其常用的一些操作或者工具已经放到界面上来了。当编辑完程序之后，就需要对代码进行编译来生成可执行文件。当然，完全可以通过"Project"菜单下面的"Compile File""Build""Rebuild All"等命令来进行操作，不过 CCS6.0 也贴心地为大家提供了便捷的工具栏，就是图 10-9 中②号框所示的编译工具栏。若工程编译成功，然后将可执行代码 .out 文件下载到目标板上的 DSP 后，就要开始调试程序了。调试时经常会用到运行、停止、单步调试等操作，界面会出现相应的调试工具栏。

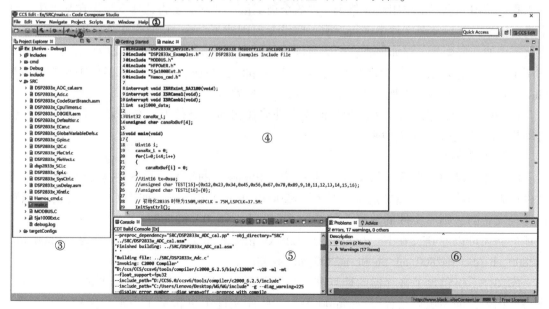

图 10-9　CCS6.0 的界面

③号框所示的是项目管理窗口，在进行软件开发时通常需新建或者打开工程，这个窗口内显示的就是已经被打开的工程，对与工程相关的文件进行查看、添加、打开、移除等操作时，都可以通过项目管理窗口方便快捷地完成。具体如何进行操作将会在后面进行详细的介绍。

④号框所示的是 CCS6.0 源代码编辑窗口，就是 DSP 软件开发时编辑代码的区域，也是开发时最主要的工作区域。编辑、修改代码都是在这个区域内进行的。

⑤号框所示的是编译信息的输出窗口，它会直观地显示编译是否完成，哪个文件正在编译，编译过程中是否有错误或者警告，具体的错误或者警告是什么，可能引起该错误或者警告的原因等。

⑥号框会指出错误以及警告的个数，方便编译者查看。

通过本节的学习应该对 CCS6.0 开发环境的布局和结构有所了解，但是仅熟悉 CCS6.0 的界面显然是远远不够的，更重要的问题是如何使用 CCS6.0 来进行 DSP 的开发。接下来将结合已经编写好的工程来详细介绍 DSP 开发过程中，CCS6.0 软件的常用操作。

10.2.2　完整工程的构建

众所周知，通常一栋房子是由砖、瓦、钢筋、水泥等材料构建起来的，在准备开工盖房子之前，先得把这些材料准备好。DSP 的软件开发就像是在盖一座座的房子一样，只不过这里是在创建一个个的工程。一个完整的 DSP 工程需要由头文件（.h）、库文件（.lib）、源文件（.c）和 CMD（.cmd）文件共同组成，本节将详细介绍如何添加这些文件。

1. 添加头文件

头文件是以 .h 为后缀的文件，h 即为"head"的缩写。DSP 芯片的头文件主要定义了芯片内部的寄存器结构、中断服务程序等内容，为 DSP 的开发提供了很大的便利。

在 DSP 开发的时候也会遇到自己创建头文件的情况，例如需要定义一些变量能够在整个工程内使用，也就是作用域在整个工程的全局变量。通常需要将这些变量先在某个头文件中进行定义，然后在源文件中进行声明。假设专门创建了一个 .h 的头文件，用于定义工程中所需要的全局变量，那如何将这个头文件添加到工程中呢？通常第一反应就是手动添加，如图 10-10 所示，在项目管理窗口内右击"Ex.pjt"，在所弹出的快捷菜单中选择"Add Files"选项，CCS 弹出添加文件对话框，根据文件路径找到要添加的 .h 文件，然后单击"打开"按钮。记得要将 .h 文件和其他头文件放在相同的路径下，在编译工程时，CCS 会自动将 .h 文件添加到工程中来。

2. 添加库文件

库文件是以 .lib 为后缀的文件，lib 即为"library"的缩写。CCS 中关于 C28xx 的库文件所存放的路径为"CCS 的安装路径 \ c2000 cgtools \ lib \"，如果 CCS 软件是按照默认路径安装的，则库文件的路径为"C:\ CCS studio_v6.0 \ c2000 \ cgtools \ lib \"，按照上述的路径可以看到，在 lib 文件夹中与 C28xx 相关的库文件有 4 个，分别为 rts2800.lib、rts2800_eh.lib、rts2800_ml.lib 和 rts2800_ml_eh.lib.

库文件不仅包含了寄存器的地址和对应标识符的定义，还包含了标准的 C/C++运行支持库函数，如系统启动程序_c_int00 等。这些库文件中也包括了由汇编实现的子程序，这些子程序可以在汇编编程时调用，如除法子程序 FD \$ \$ DIV 等。从 C 语言编程的角

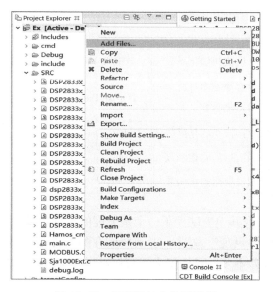

图 10-10 打开添加文件对话框

度讲，库文件分为静态库文件和动态库文件。静态库文件就是以 .lib 为后缀的文件，而动态库文件是以 .dll 为后缀的文件。无论是静态库文件还是动态库文件，作用是一样的，都是将函数封装在一起经过编译之后供自己或者他人调用。其优点在于编译后的库文件是看不到源码的，保密性很好，同时也不会因为不小心修改了函数而出问题，便于维护。因此，通常无法看到 lib 文件夹下的这些库文件中的内容，不妨在 CCS 中双击 .lib 文件试试看。

静态库文件和动态库文件的区别在于静态库被调用时直接加载到内存，而动态库是在使用的时候被加载到内存，而在不使用的时候从内存中释放。在 DSP 开发时，通常只需关注静态库 .lib 文件即可。

库文件的添加与头文件的添加方法相同，在这里就不做赘述。

3. 添加源文件

源文件是以 .c 为后缀的文件，c 即为"source"的缩写。开发工程时所编写的代码通常都是写在各个源文件中的，也就是说源文件是整个工程的核心部分，包含了所有需要实现的功能的代码。TI 为 F28335 的开发已经准备好了很多源文件，通常只要往这些源文件里添加代码以实现所期望的功能就可以。表 10-1 列出了 F28335 工程常用的源文件名及其所包含的内容。

表 10-1 常用的源文件

文件名	主要内容	文件名	主要内容
DSP28_Adc.c	A/D 初始化函数	DSP28_Xlntf.c	外部接口初始化函数
DSP28_CpuTimers.c	CPU 定时器初始化函数	DSP28_Xlntrupt.c	外部中断初始化函数
DSP28_ECan.c	增强型 CAN 初始化函数	DSP28_InitPeripherals.c	包含了其他的外设初始化函数
DSP28_Ev.c	事件管理器 EV 初始化函数		

文件名	主要内容	文件名	主要内容
DSP28_Gpio. c	通用 I/O 模块初始化函数	DSP28_PieCtrl. c	PIE 控制模块初始化函数
DSP28_Mcbsp. c	多通道缓冲率串行口初始化函数	DSP28_PieVect. c	对 PIE 中断向量进行初始化
DSP28_Sci. c	串行通信接口初始化函数	DSP28_Defaultlsr. c	包含了 F28335 所有外设中断函数
DSP28_Spi. c	串行外围接口初始化函数	DSP28_GlobalVari-ablcD-cfs. c	定义了 F28335 的全局变量和系统控制模块初始化函数
DSP28_SysCtrl. c	系统控制模块初始化函数		

看完表 10-1，不难发现其中还缺少了一个很关键的文件，就是 main 函数所在的主函数文件，这也是整个工程的"灵魂"文件。主函数所在的文件需要开发者根据实际情况来进行编写，但基本的思路都差不多，具体怎么编写在以后的学习中会进行详细介绍。

4. 添加 CMD 文件

DSP 工程中的 CMD 文件分成两种。一种是分配 RAM 空间的，用来将程序下载到 RAM 内进行调试，因为开发过程中，大部分时间都是在调试程序，所以多用这类 CMD 文件，Gpio 工程中的 SRAM. cmd 就是用于分配 RAM 空间的。另一种是分配 Flash 空间的，当程序调试完毕后，需要将其烧写到 Flash 内部进行固化，这个时候就需要使用这类 CMD 文件了。

CMD 的专业名称叫链接器配置文件，是存放链接器的配置信息的，被简称为命令文件。从其名称可以看出，该文件的作用是指明如何链接程序。

我们知道，在编写 TI DSP 程序时，可以将程序分为很多段，比如 text、bss 等，各段的作用均不相同。实际在片中运行时，所处的位置也不相同。比如 text 代码一般应该放在 Flash 内，而 bss 的变量应该放在 RAM 内，等等。但是对于不同的芯片，其各存储器的起止地址都是不一样的，而且，用户希望将某一段，尤其是自定义段，放在什么存储器的什么位置，这也是链接器不知道的。为了告诉链接器即将使用的芯片其内部存储空间的分配和程序各段的具体存放位置，这就需要编写一个配置文件，即 CMD 文件了。

所以，CMD 文件里面最重要的就是两段，即由 MEMORY 和 SECTIONS 两个伪指令指定的两段配置。简单地说，MEMORY 就是用来建立目标存储器的模型，而 SECTIONS 指令就是根据这个模型来安排各个段的位置。

1）MEMORY 伪指令

MEMORY 用来建立目标存储器的模型，SECTIONS 指令就根据这个模型来安排各个段的位置；MEMORY 指令可以定义目标系统的各种类型的存储器及容量。MEMORY 的语法如下：

```
MEMORY
{
PAGE 0 : name1[(attr)] : origin = constant,length = constant
name1 n[(attr)] : origin = constant,length = constant
PAGE 1 : name2[(attr)] : origin = constant,length = constant
name2 n[(attr)] : origin = constant,length = constant
PAGE n : namen[(attr)] : origin = constant,length = constant
```

```
namenn[(attr)] : origin = constant,length = constant
}
```

PAGE 关键词对独立的存储空间进行标记，页号 n 的最大值为 255，实际应用中一般分为两页，PAGE0 程序存储器和 PAGE1 数据存储器。name 存储区间的名字，不超过 8 个字符，不同的 PAGE 上可以出现相同的名字（最好不用，以免搞混），一个 PAGE 内不允许有相同的 name。attr 的属性标识为 R 时表示可读；为 W 时表示可写；为 X 时表示区间可以装入可执行代码；为 I 时表示存储器可以进行初始化；什么属性代码也不写时，表示存储区间具有上述四种属性，基本上都是这种写法。

2）SECTIONS 伪指令

SECTIONS 必须用大写字母，其后的大括号里是输出段的说明性语句，每一个输出段的说明都是从段名开始，段名之后是如何对输入段进行组织和给段分配存储器的参数说明。以 .text 段的属性语句为例，"｛所有 .text 输入段名｝"这段内容用来说明连接器输出段的 .text 段由哪些子目标文件的段组成，举例如下：

```
    SECTIONS
{
.text :{ file1.obj( .text) file2( .text) file3( .text,.cinit)}
    ...

}
```

上段代码指明输出段 .text 要链接 file1.obj 的 .text 和 file2 的 .text，以及 file3 的 .text 和 .cinit。在 CCS 的 SECTIONS 里通常只写一个中间没有内容的"｛｝"就表示包含所有目标文件的相应段。接下来说明"load＝加载地址，run＝运行地址"的意思，其表示链接器将在目标存储器里为每个输出段分配两个地址：一个是加载地址，一个是运行地址。通常情况下两个地址是相同的，可以认为输出段只有一个地址，这时就可以不加"run＝运行地址"这条语句了；但有时需要将两个地址分开，比如将程序加载到 Flash，然后放到 RAM 中高速运行，这就用到了运行地址和加载地址的分别配置。

10.2.3　用 C 语言操作 DSP 的寄存器

嵌入式系统开发常用的语言通常有两种，汇编语言和 C 语言。绝大多数的工程师对汇编语言的感觉肯定都是类似的，觉得难以理解，想到用汇编语言来开发一个复杂的工程肯定有点心惊胆战；但是如果换成 C 语言肯定就会好多了，毕竟 C 语言形象一些，更贴近平时的语言习惯一些。DSP 的开发既支持汇编语言，也支持 C 语言，在开发 DSP 程序时用得比较多的还是 C 语言[12]，只有在对时间要求非常严格的地方才会插入汇编语言。开发时，需要频繁地对 DSP 寄存器进行配置，本章将介绍寄存器文件的空间分配。

DSP 的寄存器能够实现对系统和外设功能的配置与控制，因此在 DSP 的开发过程中，对于寄存器的操作是极为重要的，也是很频繁的，也就是说对寄存器的操作是否方便会直接影响到 DSP 的开发是否方便。DSP 芯片为大家提供了位定义和寄存器结构体的方式，能够很方便地实现对 DSP 内部寄存器的访问和控制。接下来，将以外设串行通信接口 SCI（Serial Communication Interface）为例，为大家详细介绍如何使用 C 语言的位定义和寄存器结构体的方式来实现对 SCI 寄存器的访问，在这个过程中，大家也可以了解到 F28335 的头文件是如何编写的。

1. 使用位定义的方法定义寄存器

先来介绍一下 C 语言中一种被称为"位域"或者"位段"的数据结构。所谓"位域"，就是把一个字节中的二进制位划分为几个不同的区域，并说明每个区域的位数。每个域都有一个域名，允许在程序中按域名进行操作。位域的定义和位域变量的说明与结构体定义和其成员说明类似，其语法格式为：

Struct 位域结构名

{

　　　　类型说明符 位域名 1:位域长度

　　　　类型说明符 位域名 2:位域长度

　　　　…

　　　　类型说明符 位域名 n:位域长度

};

其中，类型说明符就是基本的数据类型，可以是 int、char 型等。位域名可以任意取，能够反映其位域的功能就好，位域长度是指这个位域是由多少个位组成的。与结构体定义一样，大括号最后的";"不可缺少，否则会出错。

掌握了 C 语言中位域的知识后，下面以 SCI 的通信控制寄存器 SCICCR 为例来说明如何使用位域的方法来定义寄存器。图 10-11 为 SCI 通信控制寄存器 SCICCR 的具体定义。

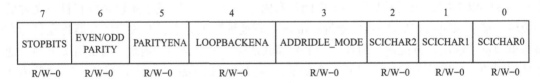

7	6	5	4	3	2	1	0
STOPBITS	EVEN/ODD PARITY	PARITYENA	LOOPBACKENA	ADDRIDLE_MODE	SCICHAR2	SCICHAR1	SCICHAR0
R/W-0	R/W-0	R/W-0	R/W-0	R/W-0	R/W-0	R/W-0	R/W-0

图 10-11　SCI 通信控制寄存器 SCICCR 的定义

SCI 模块所有的寄存器都是 8 位的，当一个寄存器被访问时，寄存器数据位于低 8 位，高 8 位为 0。SCICCR 的 D0~D2 为字符长度控制位 SCICHAR，占据了 3 位。D3 为 SCI 多处理器模式控制位 ADDRIDLE_MODE，占据 1 位。D4 为 SCI 回送测试模式使能位 LOOPBKENA，占据 1 位。D5 为 SCI 极性使能位 PARITYENA，占据 1 位。D6 为 SCI 奇/偶极性使能位 PARITY，占据 1 位。D7 为 SCI 结束位的个数 STOPBITS，也占据 1 位。D8~D15 为保留位，共 8 位。因此，可以将寄存器 SCICCR 用位域的方式表示为如例 10-1 所示的数据结构。

【例 10-1】　用位域方式定义 SCICCR。

```
Struct SCICCR_BITS
{
    Uint16 SCICHAR:3;              //2:0    字符长度控制位
    Uint16 ADDRIDLE_MODE:1;        // 3     多处理器模式控制位
    Uint16 LOOPBKENA:1;            // 4     回送测试模式使能位
    Uint16 PARITYENA:1;            // 5     极性使能位
```

```
    Uint16 PARITY:1;                    //  6      奇/偶极性选择位
    Uint16 STOPBITS:1                   //  7      停止位个数
    Uint16 rsvd1:8                      //  15:8   保留
};
struct SCICCR BITS bit;
```

在寄存器中，被保留的空间也要在位域中定义，只是定义的变量不会被调用，如例 10-1 中的 rsvd1，为 8 位保留的空间。一般位域中的元素是按地址的顺序来定义的，中间如果有空间保留，那么需要一个变量来代替。虽然变量并不会被调用，但是必须要添加，以防后续寄存器位的地址混乱。

例 10-1 还声明了一个 SCICCR_BITS 的变量 bit，这样就可以通过 bit 来实现对寄存器位的访问了。该例中是对位域 SCICHAR 赋值，配置 SCI 字符控制长度为 8 位（SCICHAR 的值为 7，对应于字符长度为 8 位）。

2. 声明共同体

使用位定义的方法定义寄存器可以方便地实现对寄存器功能位进行操作，但是有时候如果需要对整个寄存器进行操作，那么位操作是不是就显得有些麻烦了呢？所以很有必要引入能够对寄存器整体进行操作的方式，这样想要进行整体操作的时候就用整体操作的方式，想要进行位操作的时候就用位操作的方式。这种二选一的方式是不是让你想起前面介绍的共同体了呢？例 10-2 为对 SCI 的通信控制寄存器 SCICCR 进行共同体的定义，使得用户可以方便选择对位或者寄存器整体进行操作。

【例 10-2】　SCICCR 的共同体定义。

```
union SCICCR_REG
{
Uint16 all;                    //可实现对寄存器整体操作
struct SCICCR BITS bit;        //可实现位操作
};
uninon SCICCR_REG SCICCR;
SCICCR.all=0x007F;
SCICCR.bit.SCICHAR=5;
```

例 10-2 先是定义了一个共同体 SCICCR_REG，然后声明了一个 SCICCR_REG 变量 SCICCR，接下来变量 SCICCR 就可以对寄存器实现整体操作或者进行位操作，很方便。例 10-2 中，先是通过整体操作对寄存器的各个位进行了配置，SCICHAR 位这时赋值为 7，也就是说 SCI 数据位长度为 8；紧接着，变量 SCICCR 通过位操作的方式，将 SCICHAR 的值改为 5，即 SCI 数据的长度最终被设置为 6。

3. 创建结构体文件

F28335 的 SCI 模块除了寄存器 SCICCR 之外，还有许多的寄存器。为了方便管理，需要创建一个结构体，用来包含 SCI 模块的所有寄存器，如例 10-3 所示。

【例 10-3】　SCI 寄存器的结构体文件。

```
sturct SCI_REGS
{
```

```
        union SCICCR_REG       SCICCR;          //通信控制寄存器
        union SCICTL1_REG      SCICTL1;         //控制寄存器1
        Uint16                 SCIHBAUD;        //波特率寄存器(高字节)
        Uint16                 SCILBAUD;        //波特率寄存器(低字节)
        union SCUCTL2_RGB      SCICTL2;         //控制寄存器2
        union SCIRXST_REG      SCIRXST;         //接收状态寄存器
        Uint16                 SCIRXEMU;        //接收仿真缓冲寄存器
        union SCIRXBUF_REG     SCIRXBUF;        //接收数据寄存器
        Uint16 rsvd1;                           //保留
        Uint16                 SCITXBUF;        //发送数据缓冲寄存器
        union SCIFFTX_REG      SCIFFTX;         //FIFO发送寄存器
        union SCIFFRX_REG      SCIFFRX;         //FIFO接收寄存器
        union SCIFFCT_REG      SCIFFCT;         //FIFO控制寄存器
        Uint16 rsvd2;                           //保留
        Uint16 rsvd3;                           //保留
        union SCIPRI_REG       SCIPRI;          //FIFO优先级控制寄存器
    };
    extern volatile struct SCI_REGS SciaRegs;
    extern volatile struct SCI_REGS ScibRegs;
```

例 10-3 所示的 SCI 寄存器结构体 SCI_REGS 中,有的成员是 union 形式的,有的是 Uint16 形式的。定义为 union 形式的成员既可以实现对寄存器的整体操作,也可以实现对寄存器进行位操作;而定义为 Uint16 的成员只能直接对寄存器进行操作。

无论是 SCIA 还是 SCIB,在其寄存器的存储空间中,有 3 个存储单元是被保留的,在对 SCI 的寄存器进行结构体定义时,也要将其保留。如例 10-3 所示,保留的寄存器空间采用变量来代替,但是该变量不会被调用,如 rsvd1、rsvd2、rsvd3。

在定义了结构体 SCI_REGS 之后,需要声明 SCI_REGS 型的变量 SciaRegs 和 ScibRegs,分别用于代表 SCIA 的寄存器和 SCIB 的寄存器。关键字 extern 的意思是"外部的",表明这个变量在外部文件中被调用,是一个全局变量。关键字 volatile 的意思是"易变的",使得寄存器的值能够被外部代码任意改变,例如可以被外部硬件或者中断任意改变。如果不使用关键字 volatile,则寄存器的值只能被程序代码所改变。

前面是以 SCICCR 为例来介绍如何使用位定义的方式表示某个寄存器,又以 SCI 模块为例来讲解如何用结构体文件来表示一个外设模块的所有寄存器。如果根据前面的介绍,将 SCI 所有的寄存器用位定义的方式来表示,然后根据需要来定义共同体,最后定义寄存器结构体文件,可以发现,原来这就是 F28335 的头文件 DSP28_Sci.h 的内容。现在明白头文件是怎么编写出来了的吧,因为 F28335 的寄存器结构是固定的,因此,系统的头文件可以直接被拿来使用,一般情况下不需要再做修改了。

如例 10-4 所示,定义了结构体 SCI_REGS 型的变量 SciaRegs 和 ScibRegs 之后,就可以方便地实现对寄存器的操作了。下面以对 SCIA 的寄存器 SCICCR 的操作为例,来介绍在开发程序时是如何进行书写的。

【例 10-4】　对 SCICCR 按位进行操作。

```
SciaRegs.SCICCR.bit.STOPBITS = 0;        //1 位停止位
SciaRegs.SCICCR.bit.PARITYENA = 0;       //禁止极性功能
SciaRegs.SCICCR.bit.LOOPBKENA = 0;       //禁止回送测试模块功能
SciaRegs.SCICCR.bit.ADDRIDLE_MODE = 0;   //空闲线模式
SciaRegs.SCICCR.bit.SCICHAR = 7;         //8 位数据位
```

【例 10-5】　对 SCICCR 整体进行操作。

```
SciaRegs.SCICCR.all = 0x0007;
```

【例 10-6】　对 SCIHBAUD 和 SCILBAUD 进行操作。

```
SciaRegs.SCIHBAUD = 0;
SciaRegs.SCILBAUD = 0xF3;
```

由于 SCIHBAUD 和 SCILBAUD 定义时是 Uint16 型的，所以不能使用 .all 或者 .bit 的方式来访问，只能直接给寄存器整体进行赋值。

上面介绍的 3 种操作几乎涵盖了在 F28335 开发过程中对寄存器操作的所有方式，也就是说掌握了这 3 种方式，可以实现对 F28335 各种寄存器的操作。

10.2.4　寄存器文件的空间分配

值得注意的是，之前所做的工作只是将寄存器按照 C 语言中位域定义和寄存器结构体的方式组织了数据结构，当编译时，编译器会把这些变量分配到存储空间中，但是很显然还有一个问题需要解决，就是如何将这些代表寄存器数据的变量与实实在在的物理寄存器结合起来呢？

这个工作需要两步来完成：第 1 步，使用 DATA_SECTION 的方法将寄存器文件分配到数据空间中的某个数据段；第 2 步，在 CMD 文件中，将这个数据段直接映射到这个外设寄存器所占的存储空间。通过这两步，就可以将寄存器文件同物理寄存器结合起来了，下面进行详细讲解。

1. 使用 DATA_SECTION 方法将寄存器文件分配到数据空间

编译器产生可重新定位的数据和代码模块，这些模块就称为段。这些段可以根据不同的系统配置分配到相应的地址空间，各段的具体分配方式在 CMD 文件中定义。关于 CMD 文件，将在后面内容中将详细讲解。在采用硬件抽象层设计方法的情况下，变量可以采用 "#pragma DATA_SECTION" 命令分配到特殊的数据空间。在 C 语言中，"# pragma DATA_SECTION" 的编程方式如下：

```
#pragma DATA_SECTION(symbol,"section name");
```

其中，Symbol 是变量名，section name 是数据段名。下面以变量 SciaRegs 和 ScibRegs 为例，将这两个变量分配到名字为 SciaRegsFile 和 ScibRegsFile 的数据段。

【例 10-7】　将变量分配到数据段。

```
# pragma DATA_SECTION(SciaRegs,"SciaRegsFile");
volatile struct SCI_REGS SciaRegs;

# pragma DATA_SECTION(ScibRegs,"ScibRegsFile");
```

```
volatile struct SCI_REGS ScibRegs;
```

例 10-7 是 DSP28_GlobalVariableDefs.c 文件中的一段，作用就是将 SciaRegs 和 ScibRegs 分配到名字为 SciaRegsFile 和 ScibRegsFile 的数据段。CMD 文件会将每个数据段直接映射到相应的存储空间里。SCIA 寄存器映射到起始地址为 0x007050 的存储空间。使用分配好的数据段，变量 SciaRegs 就会分配到起始地址为 0x007050 的存储空间。那如何将数据段映射到寄存器对应的存储空间呢？这得研究一下 CMD 文件中的内容。

2. 将数据段映射到寄存器对应的存储空间

【例 10-8】 将数据段映射到寄存器对应的存储空间。

```
/*************************************
 ***************
 *    存储器 SRAM.CMD 文件将 SCI 寄存器结构分配到相应的存储结构
 ***************************************
 *****************/
MEMORY
{
    ...
    PAGE1:
    SCI_A :origin = 0x007050,length = 0x000010
    SCI_B :origin = 0x007050,length = 0x000010
    ...
}
SECTIONS
{
    ...
    SciaRegsFile :>SCI_A, PAGE = 1
    ScibRegsFile :>SCI_B, PAGE = 1
    ...
}
```

从例 10-8 可以看到，首先在 MEMORY 部分，SCI_A 寄存器的物理地址从 0x007050 开始，长度为 16；SCI_B 寄存器的物理地址从 0x007050 开始，长度也为 16. 然后在 SECTIONS 部分，数据段 SciaRegsFile 被映射到了"SCI_A"，而 ScibRegsFile 被映射到了"SCI_B"，实现了数据段映射到相应的存储器空间。

通过以上两部分的操作，才完成了将外设寄存器的文件映射到寄存器的物理地址空间，这样才可以通过 C 语言来实现对寄存器的操作。

10.3　基于 DSP 的随动控制器硬件设计

以某型火箭炮随动系统为例，其随动控制器需要实现以下功能：

（1）上位机通过以太网给随动控制器发送命令，随动控制器需要通过以太网返回系统状态给上位机。

（2）随动控制器需要采集旋转变压器返回的位置信息，旋转变压器具有粗、精两个信号通道，每个通道均具有一个励磁信号、一个正弦信号和一个余弦信号，每个信号均使用单独的地线和屏蔽线。

（3）随动控制器可以通过 CAN 总线或者模拟电压给伺服驱动器发送控制命令，电压范围为−10～+10 V。

（4）随动控制器通过 RS422 串口采集惯导测得的车体姿态信号，以实现稳瞄和行进间射击的功能。

根据随动控制器功能和接口的需要设计随动控制器总体架构如图 10-12 所示，系统处理器采用主频为 150 MHz 的 TMS320F28335 型 DSP，设计外围电路包括电源转换模块、以太网通信模块、励磁电路模块、RDC 模块、CAN 总线通信模块、高性能 D/A 模块、RS422 串口模块等。下面将详细介绍每个模块的设计过程。

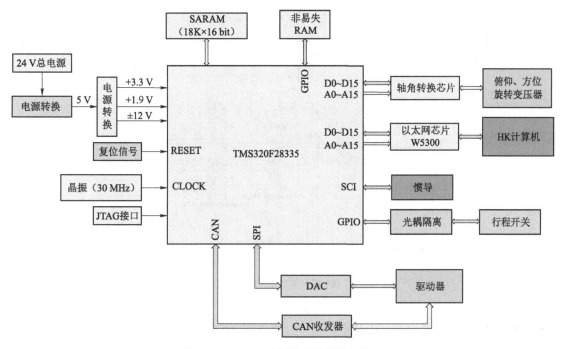

图 10-12　随动控制器功能模块和接口

10.3.1　电源转换模块

随动控制器的外部供电为 24 V，需要给 DSP 处理器提供 1.9 V 和 3.3 V 的电源，为旋转变压器励磁电路提供 12 V 电源，因此需要采用相应的电源转换芯片[13]，对供电电压进行转换。我们采用 URB2405YMD-10WR3 芯片将 24 V 电压转换成 5 V 电压；再采用 LM1084IS-ADJ 芯片将 5 V 转换成 1.9 V 电压，采用 LM1084IS-3.3 V 芯片将 5 V 转换成 3.3 V 电压给 DSP 供电；采用 WRA2412S-3WR2 芯片将 24 V 转换成 12 V 给旋转变压器励磁电路供电。电源转换模块电路如图 10-13 所示。

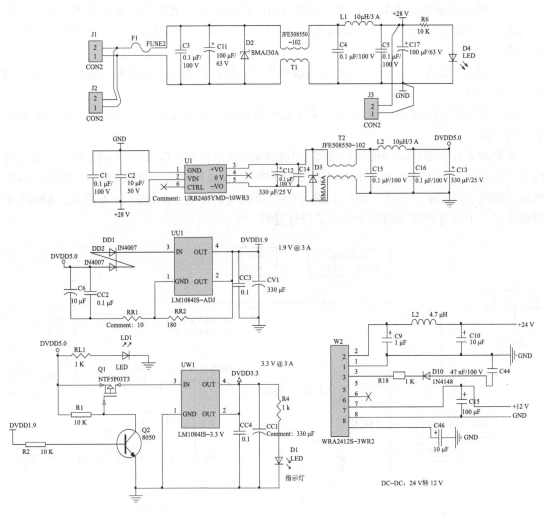

图 10-13 系统供电电路图

10.3.2 DSP 最小系统电路

DSP 处理器要想正常工作除了需要具有电源转换模块外，还需要有复位电路、时钟电路及 JTAG 电路，由这些电路组成的系统被称为最小系统[14]。设计的 DSP 最小系统电路如图 10-14 所示。

10.3.3 以太网通信模块

F28335 本身不带以太网通信模块，因此需要外扩以太网通信控制器来实现网络通信。以太网控制器芯片的种类有很多，其中 W5300 是一款由 WIZnet 公司出产的以太网协议芯片，其内部集成了 10M/100M 以太网控制器、MAC 层协议和 TCP/IP 协议栈[15]。该芯片是采用 0.18 μm CMOS 工艺加工的单芯片器件，具有稳定性高、集成化程度高、成本低等优势，主要应用于 Internet 嵌入式系统中。本节将以其为例介绍以太网通信模块的设计方法。W5300 的主要性能特点如下：

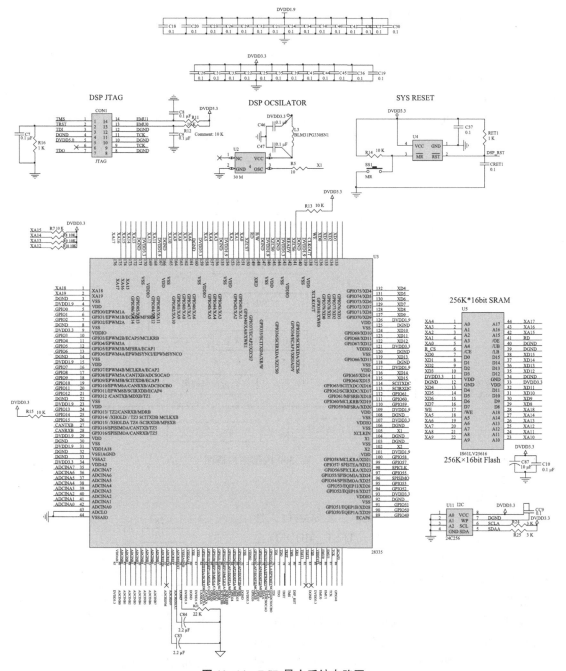

图 10-14　DSP 最小系统电路图

（1）支持硬件 TCP/IP 协议栈：TCP、UDP、ICMP、IPv4、ARP、IGMP、PPPoE。

（2）支持 8 路独立的网络连接端口 SOCKETn 同时工作。

（3）内部拥有 128K 字节 TX/RX 存储器用于数据通信，并可根据端口数据吞吐量灵活分配 TX/RX 存储器空间大小。

（4）支持两种主机接口模式（直接寻址模式和间接寻址模式）。

（5）支持 16/8 bit 数据总线，传输速率高达 100 Mb/s。

（6）支持第三方物理（PHY）接口。

使用 W5300 不需要考虑以太网的控制，只要进行简单的端口（Socket）编程，像访问外部存储器一样方便。由 W5300 的数据手册可知，主控制器通过主机总线接口方式与 W5300 建立连接。芯片内部有接口模式管理模块，负责对主机接口与数据总线模式的选择；存储器管理模块负责管理 TX/RX 存储器的大小，以便存放数据；寄存器管理模块负责初始化芯片信息，确保芯片稳定工作。此外，W5300 外部接 25 MHz 的时钟输入信号，倍频后产生 150 MHz 的时钟以供内部使用。具体的结构框图如图 10-15 所示。下面介绍 W5300 的外围硬件电路设计。

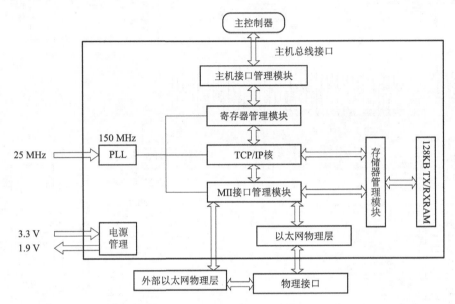

图 10-15　W5300 内部结构框图

1. 模式配置电路

一般 W5300 采用内部物理接口、正常运行工作模式，全功能自动握手。因此，TEST_MODE0 至 TEST_MODE3 和 OP_MODE0 至 OP_MODE2 都接低电平，即接地，具体如图 10-16 所示。

2. 时钟信号电路

W5300 的时钟信号输入可以是晶体或振荡器。25 MHz 的外部时钟经锁相环作用产生 150 MHz 的时钟信号，用于 W5300 内核的工作时钟。由数据手册可知，由于 W5300 工作在内部 PHY 工作模式下，

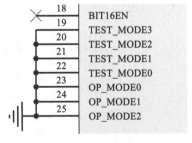

图 10-16　模式配置引脚接法

因此将 25 MHz 谐振晶体的输出接 XTLP 引脚。具体电路如图 10-17 所示。

3. 介质信号接口电路

介质接口（10 Mb/s/100 Mb/s）是内部 PHY 模式使用的（TEST_MODE0 到 TEST_MODE 3 为 0000）。其中，RXIP、RXIN 一对信号负责从介质接收数据，分别连接 RJ45 水晶头上的 RD+ 和 RD-。而 TXOP、TXON 一对信号负责把数据传输至介质，分别连接 RJ45 水晶头上的 TD+ 和 TD-。具体电路图如图 10-18 所示。

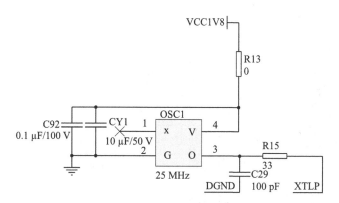

图 10-17　W5300 时钟信号电路

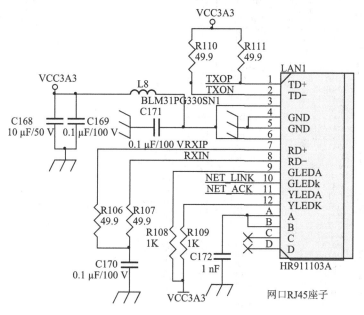

图 10-18　介质信号接口电路

4. 主机信号接口电路

W5300 与 TMS320F28335 的连接如下：

（1）W5300 的片选信号接在 DSPXZCS2 上，读信号线 $\overline{\text{RD}}$ 接在 DSP 的读信号线上，写信号线 $\overline{\text{WR}}$ 接在 DSP 的写信号线上。

（2）W5300 的中断信号线 $\overline{\text{INT}}$ 与 DSP 的中断信号线 XINT2_ADCSOC 连接。由此当 W5300 收发信息完成时，DSP 会接收到相应的中断信号，并执行相应的中断处理。

（3）本文采用 16 位数据总线模式，在该模式下 W5300 只有地址线 ADDR1~ADDR9 工作，将其与 DSP 地址线 XA1~XA9 相连，地址线 ADDR0 虽然与 XA0 相连，但并不起作用。而数据线 DATA0~DATA15 与 DSP 的相应 15 条数据线相连接。

W5300 与 TWS320F28335 的硬件连接电路图如图 10-19 所示。

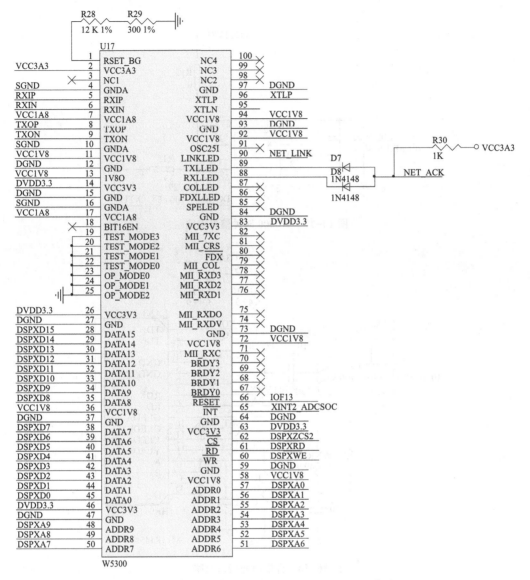

图 10-19　W5300 与 TMS320F28335 的硬件连接电路图

10.3.4　励磁电路模块

旋转变压器工作时需要在转子上施加一定频率的励磁信号，同时轴角数字转换芯片 AD2S83AP 工作时也需要与旋转变压器信号频率相同的基准信号。因此，采用励磁芯片 AD9833 产生正弦信号，正弦信号经两级 ADTL082 芯片放大转换输出 400 Hz 旋变励磁信号。当旋转变压器励磁时，需要使用大电流输出元器件，为此需选用最大输出电流幅值可以达到 500 mA 的 OPA547 型号运算放大器。具体电路如图 10-20 所示。

输出励磁信号正弦波的频率为 $f_{out}=M\ (f_{MCLK}/228)$，式中 f_{MCLK} 为外部时钟频率，M 为频率寄存器控制字。外部有源晶振为励磁电路提供时钟信号，DSP 作为主机通过 SPI 口向 AD9833 发送控制字。

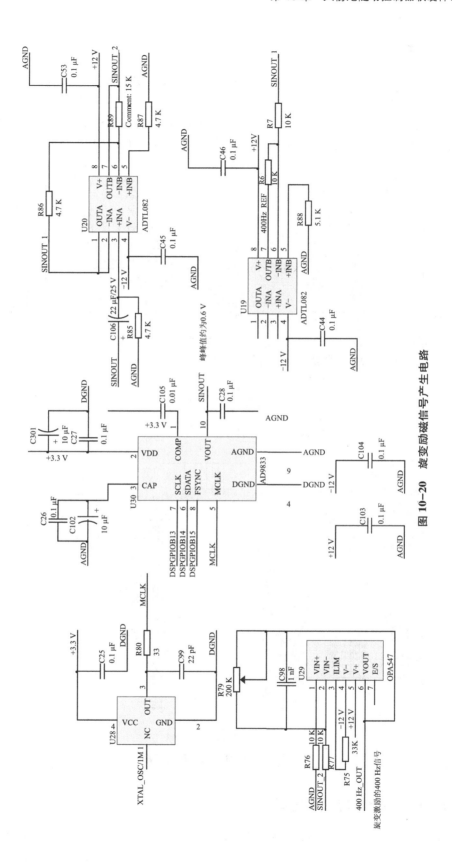

图 10-20　旋变励磁信号产生电路

10.3.5 RDC 模块

RDC 模块（轴角转换模块）的作用是将旋转变压器输出的正余弦信号转变为二进制数字信号。如图 10-21 所示，考虑到每个轴系需要粗、精两路通道，故共需 4 片 AD2S83AP 芯片进行信号转换。转换完成后的数据可经由驱动芯片 SN74LS245 与 DSP 的 16 位数据总线相连接。AD2S83AP 转换使能信号及片选信号由 DSP 通过 CPLD 芯片来控制。

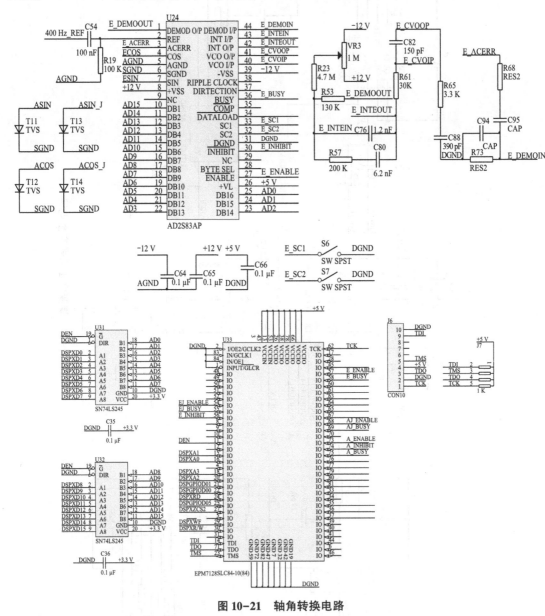

图 10-21 轴角转换电路

10.3.6 CAN 总线通信模块

当前已有很多微处理器将 CAN 控制器嵌入系统中[16]，例如 STM32 系列的STM32F103、

8xC591 等。由于 F28335 本身自带 eCAN 增强型 CAN 控制器，为 CPU 提供完整的 CAN2.0B 协议，减少了通信时候 CPU 额外的开销，使得基于 CAN2.0B 的上层应用开发变得简单便捷。我们只要在 F28335 外接一个 CAN 收发器就可以实现 CAN 通信了，如图 10-22 所示。

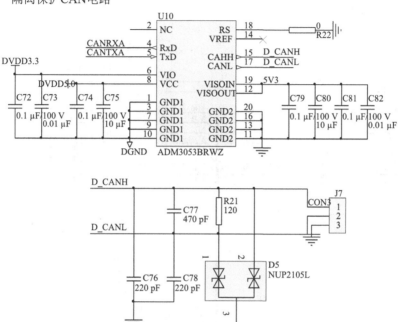

图 10-22　CAN 总线通信模块

除了可以使用 F28335 本身自带的两路 CAN 控制器，也可以通过 F28335 外部接口 XINTF 扩展更多的外部 CAN 控制器。F28335 提供的 XINTF 接口分别可以映射到三个固定的存储器映射区域：XINTFZone0 地址是 0x00004000 ~ 0x00005000，XINTFZone6 地址是 0x00100000~0x00200000，XINTFZone7 地址是 0x00200000~0x00300000。我们可以使用其中任意一个空间，例如外扩空间 0，即 XINTFZone0 区域扩展 CAN 控制器。CAN 控制器芯片的种类有很多，例如 Philips 公司的 SJA1000 芯片就是其中一种，下面以此为例来说明如何外扩 CAN 控制器。

F28335 为哈佛结构，程序空间和数据空间是分开的且能够被并行访问，并且采用统一寻址方式，以提高存储空间的利用率，方便程序的开发。而 CAN 控制器 SJA1000 采用的是冯·诺伊曼结构，程序空间和数据空间共用一个存储空间，通过一组总线（地址总线和数据总线）连接到内部的 CPU。即 F28335 地址线和数据线分开，非多路复用总线；而 SJA1000 的地址线和数据线复用，地址和数据分时传输，地址在前，数据在后。两者总线方式的不同增加了 F28335 与 SJA1000 之间接口电路设计的难度。我们可以采用两片双向三态缓冲器 74LVC245 来解决这一问题。

图 10-23 给出了 SJA1000 与 F28335 之间的接口电路设计方法。SJA1000 片选信号引脚

接的是 F28335 的 XZCS0 引脚，可知外扩区域采用的是 XINTFZone0 的空间，低电平有效。SJA1000 读、写及复位引脚$\overline{RD}$、$\overline{WR}$、$\overline{RST}$连接 F28335 的读、写及复位引脚。SJA1000 模式引脚接的是 DVDD5.0 高电平信号，则 SJA1000 工作在 Intel 模式下。SJA1000 中断引脚$\overline{INT}$连接 F28335 的 GPIO60，F28335 需在程序中将 GPIO60 配置为外部中断引脚。SJA1000 的 3 引脚为地址锁存信号 ALE，且地址总线周期有效时 ALE 为高，该引脚连接 F28335 的 XA8。9 引脚接外部 24 MHz 晶振。

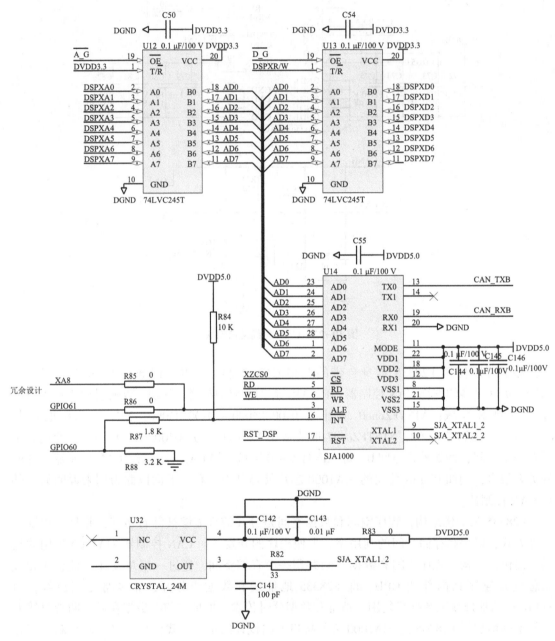

图 10-23　F28335 与 SJA1000 之间的接口电路设计

为了解决 F28335 与 SJA1000 之间的总线接口问题，我们采用两片双向三态缓冲器 74LVC245来解决。F28335 的数据线和地址线分别连接两片 74LVC245，两片74LVC245的片选信号$\overline{A\_G}$，$\overline{D\_G}$则由译码电路（见图 10-24）产生。译码电路的组合逻辑如下所示：

$$\overline{A\_G} = XZCS0 \mid X/A8;$$

$$\overline{D\_G} = XZCS0 \mid XA8;$$

当 F28335 要给 SJA1000 写数据的时候，写的地址为 0x00004100，$\overline{A\_G}$会变为低电平，相应的 74LVC245 被选通，F28335 地址线数据会传送给 SJA1000，同时 ALE 信号为高电平，SJA1000 会将收到的地址信号锁存。接下来写数据，写的地址为 0x00004000，此时$\overline{D\_G}$会变为低电平，相应的 74LVC245 被选通，F28335 数据线数据会传送给 SJA1000，这样就完成了一次写操作。读操作与此类似。

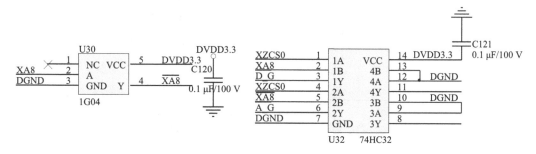

图 10-24 译码电路

10.3.7 D/A 模块

D/A 模块采用 D/A 芯片 AD5722 来实现其功能，AD5722 与 F28335 的接口为 SPI 接口，其接收来自 F28335 的输出电压命令，并将其转换为对应的电压输出至伺服驱动器控制信号输入端[17]。

为抑制电源信号的干扰，保证 D/A 转换的可靠性，D/A 模块的工作电压（5 V、+12 V、-12 V）分别采用 DCP010505B、DCP010512DB 芯片由 5 V 输入电源转换得到。为增强来自 DSP 信号的抗干扰能力，在 F28335 与 AD5722 之间加入数字隔离芯片 ADUM1401、ADUM1200。芯片 AD5722 的参考电压由 5 V 电源电压经芯片 ADR3425 转换提供，大小为2.5 V。经 AD5722 转换输出的信号还需连接稳压跟随器，进行阻抗变换后再由高精度运算放大器 OP27 反向放大后输出给驱动器。D/A 模块及放大电路如图 10-25 所示。

10.3.8 串口通信电路设计

F28335 的串行接口 SCI 具有增强的 16 级深度发送/接收 FIFO 以及自动通信速率检测功能，为保证数据传输的完整性，SCI 模块有极性错误、超时错误、帧错误和间断检测 4 种错误检测标志，并且具有双缓冲接收和发送功能。本系统采用 ADM2587E 芯片作为收发器实现 RS422 串口通信。其具体电路如图 10-26 所示。

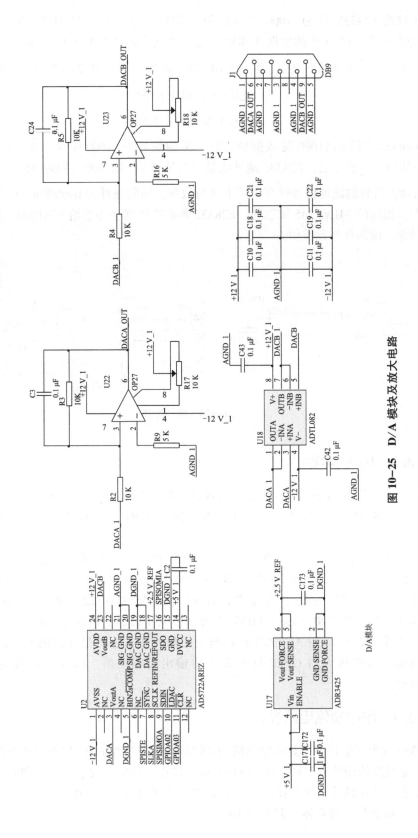

图 10—25 D/A 模块及放大电路

RS422接口

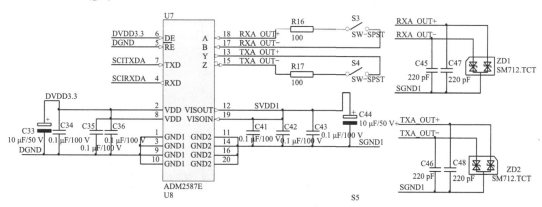

图 10-26　SCI 串口通信电路

10.4　基于 DSP 的随动控制器软件设计

前面介绍了基于 DSP 的随动控制器硬件设计方法，接下来介绍基于 DSP 的随动控制器软件设计方法。由于随动控制器采用的是 DSP 作为 CPU，并且其上不带有操作系统，因此程序主体架构采用无限循环+中断的方式。下面将详细介绍各个关键部分的设计方法。

10.4.1　主程序设计

主程序部分主要实现系统各个硬件模块初始化功能以及系统自检功能。初始化功能具体包含内核初始化、中断向量初始化、GPIO 口初始化、SCI 初始化、CAN 初始化、SJA1000初始化配置、D/A 模块初始化以及定时器配置等。系统主程序在完成了初始化和自检以后，就进入无限循环，同时等待定时器中断、CAN 中断或者串口中断等外部接口的中断信号并进行相应的响应。系统主程序流程图如图 10-27 所示。

10.4.2　定时器中断程序设计

定时器中断主要实现随动控制算法的解算，算出控制量并通过 D/A 变换将数字量变成模拟量输出给驱动器，或者直接通过 CAN 总线输出给驱动器，从而实现随动系统闭环控制，实现对指令信号的高精度跟踪。根据随动控制器所要实现的功能，可以将定时器中断程序分为如下几个功能模块：给定位置优化处理模块、旋变信号读取模块、超限保护模块、控制算法模块、控制量输出模块、报文打包发送模块、故障检查模块、故障信息保存模块、故障处理模块等。定时器中断程序流程图如图 10-28 所示，下面详细介绍各个模块的功能。

（1）给定位置优化处理模块：此模块主要用于对给定的位置信号进行一定的处理，生成优化的给定位置信号，从而避免火箭炮方位和俯仰两套随动系统同时工作在最大或最小功率的状态下，充分利用给定的功率，实现系统功率优化的目的。

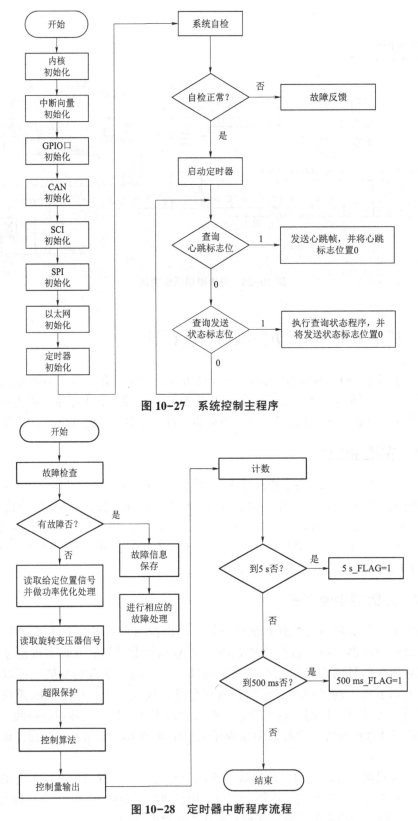

图 10-27 系统控制主程序

图 10-28 定时器中断程序流程

（图中 5 s_FLAG 为 5 s 时间标志，500 ms_FLAG 为 500 ms 时间标志）

（2）旋变信号读取模块：此模块主要用于读取旋转变压器的反馈信号，需要对采集到的旋变粗机信号和精机信号进行合成，转换成相应的角度值。

（3）超限保护模块：此模块主要用于对系统的位置进行限位。火箭炮随动系统俯仰角度转动的范围往往有一定的限制，例如从 0°到 70°，一旦超过限定的范围可能会造成火箭炮机械结构破坏，因此需要有这样一个超限保护模块，当检测到俯仰机构旋转变压器发送的位置信号超过给定的限制位置时，则要发出控制指令不再让俯仰机构沿着该方向继续运行。

（4）控制算法模块：此模块主要实现针对系统的特点所设计的控制策略，以使系统的性能达到指标的要求。各种场合适用的控制算法在前面均有介绍。

（5）控制量输出模块：此模块主要将控制算法模块生成的控制量转换成驱动器所识别的形式，输出给驱动器，从而使驱动器驱动电机/推缸运行。这里有两种转换形式，一种是转换成模拟量由 D/A 模块输出，一种是转换成数字量由 CAN 总线输出。

（6）报文打包发送模块：此模块主要用于将系统的状态、故障等信息打包成指定的报文形式，发送给火控计算机，包括发送系统的位置信息、速度信息、功率信息、故障信息以及版本号、网络编号、心跳信号。但是这些信息根据系统的要求发送的周期不一样，因此分成两批发送。

（7）故障检查模块：此模块主要用于检查系统各部分是否发生了故障，包括 CAN 通信故障、控制器故障、控制电源故障、主电源过压故障、主电源欠压故障、主电源缺相故障、电机过热故障、旋转变压器断线故障、电机过速故障、泵升故障、参数破坏故障等。

（8）故障信息保存模块：此模块主要用于将发生的故障信息存储到非易失 RAM 中。

（9）故障处理模块：此模块主要用于针对所发生的故障进行相应的处理。如驱动器发生故障，则输出"急停"信号等。

10.4.3　串口通信模块

火箭炮随动控制器可以通过串口接收来自惯导的车体姿态信息，也可以通过串口给惯导发送配置信息，因此需要用到串口收发数据。利用串口接收数据的时候一般采用中断方式，利用串口发送数据的时候一般采用查询方式[18]。这两种工作方式下的程序流程如图 10-29 所示。

10.4.4　CAN 中断模块

火箭炮随动控制器可以通过 CAN 总线发送命令给电机驱动器，也可以通过 CAN 总线接收来自电机驱动器返回的状态信息，因此需要用到 CAN 总线收发数据。同串口通信一样，利用 CAN 总线接收数据的时候一般采用中断方式，利用 CAN 总线发送数据的时候一般采用查询方式[19]。这两种工作方式下的程序流程如图 10-30 所示。

10.4.5　以太网通信模块

火箭炮随动控制器可以通过以太网和火控计算机实现双向通信。在编写程序时，首先要对以太网芯片进行初始化。这里仍然以 W5300 芯片为例，进行说明。W5300 的初始化分为

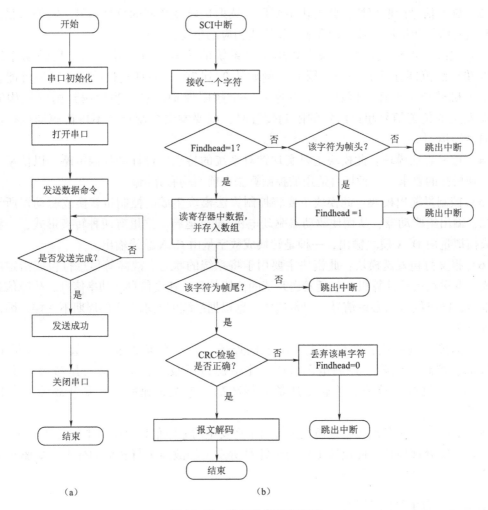

图 10-29 串口收发程序流程

（a）串口发送程序流程；（b）串口接收程序流程

（图中 Findhead 为是否找到报文头的标志位，如果找到了则置 1，如果没有找到则置 0）

三个步骤：① 主机接口设置；② 网络信息设置；③ 内部 TX/RX 存储器的分配。下面进行详细介绍。

第 1 步：设置主机接口。

① 设置数据总线宽度。W5300 总线可以设置为两种模式：8 位和 16 位。在 W5300 复位期间，这个值由引脚信号 BIT16EN 决定，当 BIT16EN=1 时为 16 位模式，当 BIT16EN=0 时为 8 位模式，复位后这个值不改变。同时软件上需要对模式寄存器 MR 的 DBW 位进行相应的设置。

② 设置 W5300 寄存器访问模式。W5300 寄存器访问模式分为直接访问模式和间接访问模式，直接访问模式直接通过地址寻址，而间接访问模式则通过 IDM_AR 寄存器访问。间接访问时，写寄存器可以通过 IDM_AR 寄存器写入 W5300 其他寄存器偏移地址，通过 IDM_DR 寄存器写数据来设置，读寄存器也是通过 IDM_AR 寄存器写入 W5300 其他寄存器偏移地址，从 IDM_DR 寄存器查看寄存器数据。同样可以对模式寄存器 MR 的 IND 位进行相应的设置来选择所需要的寄存器访问方式。

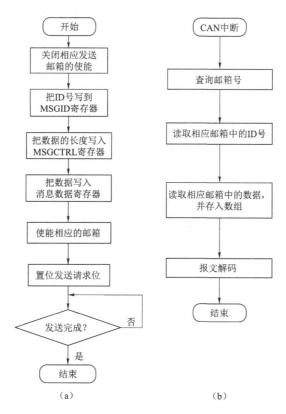

图 10-30 CAN 总线收发程序流程

（a）CAN 总线发送程序流程；（b）CAN 总线接收程序流程

③ 设置大端/小端模式。W5300 收发存储数据分为大端模式和小端模式。大端模式是指数据的高字节保存在内存的低地址中，而数据的低字节保存在内存的高地址中，地址由小向大增加，而数据从高位往低位放，这和我们的阅读习惯一致。小端模式是指数据的高字节保存在内存的高地址中，而数据的低字节保存在内存的低地址中，这种存储模式将地址的高低和数据位权有效地结合起来，高地址部分权值高，低地址部分权值低。我们可以通过设置 W5300 中 MR 寄存器的第 8 位来选择大端和小端模式，W5300 一般采用大端模式，如果要使用小端模式需要将此位置 1。

④ 设置通信协议。可以在端口模式寄存器 Sn_MR [3：0] 中设置端口的通信协议，包括 TCP、UDP、IPRAW、MACRAW 等协议。

第 2 步：设置网络信息。

① 设置数据通信的基本网络信息，包括本地 IP 地址、MAC 地址、子网掩码、网关等信息，可以利用 SIPR、SHAR、SUBR、GAR 寄存器进行设置。

② 设置重复发送的时间间隔和重复发送的次数，用于数据包发送失败时的重复发送。可以利用重复发送超时寄存器 RTR 和重复发送计数寄存器 RCR 进行设置。

第 3 步：分配 n 端口 SOCKETn 的内部 TX/RX 存储器空间。

W5300 内部包含 16 个 8K 字节的存储单元。这些存储单元依次映射在 128K 字节的存储器空间。128K 存储器分为发送存储器（TX）和接收存储器（RX）。内部 TX 和 RX 存储器以 8K 字节为单元分布在 128K 字节空间。内部 TX/RX 存储器可以在 0~64K 字节空间以 1K 字节为单元重新分配给每个 SOCKET 端口。因此在使用芯片前，我们需要进行如下的设置。

① 定义内部 TX/RX 存储器大小，可以利用存储器单元类型寄存器 MYTPER 进行配置。

② 定义 SOCKETn 的 TX/RX 存储器大小，可以利用 TX 存储器大小配置寄存器 TMSR 和 RX 存储器大小配置寄存器 RMSR 进行配置。

在以太网芯片初始化完成之后，我们就需要编写具体的收发报文程序了。这里要先明确以太网通信采用的是哪种通信协议，例如，是 TCP 协议，还是 UDP 协议。如果采用的是 TCP 协议，要分清随动控制器是工作于服务器模式，还是工作于客户端模式，因为处于这两种模式下的程序流程是不一样的，详见 9.3.6 节。如果采用的是 UDP 协议，则随动控制器不分服务器模式和客户端模式。下面给出随动控制器作为以太网通信 TCP 服务器时的程序流程图和随动控制器作为以太网通信 TCP 客户端时的程序流程图，如图 10-31、图 10-32 所示。

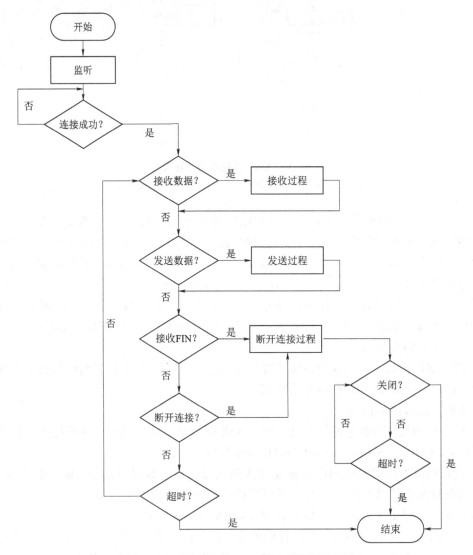

图 10-31　以太网通信 TCP 服务器程序流程图

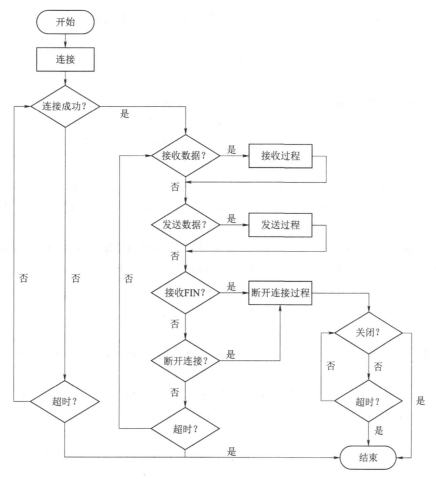

图 10-32 以太网通信 TCP 客户端程序流程图

10.5 本章小结

本章主要介绍了基于 DSP 的随动控制器软、硬件设计方法。硬件电路设计主要包括电源转换模块、DSP 最小系统、以太网通信模块、CAN 总线通信模块、串口通信模块、励磁模块、轴角转换模块及 D/A 模块的电路设计。软件设计主要包括主程序设计、定时器中断程序设计，以及以太网通信模块、CAN 总线通信模块、串口通信模块程序设计几个部分。

参考文献

［1］蒋梦琴. 基于射向保持的某火箭炮随动系统研究 ［D］. 南京理工大学，2018.

［2］S. F. Barrett，D. J. Pack，M. A. Thornton. Microchip AVR ® Microcontroller Primer：Programming and Interfacing, Third Edition ［M］. Morgan & Claypool Publishers，2019.

［3］王丹，刘国栋，张海涛，张晓冬. 基于 ARM 的嵌入式系统开发 ［J］. 微处理机，2021，42（1）：62-64.

［4］P. Danilo，B. Gianluca，C. Luca，et al. Real-time neural signals decoding onto off-the-shelf DSP processors for neuroprosthetic applications［J］. IEEE Transactions on Neural Systems and Rehabilitation Engineering：a Publication of the IEEE Engineering in Medicine and Biology Society，2016，24（9）：993-1002.

［5］D. Nandan. An efficient antilogarithmic converter by using correction scheme for DSP processor［J］. Traitement du Signal，2020，37（1）：77-83.

［6］苏奎峰，常天庆，吕强，等. TMS320x28335 DSP 应用系统设计［M］. 北京：北京航空航天大学出版社，2016.

［7］O. Zafer，K. Ahmet. Error minimization based on multi-objective finite control set model predictive control for matrix converter in DFIG［J］. International Journal of Electrical Power and Energy Systems，2020，126（15）：54-62.

［8］N. Shibata，T. Kawabe，T. Shibuya，et al. A 1. 33-Tb 4-bit/Cell 3-D Flash memory on a 96-Word-Line-Layer technology［J］. IEEE Journal of Solid-State Circuits，2020，55（1）：178-188.

［9］毕涛. TMS320F28335 中断嵌套设计及应用［J］. 自动化应用，2018（12）：148-150.

［10］TMS320x2833x system control and interrupts reference guide. Texas Instruments. ，http：//www-s. ti. com/sc/techlit/sprufb0. 2007.

［11］TMS320F28335，TMS320F28334，TMS320F28332 Digital Signal Controllers（DSCs）Data Manual. Texas Instruments. http：//www. ti. com. cn/cn/lit/ds/symlink/tms320f28335. pdf. 2016.

［12］边倩，林智慧. 用 C 语言实现 DSP 程序设计的研究［J］. 电子技术与软件工程，2016（23）：251.

［13］J. Saavedra，J. Firacaitve，C. Trujillo. Development board based on the TMS320F28335 DSP for applications of power electronics［J］. Tecciencia，2015，10（18）：36-44.

［14］Texas Instruments，TMS320F28335，TMS320F28334，TMS320F28332，TMS320F28235，TMS320F28234，TMS320F28232 Digital Signal Controllers（DSCs）Data Manual，2007.

［15］高有德，王金翔. 基于嵌入式系统的以太网 TCP/IP 协议栈概述［J］. 南方农机，2019，50（9）：230，247.

［16］鲍官军，计时鸣，等. CAN 总线技术、系统实现及发展趋势［J］. 浙江工业大学学报，2003，31（1）：58-61，66.

［17］李冬梅，胡睿. 基于 TMS320F28335 高精度串行 A/D 和 D/A 转换芯片的接口设计与实现［J］. 自动化与仪器仪表，2016（10）：82-84.

［18］沈润，张喆，徐琼，戴桂木. 基于串口的 TMS320F28335 应用程序在线升级技术的应用［J］. 化工自动化及仪表，2015，42（3）：324-326，341.

［19］尹良镜，王东升. 基于 TMS320F28335 的 CAN 总线的在线升级［J］. 机械工程与自动化，2018（4）：84-86.

［20］刘艳行，肖强，李文强. 基于 TMS320F28335 的 CAN 总线和以太网接口设计［J］. 现代电子技术，2013，36（24）：128-129，133.

第 11 章

基于 DSP 的火箭炮随动控制系统实验

为了更好地说明火箭炮随动系统的工作原理，本章以某型火箭炮随动控制实验系统为例，介绍它的组成与工作原理，给出随动控制器软件实现代码，并在此基础上展开实验研究，给出实验结果。

11.1 实验系统介绍

火箭炮随动控制实验系统由工控机、基于 DSP 的位置伺服控制器、方位和俯仰伺服驱动器、方位和俯仰永磁同步电机、减速器、旋转变压器以及电源模块等部分组成，如图 11-1 所示。工控机主要用于开发 DSP 的软件程序、给控制器发送指令、接收反馈信号以及保存实验数据；电源模块给伺服驱动器以及伺服电机提供动力电源，同时为伺服控制器提供所需要的弱电；轴角转换模块将旋转变压器测得的方位轴和俯仰轴的角度信号转换成数字量反馈给位置控制器；位置控制器根据指令信号和反馈的角度信号，经过控制算法解算出控制量，并经过 D/A 转换后发给驱动器；驱动器根据配置的工作模式对电压控制量进行解析，进而驱动伺服电机并经过减速器带动负载运动，实现目标精确跟踪。

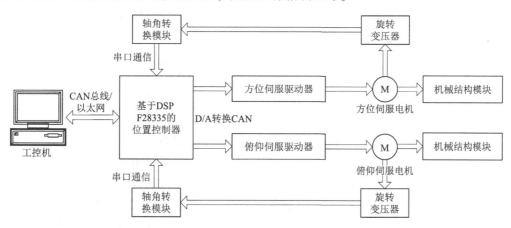

图 11-1 火箭炮随动控制实验系统整体结构示意图

火箭炮随动控制实验系统实体如图 11-2 所示，小型发射平台安装在发射车上，可以实现机动发射。基于 DSP 的位置控制器电路板如图 11-3 所示。驱动器工作在速度模式下，也就是给定驱动器的指令和电机输出的转速成正比。

图 11-2　车载发射平台

图 11-3　位置控制器电路板

11. 2　随动控制器代码实现

11. 2. 1　数据结构定义

控制器中用到经典 PID+前馈控制算法，该算法中涉及比例系数、积分系数、微分系数、一阶前馈系数、二阶前馈系数等参数，因此需定义一个结构体对此加以描述。具体定义如下所示。

```
struct   PIDREG {
                    float   Kp;            //比例增益
                    float   Ki;            //积分增益
                    float   Kd;            //微分增益
                    float   Kc;            //饱和误差增益系数
                    float   Kf1;           //一阶前馈系数
                    float   Kf2;           //二阶前馈系数
                    float   Ref;           //给定信号
                    float   OldRef0;       //上一时刻给定信号
                    float   OldRef1;       //上两时刻给定信号
                    float   Fdb;           //反馈信号
                    float   Err;           //误差
                    float   SumErr;        //误差求和
                    float   Up;            //比例项输出
                    float   Up1;           //上一时刻比例项输出
                    float   Ui;            //积分项输出
                    float   Ud;            //微分项输出
                    float   Uf1;           //一阶前馈项输出
                    float   Uf2;           //二阶前馈项输出
                    float   Out;           //PID 控制量最终输出
```

```
float    OutPreSat;    //PID 控制量限幅前的输出
float    SatErr;       //饱和误差
float    OutMax;       //控制量输出上限
float    OutMin;       //控制量输出下限
};
```

extern volatile struct PIDREG PidReg_H;

控制器中采用芯片 AD5722 进行 D/A 转换，将控制算法解算出的数字控制量转换成模拟量输出给驱动器。AD5722 是双 12 位串行输入、电压输出数/模转换器。它在±4.5 V 到±16.5 V 的双电源电压下工作。输出范围可由软件选择+5 V、+10 V、+10.8 V、±5 V、±10 V 或±10.8 V。包含集成输出放大器、参考缓冲器，并提供专用的上电/断电控制电路。这些部件具有保证的单调性、最大±16 LSB 的积分非线性、低噪声和 10 μs 的典型稳定时间。AD5722 使用串行接口，其工作时钟频率高达 30 MHz，并与 DSP 等微控制器接口标准兼容。双缓冲允许同时更新所有 DAC。输入编码是用户可选择的双极性输出的二进制补码或偏移二进制码（取决于引脚 BIN/$\overline{\text{2sCOMP}}$的状态），单极输出的编码是直接二进制编码。异步清除功能将所有 DAC 寄存器清除到用户可选择的零刻度或中刻度输出。芯片内部结构框图如图 11-4 所示。

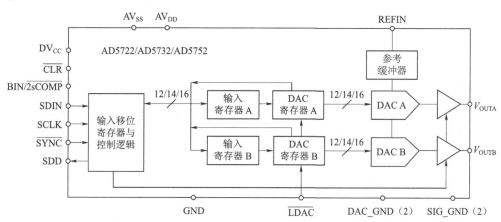

图 11-4　AD5722 芯片内部结构图

AD5722 芯片内部有一个输入移位寄存器，其宽度为 24 位。由一个读/写位（R/$\overline{\text{W}}$）、一个必须始终设置为 0 的保留位、三个寄存器选择位（REG0、REG1、REG2），三个 DAC 通道地址位（A2、A1、A0）和 16 个数据位（Data）组成。寄存器数据首先在 SDIN 引脚的 MSB 中进行时钟记录。表 11-1 显示了寄存器格式，表 11-2 描述了寄存器中每个位的功能，所有寄存器都是读/写寄存器。以上信息也就决定了发送给 AD5722 芯片的命令格式。

表 11-1　AD5722 移位寄存器结构表

MSB   LSB

DB23	DB22	DB21	DB20	DB19	DB18	DB17	DB16	DB15~DB0
R/$\overline{\text{W}}$	Zero	REG2	REG1	REG0	A2	A1	A0	Data

表 11-2　输入寄存器位定义

位名称	描述			
R/W̄	表示从给定地址的寄存器中读数据或向给定地址的寄存器写入数据			
REG2，REG1，REG0	和地址位一起作用，决定是向 DAC 寄存器、输出范围选择寄存器、电源控制寄存器或者控制寄存器执行写操作			
	REG2	REG1	REG0	功能
	0	0	0	DAC 寄存器
	0	0	1	输出范围选择寄存器
	0	1	0	电源控制寄存器
	0	1	1	控制寄存器
A2，A1，A0	DAC 地址位，用于 DAC 通道译码			
	A2	A1	A0	通道地址
	0	0	0	DAC A
	0	1	0	DAC B
	1	0	0	全部 DAC 通道
Data	数据位			

　　除了移位寄存器以外，AD5722 芯片上还有 DAC 寄存器、输出范围选择寄存器、电源控制寄存器和控制寄存器，它们的结构与移位寄存器相同，根据 AD5722 的工作原理，定义相关的结构体如下所示。

```
struct  AD5722_BITS {              //寄存器位描述
      unsigned int   Channel:3;      //2:0,通道地址
      unsigned int   REG:3;          //5:3,寄存器选择
      unsigned int   Zero:1;         //6,保留位
      unsigned int   RW:1;           //7,读/写位
      unsigned int   reserved:8      //15:8,保留位
      };
union AD5722_WORD{                 //寄存器联合体定义
      unsigned int        all;
      struct  AD5722_BITS  bit;
      };
struct DAC_REG {                   //寄存器结构定义
      union AD5722_WORD CMD;//控制字段
      int   DB;   //数据字段
      };
```

//定义 DAC 寄存器、输出范围选择寄存器、电源控制寄存器和控制寄存器

```
struct AD5722_CONTROLLER {
        struct DAC_REG   DAC_Register;
        struct DAC_REG   Range_Register;
        struct DAC_REG   Power_Register;
        struct DAC_REG   Control_Register;
        float DacMax;   //DA 输出最大值
        float DacMin;   //DA 输出最小值
        int DACOutData; //DA 输出数据
        char DACChannel; //DA 输出通道
        };
extern volatile struct AD5722_CONTROLLER DAC_launcher;
#define AD5722_CS   GpioDataRegs.GPFDAT.bit.GPIOF3 //AD5722 片选信号
#define AD5722_LDAC   GpioDataRegs.GPADAT.bit.GPIOA13 //AD5722 双缓冲
选通信号
#define AD5722_CLR   GpioDataRegs.GPADAT.bit.GPIOA14 //AD5722 清除信号
```

下面再对一些全局变量进行定义：

```
int signal_mode,CycleCount1,DataCycle1,CycleCount2,DataCycle2; //
信号模式,信号发生器计数用相关变量
float Amp; //信号幅值
float Reference ,fdb_angle,fdb_angle0,fdb_angle1; //给定信号,反馈
角度
char buffer[13], rxdata; //串口缓冲区,接收到的数据
int rxindex,find_head; //串口数据计数,找到报文头标志
```

11.2.2　主程序设计

主程序部分主要实现系统各个硬件模块初始化功能，系统主程序在完成了初始化以后，就进入无限循环，同时等待定时器中断和串口中断等外部接口的中断信号并进行相应的响应。具体的程序如下所示：

```
void main(void)
{
    signal_mode=1; //给定信号类型,0—阶跃信号,1—斜坡信号,2—正弦信号
    Amp=5.0;    //信号幅值
    CycleCount1=0;
    DataCycle1=143; //斜坡信号计数周期
    CycleCount2=0;
    DataCycle2=32767; //正弦信号计数周期

    InitSysCtrl();    //初始化系统控制器
```

```
    DINT;
    InitPieCtrl();        //初始化中断控制器
    InitPieVectTable();//初始化中断向量表

    IER = 0 x0000;        //清中断使能寄存器
    IFR = 0 x0000;        //清中断标志寄存器
    /* * * *配置中断向量表* * * * * * * */
    EALLOW;
    PieVectTable.TINT0 = &Cpu_Timer0_Isr;   //配置定时器 0 中断对应的中
断函数
    PieVectTable.RXAINT = &SCIAR_ISR;//配置串口 A 中断对应的中断函数
    EDIS;
    /* * * * * * * * * * * * * * * * * * * * * * * * */
    InitGpio();        //初始化 GPIO 口
    InitSpi();         //初始化 SPI 口
    AD5722_Init();//初始化 AD5722 芯片
    InitSci();         //初始化串口
    Init_PID(2.5,0.02,0.0,0.02,10.0,15.0); //初始化 PID 控制器参数
    InitCpuTimers();//初始化定时器
    ConfigCpuTimer(&CpuTimer0, 150, 10000);//配置定时器 0 的周期为 10 ms
    /* * * * * * * * * * * * * 使能 PIE 模块中的相应中断 * * * * * * * *
* * * * * * * /
    PieCtrlRegs.PIEIER1.bit.INTx7 =1; //使能 PIE 模块中定时器 0 的中断
    PieCtrlRegs.PIEIER9.bit.INTx1 =1; //使能 PIE 模块中串口 A 的中断
    /* * * * * * * * * * * * * * 使能相应的 CPU 中断 * * * * * * * * * * *
* * * * * * * /
    IER |= M_INT1;
    IER |= M_INT9;
    EINT;                //使能全局中断
    ERTM;
    StartCpuTimer0(); //启动 CPU 定时器 0
    while(1);            //进入无限循环
}
```

11.2.3 定时器中断服务程序设计

定时器中断主要实现随动控制算法的解算，根据指令和反馈信号算出控制量并通过 D/A 转换将数字量转换成模拟量输出给驱动器，从而带动负载运动，实现对指令信号的高精度跟踪。具体的程序如下所示：

```
interrupt void Cpu_Timer0_Isr(void)
```

```
{   float TempVar;
/* * * * * * * * * * * * * * * * * * * * * * * * * * * * * * * * *
* * * * * * * * * * * * * * * * * * * */
/*      给定信号设置            */
/* * * * * * * * * * * * * * * * * * * * * * * * * * * * * * * * *
* * * * * * * * * * * * * * * * * * * */
    if (signal_mode == 0) //阶跃信号
        {
            Reference = Amp;
        }
        else if (signal_mode == 1) //斜坡信号
        {
            TempVar = DataCycle1 /2;
            TempVar = abs(DataCycle1 /2 - CycleCount1) /(TempVar);
            Reference = Amp * TempVar;
        }
        else if (signal_mode == 2) //正弦信号
        {
            Reference = Amp * sin(6.2832 /8.8 * CycleCount2 * 0.01);
        }
/* * * * * * * * * * * * * * * * * * *数据计数更新* * * * * * * * *
* * * * * * * * * * * * */
        if (CycleCount1 < DataCycle1)
            CycleCount1++;
        else
            CycleCount1 = 0;
        if(CycleCount2 < DataCycle2)
            CycleCount2++;
        else
            CycleCount2 = 0;
/* * * * * * * * * * * * * * * * * * *控制量解算与输出* * * * * * * *
* * * * * * * * * * * * */
        PidReg_H.Ref = Reference; //给 PID 控制函数赋给定信号的值
        PidReg_H.Fdb = fdb_angle; //给 PID 控制函数赋反馈信号的值
        PID_feedforward(); //调研 PID 控制算法进行解算
        DacOut ('A', PidReg_H.Out); //输出控制量
        PieCtrlRegs.PIEACK.all = PIEACK_GROUP1;
    CpuTimer0 Regs.TCR.bit.TIF = 1;   //清除定时器中断标志位
        PieCtrlRegs.PIEACK.bit.ACK1 = 1;       //响应同组其他中断
```

```
        EINT;    //开全局中断
}
```

11.2.4　PID 控制程序设计

本小节介绍 PID 控制程序的设计，其控制原理如第 4 章所述，具体源代码如下所示：

```
void PID_feedforward(void)
{
        PidReg_H.Err = PidReg_H.Ref - PidReg_H.Fdb; //计算跟踪误差
        PidReg_H.Up = PidReg_H.Kp * PidReg_H.Err; //计算比例项输出
        PidReg_H.Ui  =  PidReg_H.Ui  +  PidReg_H.Ki * PidReg_H.Err  +
PidReg_H.Kc * PidReg_H.SatErr; //计算积分项输出
        PidReg_H.Ud = PidReg_H.Kd * (PidReg_H.Up - PidReg_H.Up1); //计算微
分项输出
        PidReg_H.Uf1 = PidReg_H.Kf1 * (PidReg_H.Ref - PidReg_H.OldRef0);
//计算一阶前馈项输出
        PidReg_H.Uf2 = PidReg_H.Kf2 * (PidReg_H.Ref - 2.0 * PidReg_H.
OldRef0 + PidReg_H.OldRef1); //计算二阶前馈项输出
        PidReg_H.OutPreSat = PidReg_H.Up + PidReg_H.Ui + PidReg_H.Ud +
PidReg_H.Uf1 + PidReg_H.Uf2; //计算限幅前的 PID 输出
        /* * * * * * *对 PID 输出进行限幅 * * * * * * * * * * * * */
        if (PidReg_H.OutPreSat > PidReg_H.OutMax)
                PidReg_H.Out = PidReg_H.OutMax;
        else if (PidReg_H.OutPreSat < PidReg_H.OutMin)
                PidReg_H.Out = PidReg_H.OutMin;
        else
                PidReg_H.Out = PidReg_H.OutPreSat;
        /* * * * * * * * * * * * * * * * * * * * * * * * * * * * * *
* * /
        PidReg_H.SatErr = PidReg_H.Out - PidReg_H.OutPreSat; //计算饱和
误差
        PidReg_H.Up1 = PidReg_H.Up; //数据更新
        PidReg_H.OldRef1 = PidReg_H.OldRef0;
        PidReg_H.OldRef0 = PidReg_H.Ref;
}
```

11.2.5　串口中断服务程序设计

在本实验系统中，针对所采用的旋转变压器，采购了相应的轴角转换器，该轴角转换器将转换后的角度信息通过串口发送出来。串口协议如表 11-3 所示。

表 11-3　轴角转换模块串口协议

起始位<STX> 1 字节	转换器地址 2 字节		字符 D 1 字节	符号+ 1 字节	7 位十进制角度数据 7 字节 ASCII 码	结束位<CR> 1 字节
02	地址高位	地址低位	44	2B	角度数据（高位在前）	0D

第 1 字节：报文头，0x02；

第 2，3 字节：转换器地址；

第 4 字节：0x44；

第 5 字节：表示数据符号，0x2B 为正数，0x2D 为负数；

第 6~12 字节：角度数据，高位在前，每一位数用 ASCII 码表示，可以是整数，也可以是小数，小数时报文中含小数点，小数点的 ASCII 码为 0x2E；

第 13 字节：报文尾，0x0D。

基于 DSP 的控制器采用串口 A 来接收轴角转换器发送过来的角度信息，并进行解码。具体的程序如下所示：

```
interrupt void SCIAR_ISR(void)  //接收轴角转换器数据
{
  int i,j,k;
  SciTicker++;
  rxdata = SciaRegs.SCIRXBUF.all;        //从串口接收缓冲器中读数

  if(rxdata == 0 x02)   //判断报文头
  {
  rxindex = 0;
  buffer[rxindex] = rxdata; //将收到的数据存入缓冲区
  find_head = 1;    //找到报文头标志置位
  }
  else if((find_head == 1) && (rxdata == 0 x0 D))  //判断找到报文头和报文尾,收到完整一帧数据
      {
          rxindex++;
          k = -1;
          fdb_angle = 0.0;
          fdb_angle0 = 0.0;
          fdb_angle1 = 0.0;
          for(j = 5; j < rxindex; j++)  if(buffer[j] == 0 x2 E) k = j;//找
到小数点的位置,小数点的 ASCII 码为 2E
          if(k == -1)
          { //如果没有小数点,就将所有的数转换成十进制数
           for(j = 5; j < rxindex; j++) fdb_angle = fdb_angle * 10.0 +
```

```
(buffer[j]-0 x30);
                }
            else
            {//如果有小数点,对整数部分和小数部分分别计算处理
             for(j=5;j<k;j++) fdb_angle0 =fdb_angle0 * 10.0+(buffer
[j]-0 x30);
                for(j=rxindex-1;j>k;j--) fdb_angle1 =fdb_angle1 * 0.1+
(buffer[j]-0 x30);
                fdb_angle1 =fdb_angle1 * 0.1;
                fdb_angle=fdb_angle0+fdb_angle1;//将整数部分和小数部分求和
得完整的角度值
                }
            if (buffer[4]==0 x2 D) fdb_angle=-fdb_angle;//如果是负数,角
度值取负
            find_head=0;//标志位清零
            rxindex=0;
        }
        else
        {
            if (find_head==1) //找到报文头,还没有收到报文尾
            {
                rxindex++;
                buffer[rxindex]=rxdata; //将收到的数据存入缓冲区
            }
        }
    PieCtrlRegs.PIEACK.all=0 x0100;
    EINT;
    }
```

11.2.6　DA 输出程序设计

本实验系统中是通过 D/A 变换将控制量数字量变成模拟量输出给驱动器的，因此需要实现 D/A 转换的功能。具体程序如下所示：

```
/* * * * * * * * * * *定义 SPI 发送报文子函数* * * * * * * * * * * * */
void SPI_Send(unsigned int Control_Dat, int dat)
{
        AD5722_CS=0;      //AD5722 芯片使能
        asm(" RPT #10 ||NOP");//等待
        SpiaRegs.SPITXBUF = Control_Dat;//先发送控制字段
        while (SpiaRegs.SPISTS.bit.INT_FLAG == 0); //等待控制字段发送完毕
```

```
        SpiaRegs.SPIRXBUF = SpiaRegs.SPIRXBUF;
        SpiaRegs.SPITXBUF = dat;        //再发送数据字段
        while (SpiaRegs.SPISTS.bit.INT_FLAG == 0) ; //等待数据字段发送完毕
        SpiaRegs.SPIRXBUF = SpiaRegs.SPIRXBUF;
        AD5722_CS = 1;        //AD5722 芯片关使能
}
/* * * * * * * * * * 定义 DA 输出子函数 * * * * * * * * * * * */
void DacOut(char Channel, float Volage_Value)
{
    float temp0 = 0.0;
    int temp1 = 0;

    AD5722_LDAC = 0; //双缓冲选通信号关闭
    temp0 = Volage_Value * 2047.0/10.0; //将电压值转换成数字值
    if(temp0 >= 0) //如果电压值是正数,则保持不变
        {
        temp1 = (unsigned int)temp0;
        }
    else
        {        //如果电压值是负数,则取补码
        temp1 = (unsigned int)(0 - temp0);
        temp1 = 4095 - temp1;
        }
    //AD5722 为 12 位数/模转换芯片,因此其数据高 12 位有效,低 4 位无效
        temp1 <<= 4;
        DAC_launcher.DAC_Register.CMD.REG = 0 x00;
        DAC_launcher.DAC_Register.DB = temp1;
        DAC_launcher.Range_Register.CMD.REG = 0 x01;
        DAC_launcher.Range_Register.DB = 4; //输出范围为±10 V
    if(Channel == 'A') //通道设置
        {
        DAC_launcher.Range_Register.CMD.bit.Channel = 0;
        DAC_launcher.DAC_Register.CMD.bit.Channel = 0;
        }
        else if(Channel == 'B')
        {
        DAC_launcher.Range_Register.CMD.bit.Channel = 2;
        DAC_launcher.DAC_Register.CMD.bit.Channel = 2;
        }
```

```
        else
        {
            DAC_ launcher Range_Register .CMD .bit .Channel = 4;
            DAC_ launcher .DAC_Register .CMD .bit .Channel = 4;
        }
    SPI_ Send( DAC _launcher .Range_Register .CMD .all , DAC_ launcher .
Range_Register DB);
        asm(" RPT #10 || NOP");
        SPI_Send( DAC_ launcher .DAC_Register .CMD .all , DAC_ launcher .DAC_
Register DB);
        asm("RPT #10 || NOP");
        AD5722_LDAC = 1;双缓冲选通信号打开
    }
```

11.3　实验结果

分别对火箭炮随动系统实验平台展开阶跃实验、斜坡跟踪实验和正弦跟踪实验研究，采用经典的 PID+前馈控制的方法，测试系统的随动跟踪性能，并分析控制器参数对系统跟踪性能的影响。

11.3.1　阶跃信号跟踪实验

取阶跃指令信号为 $y_d = 10°$。考虑到位置反馈信号噪声较大，如果采用微分控制会放大系统中的噪声，导致系统易失稳，因此微分系数选择置 0。给出不同的比例系数与积分系数，得到的位置跟踪曲线如图 11-5~图 11-8 所示。

从表 11-4 所示的实验结果可以看出，随着比例系数 k_p 的增大，系统的收敛速度逐渐加快，但是如果 k_p 过大，系统易出现超调。而在 k_p 相同，$k_i = 0.001$ 时，系统的稳态误差为 0.227°，当 $k_i = 0.002$ 时，系统的稳态误差为 0.011°，可见随着积分系数 k_i 的增大，系统稳态误差逐渐减小。

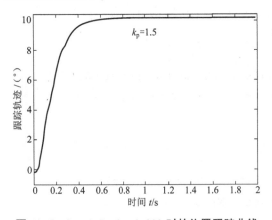

图 11-5　$k_p = 1.5$，$k_i = 0.002$ 时的位置跟踪曲线

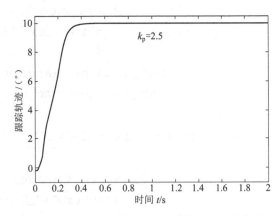

图 11-6　$k_p = 2.5$，$k_i = 0.002$ 时的位置跟踪曲线

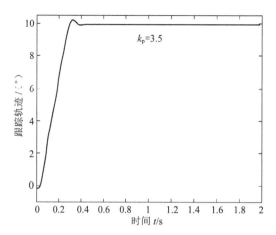

图 11-7　$k_p = 3.5$，$k_i = 0.002$ 时的位置跟踪曲线

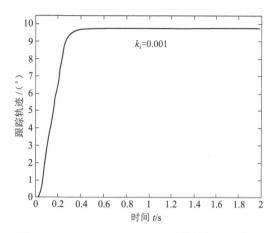

图 11-8　$k_p = 3.5$，$k_i = 0.001$ 时的位置跟踪曲线

表 11-4　各个参数下系统跟踪性能

序号	k_p	k_i	稳态误差/（°）	均方差/（°）	上升时间/s
1	1.5	0.002	0.149	0.000 5	0.34
2	2.5	0.002	0.011	0.000 1	0.28
3	3.5	0.002	0.059	0.001 9	0.26
4	2.5	0.001	0.227	0.000 1	0.28

11.3.2　系统斜坡响应特性分析

给定斜坡信号表达式为 $y_d = A \times |T/2 - t| / T$，其中 A 为幅值，T 为信号周期，t 为时间。给定信号参数 $A = 30°$，$T = 2\ \text{s}$，$k_p = 2.5$，$k_i = 0.002$，一阶前馈系数 k_{f1} 分别为 0、4.0、7.0、10.0，系统跟踪误差曲线如图 11-9~图 11-12 所示。

从表 11-5 所示的实验结果可以看出，火箭炮在换向时刻存在较大跟踪误差，但是会迅速收敛，当一阶前馈系数为 4 时（即输入给驱动器 1 V 的指令，对应的电机输出转速的倒数），系统收敛速度最快，跟踪误差最小且更稳定。

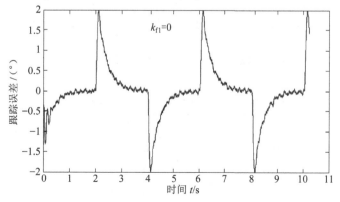

图 11-9　$k_{f1} = 0$ 时的系统跟踪误差曲线

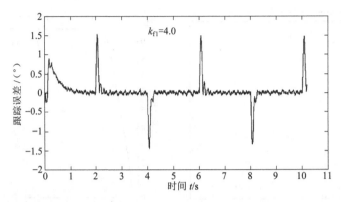

图 11-10 k_{f1} = 4.0 时的系统跟踪误差曲线

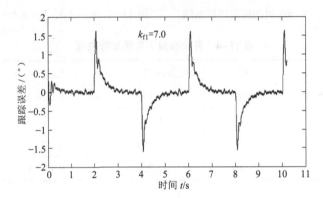

图 11-11 k_{f1} = 7.0 时的系统跟踪误差曲线

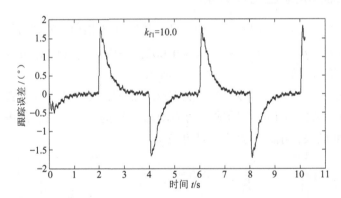

图 11-12 k_{f1} = 10.0 时的系统跟踪误差曲线

表 11-5   不同一阶前馈系数下系统跟踪性能

序号	k_{f1}	稳态误差/ (°)	均方差/ (°)
1	0	0.002 2	0.326
2	4.0	0.000 4	0.054
3	7.0	0.000 7	0.121
4	10.0	0.000 8	0.278

11.3.3 正弦信号跟踪实验

给定正弦信号表达式为 $y_d = A\sin(6.28/T \times t)$，其中 A 为幅值，T 为周期，t 为时间。给定信号参数为 $A = 30°$，$T - 8.8$ s，$k_p = 2.5$，$k_i = 0.002$，$k_{f1} = 4.0$，二阶前馈系数 k_{f2} 分别为 0、4.0、10.0、16.0，系统跟踪误差曲线如图 11-13~图 11-16 所示。

从表 11-6 所示的实验结果可以看出，当二阶前馈系数为 16.0 时，系统稳态误差最小，稳态误差波动也变小。

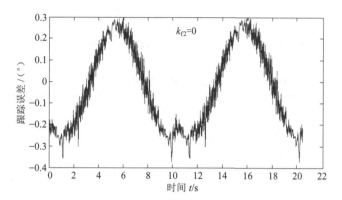

图 11-13 $k_{f2} = 0$ 时的系统跟踪误差曲线

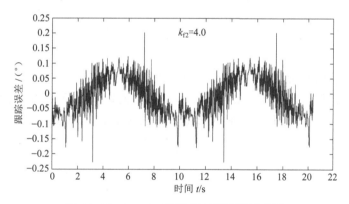

图 11-14 $k_{f2} = 4.0$ 时的系统跟踪误差曲线

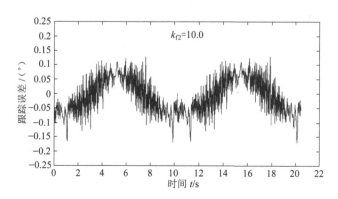

图 11-15 $k_{f2} = 10.0$ 时的系统跟踪误差曲线

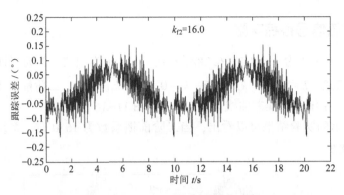

图 11-16 $k_{f2}=16.0$ 时的系统跟踪误差曲线

表 11-6 不同二阶前馈系数下系统跟踪性能

序号	k_{f2}	稳态误差/(°)	均方差/(°)
1	0	0.033 7	0.037 1
2	4.0	0.009 7	0.004 3
3	10.0	0.009 6	0.003 9
4	16.0	0.009 2	0.004 0

11.4　本章小结

本章以某型火箭炮随动控制实验系统为例，介绍了它的组成与工作原理，给出了随动控制器软件实现代码，并在此基础上展开了实验研究，系统采用经典 PID+前馈的控制算法，分析了不同控制参数对系统跟踪性能的影响，给火箭炮控制算法设计与调试提供一定的参考。

附录 非线性控制理论基础

1.1 数学基础

1. 范数及其性质

定义 1.1（范数） 对于向量空间 $\mathbf{R}^n$ 中任意一点 $x \in \mathbf{R}^n$，如果存在映射 $\rho(x)$：$\mathbf{R}^n \to \mathbf{R}^+$ 满足如下条件：

（1）正定性：即 $\rho(x) \geqslant 0$，且 $\rho(x) = 0$ 当且仅当 $x = 0$ 时成立，其中，$0 \in \mathbf{R}^n$ 表示该向量空间中的零向量；

（2）齐次性：即对任意实数 $\alpha \in \mathbf{R}$，有 $\rho(\alpha x) = |\alpha| \rho(x)$；

（3）三角不等式：即对任意 $y \in \mathbf{R}^n$，有 $\rho(x+y) \leqslant \rho(x) + \rho(y)$，则将映射 $\rho(x)$ 称为 x 的范数，一般简记为 $\|x\|$。

定理 1.1（范数等价性定理） n 维复空间 C^n 中的两种范数 $\|\cdot\|_n$ 和 $\|\cdot\|_k$ 之间具有以下等价关系：$\alpha \|\cdot\|_m \leqslant \|x\|_k \leqslant \beta \|x\|_m$，$\forall x \in C^m$。其中，$\alpha$，$\beta \in \mathbf{R}^+$ 代表正的常数。

定义 1.2（2-范数） 对于定义在时间域 $[0, \infty)$ 上的函数 $f(t) \in \mathbf{R}$，其 2-范数定义为

$$\|f\|_2 = \sqrt{\int_0^\infty f^2(\tau) \mathrm{d}\tau}$$

如果 $\|f\|_2 < \infty$，则称函数 $f(t)$ 是平方可积的，或者 $f(t)$ 属于 L_2 空间，即 $f(t) \in L_2$。

定义 1.3（∞-范数） 对于定义在时间域 $[0, \infty)$ 上的函数，其 ∞-范数定义为

$$\|f\|_\infty = \sup |f(t)|$$

如果 $\|f\|_\infty < \infty$，则称函数 $f(t)$ 是有界的，或者 $f(t)$ 属于 L_∞ 空间，即 $f(t) \in L_\infty$。

定义 1.4（k-范数） 对于定义在时间域 $[0, \infty)$ 上的函数 $f(t) \in \mathbf{R}$，其 k-范数定义为

$$\|f\|_k = \sqrt[k]{\int_0^\infty f^k(\tau) \mathrm{d}\tau}$$

考虑到范数的等价性特性，我们在分析与设计控制系统时，通常采用具有明确的物理意义的两种范数，即 2-范数 $\|\cdot\|_2$ 和 ∞-范数 $\|\cdot\|_\infty$。

定义 1.5（线性映射或矩阵的诱导范数） 对于线性映射 A：$\mathbf{R}^n \to \mathbf{R}^n$，其诱导定义为

$$\|A\| = \sup_{x \neq 0} \left(\frac{\|Ax\|}{\|x\|} \right)$$

或者等价地定义为

$$\|A\| = \sup_{\|x\| = 1} \|Ax\|$$

2. 函数的连续性

定义 1.6（连续性） 若对于任意正数 $\varepsilon \in \mathbf{R}^+$，存在与之相对应的正数 $\delta = \delta(\varepsilon, t_0) \in \mathbf{R}^+$，使得当 $|t - t_0| \leqslant \varepsilon$，有

$$|f(t) - f(t_0)| \leqslant \varepsilon$$

则称函数 $f(t)$ 在点 t_0 连续，若函数 $f(t)$ 在区间 I 上任意一点都连续，则称 $f(t)$ 为区间 I 上的连续函数。

定义 1.7（一致连续性） 对于定义在区间 I 上的函数 $f(t)$，若对于任意正数 ε，存在正数 $\delta=\delta(\varepsilon)\in\mathbf{R}^+$，使得当 t_1，$t_2\in I$ 且 $|t_1-t_2|\leqslant\delta$ 时，有

$$|f(t_1)-f(t_2)|\leqslant\varepsilon$$

则称函数 $f(t)$ 在区间 I 一致连续。

定理 1.2（一致连续性定理） 若函数 $f(\cdot)$ 在闭区间 $[a,b]$ 上连续，则它在该区间上一致连续。该定理通常也称为康托尔定理（Cantor 定理）。

定理 1.3（一致连续性判别定理） 若函数 $f(t)$ 在区间 I 上可导且其导函数 $f'(t)$ 有界，则该函数在区间 I 上一致连续。

定义 1.8（分段连续） 若函数 $f(t)$ 在区间 $[a,b]$ 上仅有有限个可去间断点和跳跃间断点（注意函数在这些间断点上的左右极限都存在），则称函数 $f(t)$ 在 $[a,b]$ 上分段连续。

3. 函数的正定性分析

定义 1.9（正定函数） 对于定义在 n 维向量空间上的任意函数 $V(x)$：$\mathbf{R}^n\to\mathbf{R}$，如果满足如下条件：

（1）$V(x)\geqslant0$；

（2）当且仅当 $x=0$ 时，$V(x)=0$ 成立。

则称函数 $V(x)$ 为正定函数。如果上述条件只在某个包含零点的域 $x\in B_R\subseteq\mathbf{R}^n$ 时成立，则称函数 $V(x)$ 为域 B_R 上的局部正定函数。

定义 1.10（半正定函数） 如果函数 $V(x)$：$\mathbf{R}^n\to\mathbf{R}$ 满足如下条件：

（1）$V(x)\geqslant0$；

（2）存在非零向量 $x_0\neq\mathbf{0}$ 时，$V(x_0=\mathbf{0})$。

则称函数 $V(x)$ 为半正定函数。如果上述条件只在某个包含零点的域 $x\in B_R\subseteq\mathbf{R}^n$ 时成立，则称函数 $V(x)$ 为域 B_R 上的局部半正定函数。

定义 1.11（负定函数） 如果 $-V(x)$ 为正定函数，则称函数 $V(x)$ 为负定函数。如果 $-V(x)$ 为域 B_R 上的局部正定函数，则称函数 $V(x)$ 为域 B_R 上的局部负定函数。

定义 1.12（半负定函数） 如果 $-V(x)$ 为半正定函数，则称函数 $V(x)$ 为半负定函数。如果 $-V(x)$ 为域 B_R 上的局部半正定函数，则称函数 $V(x)$ 为域 B_R 上的局部半负定函数。

定义 1.13（对称方阵的正定性） 如果二次型函数 $f(x)=x^{\mathrm{T}}Ax$ 是正定函数，且方阵 A 对称，则称 A 为正定对称矩阵。

定理 1.4 实系数对称方阵 A 正定的充分必要条件是其特征值都大于零。

定理 1.5 实系数对称方阵 A 正定的充分必要条件是其顺序主子式都大于零。

定理 1.6 实系数对称方阵 A 正定的充分必要条件是存在可逆方阵 Q，使得 $A=Q^{\mathrm{T}}Q$。

定义 1.14（K 类函数） 对于定义在非负实数域上的函数 $f(x)$，如果它是连续和严格递增的，且 $f(0)=0$，则称函数 $f(x)$ 为 K 类函数。

定义 1.15（KR 类函数） 对于定义在非负实数域上的 K 类函数 $f(x)$，如果当自变量 $x\to\infty$ 时，$f(x)\to\infty$，则称函数 $f(x)$ 为 KR 类函数。

4. 信号分析基本定理

定理 1.7（指数衰减定理）　如果函数 $V(t)$：$\mathbf{R}^+ \to \mathbf{R}^+ \geq 0$，且满足如下不等式

$$\dot{V}(t) \leq -\gamma V(t)$$

其中，$\gamma \in \mathbf{R}^+$ 是一个正的常数，那么 $V(t)$ 以指数方式收敛于零，即

$$V(t) \leq V(0)\mathrm{e}^{-\gamma t}$$

定理 1.8（有界性定理）　如果函数 $V(t)$：$\mathbf{R}^+ \to \mathbf{R}^+ \geq 0$，且满足如下不等式

$$\dot{V}(t) \leq -\gamma V(t) + \varepsilon$$

其中，γ、$\varepsilon \in \mathbf{R}^+$ 代表正的常数，那么 $V(t)$ 满足以下不等式

$$V(t) \leq V(0)\mathrm{e}^{-\gamma t} + \frac{\varepsilon}{\lambda}(1 - \mathrm{e}^{-\gamma t})$$

定理 1.9（正定矩阵的上下界）　实数方阵 $\boldsymbol{A} \in \mathbf{R}^{n \times n}$ 正定对称，则对于任意 $\boldsymbol{x} \in \mathbf{R}^n$，有

$$\lambda_{\min}(\boldsymbol{A})\boldsymbol{x}^{\mathrm{T}}\boldsymbol{x} \leq \boldsymbol{x}^{\mathrm{T}}\boldsymbol{A}\boldsymbol{x} \leq \lambda_{\max}(\boldsymbol{A})\boldsymbol{x}^{\mathrm{T}}\boldsymbol{x}$$

其中，$\lambda_{\min} > 0$ 和 $\lambda_{\max} > 0$ 分别表示方阵 $\boldsymbol{A}$ 的最小与最大特征值。

定理 1.10（芭芭拉定理）　对于函数 $f(t)$：$\mathbf{R}^+ \to \mathbf{R}$，如果 $f(t) \in L_2 \cap L_\infty$，且其导数 $\dot{f}(t) \in L_\infty$，则有

$$\lim_{t \to \infty} f(t) = 0$$

定理 1.11（积分形式的芭芭拉定理）　如果函数 $f(t)$：$\mathbf{R}^+ \to \mathbf{R}$ 一致连续，并且下列无穷积分有界

$$\lim_{t \to \infty} \int_0^t |f(\tau)|\,\mathrm{d}\tau < \infty$$

则有

$$\lim_{t \to \infty} |f(t)| = 0$$

定理 1.12（扩展的芭芭拉定理）　如果函数 $f(t)$：$\mathbf{R}^+ \to \mathbf{R}$ 有极限

$$\lim_{t \to \infty} f(t) = c$$

其中，$c \in \mathbf{R}$ 表示常数，并且它关于时间的导数可以表达成如下形式

$$\dot{f}(t) = g_1(t) + g_2(t)$$

其中，$g_1(t)$ 一致连续，而

$$\lim_{t \to \infty} g_2(t) = 0$$

则有

$$\lim_{t \to \infty} g_1(t) = 0, \lim_{t \to \infty} \dot{f}(t) = 0$$

定理 1.13（芭芭拉定理推论）　如果函数 $V(t)$：$\mathbf{R}^+ \to \mathbf{R}^+ \geq 0$，且其导数 $\dot{V}(t) \leq -f(t)$，其中 $f(t)$：$\mathbf{R}^+ \to \mathbf{R}^+ \geq 0$，且函数 $f(t)$ 一致连续（或者其导数 $\dot{f}(t) \in L_\infty$），则有

$$\lim_{t \to \infty} f(t) = 0$$

1.2 非线性系统相关控制理论

定理 1.14 非线性系统稳定的李雅普诺夫定理

如果在平衡点 0 的邻域球 B_{R_0} 内，存在一个具有连续偏导数的标量函数 $V(x, t)$，使得：（1）V 是正定的；（2）$\dot{V}$ 是半负定的，那么平衡点 0 是李雅普诺夫定义下稳定的。

定理 1.15 一致稳定和一致渐近稳定

如果在平衡点 0 的邻域球 B_{R_0} 内，存在一个具有连续偏导数的标量函数 $V(x, t)$，使得：（1）V 是正定的；（2）$\dot{V}$ 是半负定的；（3）V 具有无穷大上界，那么原点是一致稳定的；如果条件（2）加强为 $\dot{V}$ 是负定的，那么平衡点是一致渐近稳定的。

定理 1.16 全局一致渐近稳定

如果球 B_{R_0} 用全空间代替，且满足定理 1.15 中条件（1）、加强的条件（2）、条件（3）和条件 $V(x, t)$ 是径向无界的，那么平衡点 0 是全局一致渐近稳定的。

1.3 反推控制方法

具有参数严格反馈形式的控制系统：

$$\dot{x} = f(x) + g(x)u$$
$$y = h(x)$$

如果系统可以化为如下三角形式：

$$\dot{x}_1 = f_1(x_1) + g_1(x_1)x_2$$
$$\dot{x}_2 = f_2(x_1, x_2) + g_2(x_1, x_2)x_3$$
$$\dot{x}_3 = f_3(x_1, x_2, x_3) + g_3(x_1, x_2, x_3)x_4$$
$$\cdots$$
$$\dot{x}_{n-1} = f_{n-1}(x_1, x_2, \cdots, x_{n-1}) + g_{n-1}(x_1, x_2, \cdots, x_{n-1})x_n$$
$$\dot{x}_n = f_n(x_1, x_2, \cdots, x_n) + g_n(x_1, x_2, \cdots, x_n)u$$

即当 x_{i+1} 作为子系统的虚拟控制量时，非线性函数 f_i 和 g_i 仅仅依赖于 x_1，x_2，$\cdots$，x_i，即只依赖于这些状态变量的"严格反馈"，而与 x_{i+1} 无关，则称系统为严格反馈形式。

反推控制的基本思想是将复杂的非线性系统分解成不超过系统阶数的子系统，然后为每个子系统设计部分李雅普诺夫函数和中间虚拟控制量，一直递推到整个系统，将它们集成起来完成整个控制器的设计。

基本设计方法是从一个高阶系统的内核开始（通常是系统输出量满足的动态方程），设计虚拟控制器保证内核系统的某种性能，如稳定性、无源性等；然后对得到的虚拟控制器逐步修正算法，但应保证系统的既定性能，进而设计出真正的镇定控制器，实现系统的全局调节或跟踪，使系统达到期望的性能指标。

$$\dot{x} = f_1(x_1, x_2)$$
$$\dot{x}_2 = x_3 + f_2(x_1, x_2)$$

$$\dot{x}_3 = u + f_3(x_1, x_2, x_3)$$

第一步：

假定通过一反馈 $\alpha_1(x_1)$ 能使 x_1 稳定于 0，因此，必然存在一个李雅普诺夫函数 $V_1(z_1)$，使 $z_1 = x_1 - 0$ 满足 $\dfrac{\partial V_1}{\partial X_1} f_1(x_1, \alpha_1(x_1)) < 0$。这样，可以获得 $x_{2d} = \alpha_1(x_1)$。

但实际与假设间存在误差，令 $z_2 = x_2 - \alpha_1(x_1)$，因此该式可以变为：

$$\dot{z}_1 = f_1(z_1, \alpha_1(z_1)) + z_2 \varphi_1(z_1, z_2)$$

其中，$\alpha_1(z_1, z_2)$ 已知（因 f_1 假设可微，有 $f_1(z_1, z_2 + \alpha_1(z_1)) = f_1(z_1, \alpha_1(z_1)) + z_2 \varphi_1(z_1, z_2)$ 成立）。同样

$$\dot{z}_2 = \dot{x}_2 - \dot{\alpha}_1(x_1) = x_3 + f_2(x_1, x_2) - \dot{\alpha}_1(x_1) = x_3 + f_2(z_1, z_2 + \alpha_1(z_1)) - \dot{\alpha}_1(x_1)$$

其中，关键一项 $\dot{\alpha}_1$ 能简化成 $\dot{\alpha}_1 = \dfrac{\partial \alpha_1}{\partial x_1} \dot{x}_1 = \dfrac{\partial \alpha_1}{\partial x_1} f_1(x_1, x_2) \triangleq \beta_1(z_1, z_2)$。

第二步：

假定通过一反馈 $\alpha_2(z_1, z_2)$，能使 x_2 稳定到 $x_{2d} = \alpha_1(x_1)$。为了设计 α_2，可构造一新的李雅普诺夫函数 V_2，令

$$V_2(z_1, z_2) = V_1(z_1) + \frac{1}{2} z_2^2$$

期望当 $x_{3d} = \alpha_2(z_1, z_2)$ 时，李雅普诺夫函数 V_2 的导数，即 $\dot{V}_2$ 负定，

$$\dot{V}_2 = \frac{\partial V_1}{\partial z_1} \dot{z}_1 + z_2 \dot{z}_2$$

$$= \frac{\partial V_1}{\partial z_1} f_1(z_1, \alpha_1(z_1)) + z_2 \left[\frac{\partial V_1}{\partial z_1} \varphi_1 + \alpha_2 + f_2(z_1, z_2 + \alpha_1(z_1)) - \beta_1(z_1, z_2) \right]$$

为了保证 $\dot{V}_2$ 负定，使

$$\frac{\partial V_1}{\partial z_1} \varphi_1 + \alpha_2 + f_2(z_1, z_2 + \alpha_1(z_1)) - \beta_1(z_1, z_2) = -z_2$$

因此，反馈控制为

$$\alpha_1(z_1, z_2) = -z_2 - \frac{\partial V_1}{\partial z_1} \varphi_1 - f_2 + \beta_1$$

但是，系统期望的反馈律 $x_{3d} = \alpha_2(z_1, z_2)$ 与实际存在误差，设 $z_3 = x_3 - \alpha_2(z_1, z_2)$，因此，实际李雅普诺夫函数 V_2 为：

$$V_2 = \frac{\partial V_1}{\partial z_1} f_1(z_1, \alpha_1(z_1)) - z_2^2 + z_2 z_3$$

通过上面的讨论，从系统状态变量 x_1、x_2、x_3 变换能够得到新的状态变量 z_1、z_2、z_3 新的状态方程为：

$$\dot{z}_1 = \dot{x}_1 = f_1(z_1, z_2 + \alpha_1(x_1))$$

$$\dot{z}_2 = z_3 + \alpha_2(z_1, z_2) + f_2(z_1, z_2 + \alpha_1(z_1)) - \beta_1(z_1, z_2)$$

$$\dot{z}_3 = u + f_3(z_1, z_2 + \alpha_1(z_1), z_3 + \alpha_2(z_1)) - \beta_2(z_1, z_2, z_3)$$

第三步：

由于实际控制量 u 是控制目标，因此，在最后一步不再需要假定虚拟控制量。选择控制量 u 为反馈控制律，使新的李雅普诺夫函数的导数为负定的。令

$$V_3 = V_2 + \frac{1}{2}z_3^2$$

对其求导数得：

$$\dot{V}_3 = \dot{V}_2 + z_3\dot{z}_3 = \frac{\partial V_1}{\partial z}f_1(z_1, \alpha_1(z_1)) - z_2^2 + z_3(z_2 + u + f_3 - \beta_2)$$

选择实际控制量：

$$u = -z_3 - f_3(z_1, z_2 + \alpha_1, z_3 + \alpha_2) + \beta_2(z_1, z_2, z_3) - z_2$$

因此，对于非零 z_1、z_2、z_3，存在李雅普诺夫函数 V_3，且 $\dot{V}_3 < 0$，由李雅普诺夫稳定性定理可知，系统具有全局稳定性。

1.4　速度模式与转矩模式下随动系统数学模型等效性说明

绝大多数工业应用场合都是通过采购成熟的电机及驱动器搭建机电伺服系统的，如附图1所示，火箭炮随动系统也是如此。而成熟的商业驱动器一般都固化有电流环控制器和速度环控制器，以克服电气动态过程对控制性能的影响。因此商业驱动器一般有两种工作模式：速度模式和转矩模式。

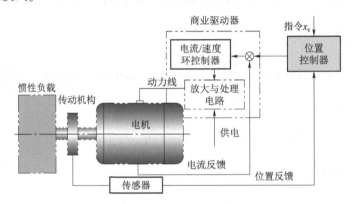

附图1　工业应用场合中的机电伺服系统组成框图

当驱动器工作在速度模式下时，机电伺服系统位置控制器输出的控制量作为速度指令信号传送给驱动器，此时，驱动器驱动下的电机输出速度与输入指令呈一阶惯性环节。系统的数学模型可以写为如下形式：

$$Y(s) = \frac{K}{s(Ts+1)}U(s)$$

式中，$Y(s)$ 为电机轴位置 y 的拉氏变换；$U(s)$ 为控制量 u 的拉氏变换；T 为时间常数；K 为增益。对上式进行拉氏反变换可得：

$$\ddot{y} = \frac{K}{T}u - \frac{\dot{y}}{T}$$

令 $x_1 = y$，$x_2 = \dot{y}$，可将上式转化为如下形式的状态方程：

$$\begin{cases} \dot{x}_1 = x_2 \\ \dot{x}_2 = \dfrac{K}{T}u - \dfrac{1}{T}x_2 \end{cases}$$

当驱动器工作在转矩模式下时，机电伺服系统位置控制器输出的控制量作为转矩指令信号传送给驱动器，此时驱动器驱动下的电机输出转矩与输入指令呈比例关系。根据牛顿运动学定律，系统的数学模型可以写为如下形式：

$$J\ddot{y} = k_u u - B\dot{y} - d_n - f(t)$$

式中，J 为系统负载折算到电机端的转动惯量；y 为电机轴位置输出；k_u 为电压力矩系数；u 为控制量；$k_u u$ 为电机产生的转矩；B 为系统折算到电机端的黏性阻尼系数；d_n 为常值干扰；$f(t)$ 为其他未补偿干扰及建模误差。令 $x_1 = y$，$x_2 = \dot{y}$，可将上式转化为如下形式的状态方程：

$$\begin{cases} \dot{x}_1 = x_2 \\ \dot{x}_2 = \dfrac{k_u}{J}u - \dfrac{B}{J}x_2 - \dfrac{d_n + f(t)}{J} \end{cases}$$

从上式可以看出驱动器无论是配置在速度模式下还是配置在转矩模式下，系统数学模型都是等效的，因此前面基于一种工作模式下的系统数学模型设计的控制器对另一种工作模式下的系统也是同样有效的。